优质一生

YOUZHI YISHENG

张震／著

华龄出版社
HUALING PRESS

责任编辑：程　扬
责任印制：李未圻

图书在版编目（CIP）数据

优质一生 / 张震著. -- 北京 : 华龄出版社, 2021.2
ISBN 978-7-5169-1837-1

Ⅰ. ①优… Ⅱ. ①张… Ⅲ. ①人生哲学－通俗读物 Ⅳ. ①B821-49

中国版本图书馆CIP数据核字（2021）第005513号

书　　名：优质一生
作　　者：张震 著

出版发行：华龄出版社
地　　址：北京市东城区安定门外大街甲57号　邮　　编：100011
电　　话：010-58122255　传　　真：010-84049572
网　　址：http://www.hualingpress.com

印　　刷：武汉市籍缘印刷厂
版　　次：2021年11月第1版　2021年11月第1次印刷
开　　本：710mm×1000mm 1/16　印　　张：19.5
字　　数：230千字
定　　价：68.00元

代 序

打开此书，我有一个重要的收获，即是发现了自己可以跟随张教授轻快的步伐，用综合性的全面角度去认知一些习以为常的做法和事情。本书会给每一位有心的读者提供一个方向，使之活得精神更富足。这样的例子不一而足，几乎贯穿了所有的论述，在此我也不再赘述，而是鼓励看到这段文字的诸位，和我一样开卷有益。

为什么要写这本书？张教授自然和我交流过他的答案。但我认为，最根本的原因，其实一点也不复杂、不神秘——这本书里寄托着他对读者获得优质一生的拳拳期望，其背后的精神，自然是一种源于医者父母心的情感，经过延伸、放大、演化，逐渐形成此书。而对于个体如何获取优质一生的详尽论述，诸君如能感受到张教授这种向人类表白的大爱精神，相信离作者著书立言的初衷就不远了。

史毅子

2020 年 9 月 26 日于香港知礼斋

前言

自律是具有蕴含哲学和道德属性的基本人格特征，是遵循法度，自我约束，严于律己，勤勉修为。自律是一种优秀的品质，是一种积极主动的行为，更是一个人走向成功的重要素质之一。

一个自律的人，最终一定是成就非凡的人。自律的过程，却是让许多人倍感煎熬，它需要克服懒惰、拖延以及许多诱惑的干扰。但自律一旦成为一个人的一种习惯、一种生活方式、一种世界观，就会使自己变得越来越优秀，生活越来越美好。美国的“富爸爸”系列丛书作者罗伯特等在所著《富爸爸、穷爸爸》书中认为：“能否自律是将富人、穷人和中产阶级区分开来的首要因素。”“自律者出众，懒散者出局。”“一分耕耘，一分收获。”自律与不自律的人，一定会是两种不一样的人生。

美国学者曾做过这样一个实验：他找来30位年龄在7～12岁的小朋友，把他们关在一间教室里，桌子上放着糖果，教授声称自己有事要出去两小时，回来后和大家一起吃糖果，并要求他们自己不要先吃。

教授离开后，有几位小朋友按捺不住，很快拿起糖果津津有味地吃了起来。还有几位小朋友也陆续地吃起了糖果。两小时还没到，教室里只剩下少数几个小朋友没有动糖果。

两小时的时间到了，最后仅剩下一位小朋友始终不为诱惑所动，一直没有碰过面前的糖果。

30年过去了，当年的那些在教授走后就马上吃糖果的人，普遍生活在社会的底层，他们都比较自大自满、自以为是。而在别人眼里，他们是较顽固、爱嫉妒、容易受挫的人。

在接近两小时的时刻才吃糖果的人中，大都是中产阶级，他们具有更好的社交技能，有更强的社会竞争力和可靠性。

而那位始终没有吃糖果的就是连续任四届美国总统的罗斯福，他成功地带领美国度过了经济危机和第二次世界大战危机。

德国哲学家康德认为："所谓自由不是随心所欲，而是自我主宰。如果不甘接受自己现在的平庸惨淡，不甘接受自己一生的碌碌无为，那么就从自律开始，改变自己。"因此，是否做到自律决定了一个人的命运如何，高度自律又是一个人走向成功的重要标志。所以有人说："所有优秀背后，都有苦行僧般的自律。"

优质一生，实际上就是坚持做到一生的自律。乔布斯说："一个人的自信是从自律而来的。"坚持自律并有坚定的自信与信念，目标远大，认准方向，努力学习，不被琐事困扰，不为是非羁绊，心胸宽广，意志坚定，恪守诺言，团结协作，成功便是水到渠成。

那么，何时又是一个人成长的起跑线呢？是学龄前儿童期，还是婴幼儿期？其说法似乎都有一定的道理。但归根结底是不完全正确的，或起码是不准确的。究其实质，一个人优质的一生，应该从父母双方在科学备孕时就开始了。同时，在胎儿孕育过程中，母亲的良好情绪、营养饮食及进行胎教等，都是至关重要的。

孩子自出生后，如何从人生的初期，就开始着力进行孩子的人格、人际关系、智力、情感、社会实践活动等多维度培养，以及科学饮食、运动、阅读、爱好、学习等方面良好习惯的养成教育，做好每一方面的引导与教育，也都是非常重要的。

培养一个优秀的孩子，需要家长高质量的陪伴和老师高水平的教育。没有“熊孩子”，只有“熊家长”；没有教不好的学生，只有不称职的老师。当然，在培养孩子的路上，首先必须有一名合格的好家长，才能助力老师培养出一个好学生。

只有及时、有效地管控与化解孩子在初中、高中、大学不同阶段最常遇到的一些困惑问题，才能更好地发挥他们的主观能动性，从而实现自己的梦想。

走向工作岗位后，不可轻视第一份工作，每件事都值得自己认真去做。必须勤奋好学，不断成长。重视多学科的学习、融合以及自己的跨界成长，更能助推自己走向成功。

中年后成为领导者或骨干人员，如何抛开自己曾经的辉煌，保持初心，心怀梦想，从而实现新的愿景。往事如烟随风去，未来有梦待佳期。

退休后的老年生活更应该是多姿多彩的，需要做的事很多。遇事不埋怨，小事不计较，大事不着急，急事不慌乱。恬淡虚无，健康快乐。虽经百事心无事，方能康乐自安乐。

本书从一个人一生的成长过程以及生活之路角度出发，如何去做好自己的事，处理好在现实中存在的一些常见的基本问题，都进行了比较全面而深刻的论述，相信读后会有裨益。

目 录
CONTENTS

第一章 优质孕育，顺利生产

生养孩子并不难，但当个好妈妈、好爸爸并养育出色的下一代非常不容易，因为首先在你想要孩子之前就可能有许多想不到、做不到的事情。

第二章 精心呵护，健全人格

哺育孩子不仅是吃喝拉撒睡，还要有更多积极的语言交流和行为引导，才能使孩子的身体、智能、人格、情感及人际关系等方面达到最佳状态。

第三章　合理膳食，强壮体魄

孩子出生后至成年如何饮食、运动，总是人们广泛关注的事情，但仍普遍不能做到科学营养饮食并养成良好的生活习惯。

第四章　培养兴趣，实现超越

培养孩子的阅读习惯、专注力及广泛的学习兴趣，促使孩子全面的发展。若孩子小时候未养成阅读习惯是很吃亏的，这种吃亏有可能他们一辈子都弄不明白。

第五章　增加学识，继续成长

在当前知识爆炸和科技突飞猛进的时代，做到终身学习，用知识提高才干。耐得住寂寞，禁得起诱惑，专注自己的学业，才能达到人生的最佳状态。

第六章　享受工作，不断进取

工作就是修行，有明确的个人事业的目标、规划，保持毅力及执行力，并坚持学习，不断成长。虽然前进的路上会充满坎坷，但总会赢得美好的未来。

第七章　学会放下，珍惜自我

事业成就自己，运动赢得健康，读书旅行开阔眼界。不要念念不忘昔日的辉煌，放下浮华，返璞归真，展现自我特性和人性的纯真美好。

第八章　推迟衰老，享受生活

名利不可贪，学业在德行。凡是生命里可有可无的东西都要放下，留下来的才是这一生最重要、最值得珍惜的。内心的丰盈安宁，才是最大的幸福。

第九章 安得其所，无憾一生

人能常清净，天地悉皆归。舍得丢下尘世间的一切纷扰，无欲无求，仁者爱人，“吾生也有涯，而知也无涯。”如何才能真正认识自己，让每一天都快乐。

第一章　优质孕育，顺利生产

生养孩子并不难，但当个好妈妈、好爸爸并养育出色的下一代非常不容易，因为首先在你想要孩子之前就可能有许多想不到、做不到的事情。

1. 工作与生活

过去你作为学生是在学校里按部就班地学习，今天却已转变角色步入社会，进入公司、工厂、商场、医院、学校、研究所、政府部门等笼统称为自己的“单位”里工作。但社会上没有什么事是一成不变的，工作与生活又是相互渗透、相互融合的，或大或小的事无时无刻不在影响着一个人的情绪。并且每个人总会遇到工作中的不如意与生活中的磕磕绊绊，因此要学会管控自己恐惧、伤心、低沉、怨恨、消极的情绪或者兴奋、骄傲、轻狂、过激的情绪，以最大的韧性、耐心和执行力去做好自己的本职工作。

经过一两年以上的工作历练，你基本上就能够掌握好自己的专业技能，单独熟练地进行工作，也能够熟悉工作和生活环境，融洽与各级各类人员的相互关系，同时自己也满意现在的这份工作，这样就非常有利于自己今后的工作与生活。因为，你已达到了在工作上的得心应手，以及在生活与工作中的情绪稳定，所以，这样的状态就有利于自己的婚姻、生育和家庭生活。

如果能在你心情舒畅的心境和轻松愉快的氛围情况下怀孕，胎儿会受到这样良好的情绪影响，生长发育会更快、更好。而且胎儿出生以后，孩子的性格也会更加开朗乐观，同时情商与智商可能会更高一些。

如果一个人在工作与生活中，总是处于情绪低落、忧虑、生气、怨恨、紧张、恐惧等心境，并在这样不好的状况下怀孕，就会不同程度地影响着胎儿的发育，也可能会使胎儿大脑发育不良，甚至导致胎儿畸形。因为孕妇情绪的变化，会引起内分泌激素和血液成分等的变化，从而影响胎儿的生长发育，严重的还可能会导致胎儿的早产或死亡。特别是在早孕时期，胎儿器官发育还不稳定，这个时期孕妇如果情绪不稳定，易于影响胚胎的腭部和其他器官的发育，也有可能使胎动过速、胎盘早剥等，结果出现胎儿异常与流产。

但是在现实工作与生活中，事事很难如人所愿，身边不如意的事情总会不断地发生，甚至发生在你身上的是许多意想不到的事情，并在不经意间常常又让你措手不及和莫名的惆怅。

因为，在大千社会里，几乎每个人都是相互不同的个体，思想观念千差万别，行为习惯也千变万化，而走到一起又总是相互联系、相互影响。所以，就需要你时刻保持冷静、学会忍耐、大度包容，并积极乐观地对待他人，学会妥善处理好各种问题。同时，还要不断地反思，认真选择适合自己的单位及交往的圈子。

古语说："画眉麻雀不同嗓，金鸡乌鸦不同窝。"和不同的人接触与交往，便会有不同的影响与不同的命运，看你的单位以及你圈子里的人是怎样的，便能知晓你的未来又是如何。

因此，你应该知道自己现在是怎样的人，还应打算今后又想成为怎样的人。那么，你若是与做事认真、靠谱的人相交，你就会变得稳重与担当；若与心态积极的人相识，你就会变得开朗与充满阳光；若与温和善良的人来往，你也会变得宽容与理性；若与志向高远又脚踏实地的人接触，你定会变得心胸宽广、心地坦荡。所谓"君子坦荡荡，小人长戚戚"，所以应该做到居必择友邻，交必选良友。

一个人如果朋友才华横溢，那么自己也会是博学多才的。《论语》云："见贤思齐焉，见不贤而内自省也，"对于那些消极负面的人和事要敬而远之，去靠近积极正能量的人。多与优秀的人往来，学习他们乐观平和的心态，持之以恒的毅力，不畏艰险的勇气，积极认真的态度。久而久之，你也必会成为一个相同类型的人。

人的生活就是一种态度，凡事不要苛求，要多些宽容；遇事不必抱怨，要多些豁达；做事只需用心，就会少些冷漠；结果无须强求，就会减少烦恼。就像一位科学家所说的那样"人是唯一能接受暗示而改变的动物"。只要你的心态调整好了，凡事充满自信、积极而为，就是再大的困难也吓不倒你；如果你的心态不好，那么再小的坎坷也能成为你跨越不过去的一条鸿沟。

你用什么样的态度去对待工作与生活，工作与生活就会以相同的方式回馈给你。其实，生活在中国目前这样一个祥和富足时代中的每个人都是幸福的，可是你的幸福常常只在别人眼里，人生最大的遗憾往往不是自己错过最好的时光，而是感觉不到自己的富足。

你要明白，你的富足包括你的才智与青春，但你将如何用你宝贵的青春谱写你壮丽的人生华章，你是否思考过，你的一生应该如何度过才充实和有意义？你有志向吗？你有规划吗？你有行动吗？你有毅力吗？你怕吃苦吗？你只有趁早树立目标，刻苦学习、认清方向，努力前行，不断提升自己，才能不负青春年华并将能真正实现自己生活的富足。

但可怕的是，目前社会上普遍存在的观点认为“工作就是为了赚钱”。做着简单的工作，得到简单的工资，过着简单的生活。在找工作时往往首先是谈钱的问题，过于注重公司给多少工资、补贴、奖金，而不去思考自己在这个工作平台上能做出什么样的贡献，更关键的是不太关注这个平台对你有怎样的历练和发展空间。

马云曾说：“在阿里巴巴工作三年，就等于上了三年研究生，他将要带走的是脑袋而不是口袋。”进入一个好的平台，虽然无法决定你的一生，但确是人生中很重要的一步，它将直接决定你的人生质量。这时，你要做的是调整好自己的心态，认清自己的发展方向，趁着年轻的时候，抓紧时间，不断学习，不断突破，敢于超越，才会脱颖而出，才能实现自己的理想及生活的目标。

但许多年轻人在工作后没有了继续学习、不断进步的热情和动力，仅仅是应付性地学习、考试、晋升，而没有注重个人的不断进步与成长。

孔子曾说过这样的话：“为了得到报酬而去做事，与从本心出发去做事是不一样的。”因此，各行各业有太多的人常常无所事事、心生是非与无端抱怨，也有很多人几乎每天在做应付性的工作，天天都是一边慢条斯理地做着平常的工作，一边是家长里短地谈论着捕风捉影的传闻与鸡毛蒜皮的琐事。表面上看起来天天是忙忙碌碌，实际上工作效率很低，有人称之为“伪工作者”，这些人又往往眼睛过多地盯着薪水的点滴变动，有的甚至是不择手段地挣钱。

目前一些特殊行业的专业技术人员也是如此司空见惯，他们没有同情、怜悯之心，更无敬畏、感恩的心，甚至个别人是挖空心思钻空子、捞好处，既让人鄙视又使人感到无可奈何。

当然，人活在世上，过的是心情，活的是心态。那么即使你所入职的单位规模较小，但若其前景广阔、制度规范，特别是与同事之间关系融洽、工作生活心情舒畅，同时又有学习科研风尚，人们同心协力、积极进取，况且待遇尚能使你满意，那么你就一定要珍惜这份工作。除非你要去继续深造、读书学习，或确实已准备好了更大、更好的发展去处。否则，就尽量不要放弃这份工作。

因为在现实生活中，每个人所处的社会环境、生活环境、家庭环境各不相同，决定了每个人的性格不同。在为数不少的单位里总有一些两面三刀、爱嚼舌根、喜欢八卦、无事生非的人，也不乏牢骚满腹、怨天尤人、不懂礼貌、精于算计的人，甚至更多的是夸夸其谈、华而不实、做事草率的人。那么，这就需要你理智地做出选择。但关键的是，你现在是一个怎样的人呢？同时将来又想成为一个怎样的人？

曾国藩曾说：“谋大事者，首重格局。”一个心中没有格局的人，就好像行走在黑夜里迷失了方向一样，茫无头绪；只会贪图眼前小利，不思进取，最终就会一事无成。如果你处在这样的环境之中，并安于现状，那么你今后也会成为这样的人。

有这样一段话：“当你接触的人越多、层面越高，就会发现，越高端越是有教养的人，大都相互支持、抱团发展，因为你好了，大家都好；相反，越低端、层次越低的人，越是喜欢诋毁忌妒、相互拆台、彼此鄙视，因为我不好，我也不让你好。”那么我们何以能做到引以为戒，就要不断努力地提升自己，并以良好的心态和积极的态度对待别人，更要珍惜并做好自己的每一份工作。

我们只有保持良好的心态，并珍惜自己的工作，正确地认识自己的不足，明确需要努力的目标，通过不断学习、不断进步、不断提高认知能力，才能实现自己更高的人生价值。人们只有努力先提升自己的自身价值，才能进入更好的单位，也才能提升自己的朋友圈子。

曾国藩也曾说：“择友乃人生第一要义。一生之成败，皆关乎朋友之贤否，不可不慎也。”有这样一句话：“我以为别人尊重我，是因为我很优秀。慢慢地我明白，别人尊重我，是因为别人很优秀。”在这个世界上，越是成熟有本事的人，姿态越低，越会看淡一切；而越是无知无能的人，越认为自己很重要，也越是飞扬跋扈。

也有看重自己身兼一官半职的人，把手中的权力发挥得淋漓尽致，把自己的人微权轻就变成了“人微权重”，使正常的工作程序变得困难重重，结果出现了许多小官巨贪的不正常状况，最后落得可耻的下场。

贾平凹也曾说：“朋友的圈子其实就是你人生的世界，你的为名为利的奋斗经历，就是朋友的好与恶的历史。”因此，积极结交良朋，和优秀的人在一起，就是经营自己的幸福人生。如果你总是在低层次的圈子里打转，那么身边总是充满了坏人和小人。如果你自己是一个不思进取、做事敷衍、自私自利、斤斤计较的低层次圈子里的女人，那么又怎么能够遇到一个志向远大、积极勤奋、善解人意、有责任感的上品男人呢？

2. 选择适合你的人生伴侣

你选择了什么样的人生伴侣，决定了你接下来会经历什么样的人生。宁愿晚点成家，也不要盲目结婚；宁愿及时止损，也不要耗尽自己的青春。

选择男性伴侣，起码的人格标准应是踏实靠谱、胸怀宽广、心态健康、有责任感、生活习惯良好的男性；选择女性伴侣，则要选温和稳重、诚实乐观、不张扬与贪婪的女性。其实寻找人生伴侣，最简单实在地说，在基本条件满足的基础上，最关键的是，面对这个男人让你感到“做事靠谱”和“谈得来”；而面对这个女人让你感到“有见识”和“不任性”，有这样的感觉就不要放手，同时在结婚后的家庭生活也一定不会太差。

当然，如何选好有担当、成熟的男性伴侣更为重要，因为目前相对而言女性仍是弱势群体。

但现实社会中，似乎大多数女性择偶条件有点偏差，过度考虑男方的房子、车子等实体性的东西，而忽视了更重要的个人存在的某种内在“潜力”，如果一个人志向高远又脚踏实地，学识一流又努力上进，那么就一定能在未来出人头地，关键的是女方要有一双“识才鉴宝”的慧眼。当然，也绝不能忽视一个人的性格、品质、责任心及工作积极性等问题。

确实现在不乏有很多的年轻人，在走出校门之后就拒绝学习、不思进取，毫无个人规划，任意浪费时间，拈轻怕重，应付工作，没有担当，随波逐流，甚至盘剥父母买房买车。如果与这样的人结婚生活在一起，那么婚姻的风险系数就会增大。

“与君子交，其温胜玉”，意思是说跟君子在一起，你会感受到如玉般的温暖。古人云：“识不足，则多虑；威不足，则多怒；信不足，则多言。”做人的头等大事是认识自我，并接近德才兼备的人。

英国女侦探小说家阿加莎·克里斯蒂，可以称得上是才貌双全的女人。在她的成名作《罗杰疑案》成功之时，厄运却一再降临，最了解她的母亲因病去世。正当她处于最悲痛的时期，丈夫不仅没有给她关怀和安慰，反而带着一名女子私奔，绝情地离她而去。

阿加莎·克里斯蒂难以面对这突如其来的双重打击，觉得自己一无是处，灰心到了极点。一度隐姓埋名，在西班牙加纳利群岛生活了一段时间。在好友的建议下，阿加莎·克里斯蒂登上东方快车，远赴中东旅行，在旅途中与一位比她小14岁的马克斯相遇相爱。阿加莎·克里斯蒂放下了自卑，重新投入写作，最终成为销量高达20亿册、打破2000年吉尼斯世界纪录畅销书的女作家。在人生后半场，她活成了一个奇迹。

有时候一个人的去留，并不是你的错。有人讨厌你，也不一定是你的问题。世上从来就不会有100%的人喜欢你，你只需为自己好好地活着。只有放下错付的情感，才能空出双手去迎接对的人；放下过往的纠缠，无论是痛苦、失败、成功、快乐，都已经成为过去；放下内心的枷锁，自信从容，走好自己的人生路。纵然没有责任心或不爱你的人离开了你，也不要自卑、自虐，而要自强、自立，学会放下，懂得取舍。只有放下了，才能心宽，人生的路也就变宽了。

在2019年中国最高人民法院也曝光了一组司法的大数据，结果让人有些意外。在全国140万对夫妻的离婚案件中，竟然有73.4%是女方提出来的。这意味着什么？也就是说女人在结婚之后，往往是先付出的一方，男性的作用相对体现得较晚。不光结婚有风险，结婚之后，怀孕、分娩、育儿……也都让女人们在不平坦的婚姻路上举步维艰。

2019 年中国离婚因素的前四位分别是感情不和、家庭暴力、出轨和不良恶习。由此可见，在婚姻里一个有责任感与成熟、靠谱的男人至关重要。那么真正成熟的男人就会知道，在自己婚姻里的夫妻关系永远排在第一位，“小家”永远是排在“大家”之前，妻子才是你最亲的人。

而没有责任和担当的男人，遇事只会消极地推卸责任、埋怨与懒惰。他们也无法给予妻子经济上的支持、情感上的满足、心理上的慰藉。对妻子在家庭中付出的辛劳，也常常会是熟视无睹、置若罔闻。长此以往妻子就会被拖入劳碌不尽和心力交瘁的境地，这样只会摧毁妻子对婚姻所有的期待。

百年修得同船渡，千年修得共枕眠。跟自己爱的人走入婚姻殿堂无疑是件幸福的事情，但这种幸福也会随着生活气息的越渐浓厚慢慢变淡甚至消失。相爱容易相处难，那些在婚礼上喊出的海誓山盟，都会在往后的一地鸡毛里烟消云散。于是，诉苦、抱怨、指责成了很多人的家常便饭。

男人的本事，不单是用钱来衡量的，身为男人更多的责任是要和妻子共同经营美好的家庭生活。《孟子·公孙丑上》说过：“善与人同，舍己从人，乐取于人以为善。”人生在世，各有各的习性，各有各的不易，只有将心比心，同心同德，才能相互兼容，也才能相处得长久。托尔斯泰说：“幸福的家庭都是相似的，不幸的家庭各有各的不幸。”如果一个只会对另一半挑三拣四、颐指气使的人，家里的争吵、抱怨就会不断，家庭又怎么会幸福呢?

因此，幸福的家庭，应该是充满爱和尊重，以及学会欣赏和包容的。

只有做到遇事多商量，彼此体谅，共同承担家庭责任，生活中才能少一些怨气及纷争，多一些欢笑与温馨。女人懂知足，男人懂顾家，这才是夫妻一辈子。一个家庭走向兴旺，离不开夫妻二人的共同努力。

3. 如何为优质孕育准备

如果你有一份安定的工作及熟练的工作技能，又有和谐幸福的婚姻家庭，那么你已具备孕育下一代的初步条件了，就可以考虑孕育的事情了。但要做到优质孕育，还有许多不可小觑的事情既要做到，也要做好。当然我们要崇尚现代科学，但也要适当地借鉴中国传统文化习俗，以及中国阴阳、五行学说等具有深刻内涵的东西。

现代科学研究证明：胎儿的环境对胎儿的生长、发育及出生后的发展有重大影响。如母亲缺乏营养、不良生活习惯、情绪，以及药物、辐射等都会影响胎儿的发育，从而影响其后代智力发展。儿童出生过程中以及出生以后，营养不合理或一些意外的因素（如产伤、疾病、事故等），也可能影响儿童的生理，继而影响后来的发育。这种环境因素包括物理因素、化学因素、生物因素、地理因素等，不是孤立存在，而是相互制约影响儿童的心理发展。

孕前需要准备好的物质条件：

很多事物都必须具备天时、地利、人和才完美；有些事情也是需要天时、地利、人和才能完成；有些缘分也是需要天时、地利、人和才能在一起的。“心诚交善友，品正遇贵人。”一个心性祥和、为人友善、积极健康的人，会形成安详、愉快的气场，让人有亲切感。而有的人情绪焦虑、内心紧张、心烦意乱，就让人感觉不安。

一旦怀孕，注意的事就很多，不仅是吃、穿、用的事情，而且居住环境及个人的一举一动都有讲究。

住所情况：首先注意避免居住环境的影响，尽量远离立交桥、高架桥、超高压输电站、寺庙、牲畜屠宰场、殡仪馆、公墓及某些化工厂等，因为周围的气场、磁场、声光等会影响孕育以及孕妇的情绪；住房不要再做装修，尽量不添置大量家具及鲜艳装饰品，避免室内环境化学污染。

保持室内整洁，特别是床铺、被单干净整洁。床下面不要放置杂物，尤其是金属物品，因为金属干扰正常的磁场。不要长时间看电视剧、电脑、手机等。

床头上方不宜挂上大型图画，包括山水画，以免影响生育；避免在室内挂深色图画及丑陋、抽象（变形）图画，也避免挂凶猛禽兽图画；不要在室内摆放各种凶猛禽兽如貔貅、老虎、大象等造型物品，以免孕后冲撞胎儿的周围气场。室内可挂漂亮可爱的小孩子画像。

家中不宜摆放刀剑等冷兵器、大型的古墓出土物品（可以收藏起来），以免影响男方精气。

卧室内不宜摆放鱼缸、太多花草植物等，容易引起阴凉、潮湿，导致阴阳失调和难以受孕，或孕后异常变化较大。

卧室内不宜放置较大的镜子和电视机，特别不要对着床头放电视机，以免影响人的情绪及睡眠。

不宜养殖各种宠物，避免弓形虫感染等不良影响。不便送出的小动物需要体检、打防疫针，不可密切接触。

不要睡在地板或折叠床上，以免影响情绪及睡眠质量。

孕前需要准备好的精神条件：

怀胎十月，既是喜悦又是漫长的过程，良好的心态、稳定的情绪、愉快的心情、优雅的言行，是胎儿良好发育成长的重要条件，也一定会让小生命健健康康、顺顺利利地诞生。

在职场上应对自如，工作得心应手，做到自信而不张扬，学会豁达而不猜忌，保持言行温和，共同关系融洽就会心情舒畅。

当然达到这样的工作氛围确实不易，因为同事间微不足道的矛盾、是非纷争总是比比皆是、司空见惯，那么就需要你以高度的自觉和严格的自律，保持情绪的稳定，坚持送给大家的总是和煦的春风，才会春风化雨，润物无声，温馨和畅。

只有保持在职场上的心情舒畅，才能放下一切的精神负担，同时就悄然而至的平和、平静的心态，达到美好、美妙的心意，进入向往、期盼的心境，会使你自然而然流露出愉悦的微笑，洋溢着热情，去憧憬美好的未来生活。而在工作及生活中遇到的各种问题不要心急，要保持冷静，勤于思考，善于处理。那么，如果出现了各种烦恼、悲伤、痛苦、恐惧，甚至发怒、争吵等剧烈的情绪变化，就对妊娠极为不利。

常在心中期望着有一个俊美、聪明、活泼、可爱的宝宝或小儿形象，如“诗词小神童”王恒屹等。女性的满怀美好的心意更重要，夫妻双方共同营造快乐的氛围，并尽可能抛开一切烦恼、纷争、杂念。

闲暇时可诵读经典诗词、抒情散文、写景美文，聆听优美旋律古典音乐或轻音乐，或翩翩起舞或放声歌唱，造就美的心灵才能孕育美的人生。

在节假休息日，多外出旅游或到近郊游山玩水，欣赏大自然的美景，放松情绪、放飞心情。

尽量避免观看内容恐怖、苦难、悲伤、激烈的影视视频与作品。避免出入牲畜屠宰场、殡仪馆、公墓，尽量不要在人少时出入寺庙、人物雕像纪念馆。尽量不去混乱污秽场所如管理混乱的自由菜市场，不要一个人单独行走僻静的夜路或经过高大树林。

尽量不要参加各种杂音较大、场面较混乱的聚会，如婚丧嫁娶的活动等。注意大气污染的影响。

孕前需要准备好的日常生活的条件：

今天许多在职场上的年轻人，常常午餐吃快餐、喝奶茶等饮料以及晚上和大家一起吃麻辣烫等食品，这样，会摄入较多添加剂等，长此以往肯定是不好的。如果你已经建立了家庭，要学会在自己的厨房里学习烹饪的快乐，选择自己喜欢的食材，“百度”做菜的技巧，品尝自己的手艺，谈论各自的见识，在二人世界里如此的惬意，感情更加交融，并且饮食更健康。

要合理膳食，均衡营养，进食天然食品。作息规律，早睡早起，适当体育锻炼。双方都感觉精神轻松、精力充沛。

适当清淡饮食（避免过多添加剂）及高蛋白饮食如鸡鱼肉蛋奶等；适当高钙饮食如红肉、瘦肉、香菇、蔬菜等；富碘饮食如各种海鲜产品（少吃螃蟹、牡蛎等）；适当进食山药、红枣、核桃、花生米及干鲜水果；较好的水果如猕猴桃、苹果、樱桃、橙子、柚子、杧果、葡萄、香蕉等，尽量少吃山楂、杏、干桂圆、荔枝等。

最好提前三个月口服叶酸或叶酸与维生素合剂。

双方都要杜绝不良嗜好，戒烟酒 3 个月以上，尽量少吃咖啡、芹菜；适当少吃胡萝卜、木瓜；少吃温热刺激性食物如韭菜、大蒜、辣椒；尽量少摄入含有多种添加剂、防腐剂的食品、饮料等。

尽量不吃麻辣烫食品、油炸油煎食品、烧烤食品、腌制食品、熏制食品，尽量不吃快餐食品，也尽量不吃在平常很少吃的食物如兔肉、蛇肉、鹿肉、驴肉、马肉、鸽肉、雁肉、龟肉、蝎子、蚕蛹等。

避免高温环境，如桑拿、高温蒸浴。避免噪声影响，远离电磁波强度高的地方。

孕前需要准备好的体格检查：

一般认为，生育最佳年龄：女性 22 ～ 32 岁，男性 25 ～ 35 岁。优质生育年龄也不是一概而论，还要结合每个人的成长生活环境、饮食营养情况、身体机能状况、精神文化素养及医疗条件等因素因人而异。

各种疾病的筛查如心脏病、口腔疾病、肝病、肺结核、皮肤病、性病、妇科疾病、甲状腺疾病的相关检查；四高（高血压、高血糖、高血脂、高尿酸）检查及了解女方的体重与体重指数；其他特殊异常个体的相关专项检查等。医学专家的意见与建议。

同时，因为优生优育是大家共同的期盼，所以你必须要知道甲状腺功能及甲状腺抗体的具体情况。必须知道促甲状腺素（TSH）和甲状腺过氧化物酶抗体（TPO—Ab）的两项检查的结果是否对妊娠有影响。让“隐匿”的甲状腺功能异常及时发现，并在专科医生指导下进行相关治疗，把异常指标控制在恰当的范围内再考虑怀孕。

由于目前甲状腺疾病已十分常见，其中最常见的是慢性甲状腺炎（主要是乔本氏甲状腺炎）并可能引起甲状腺功能减退症（简称甲减）或亚临床甲减。在甲减时自身会出现甲状腺素分泌不足，而更重要的是，在妊娠 20 周前胎儿生长发育，特别是大脑发育所需要的大量的甲状腺素完全（12 周前）或部分（12 ～ 20 周）由母体提供，因此孕期甲减不仅会影响孕妇本身，还会对胎儿造成不利影响，可能造成胎儿宫内发育迟缓、出生后智力低下，以及流产、早产、死胎等不良妊娠结局。

接受妇产医院的有关知识培训。

双方共同做好了以上条件的准备，就达到最佳的孕育时机，当然女方在怀孕后，仍需要继续做到以上准备妊娠时的各项要求条件。

4. 孕期易被忽视的事情，你应该怎样做

一些细心的女性，可能在受孕仅仅几天时间时，她就有所“感知”：易疲劳、困倦、恶心等，出现身体状况与以前不同，意味着梦想成真可能要孕育一个新的生命。这里仅谈孕期几个应重点关注的问题。

首先要注意的是，少数女性半个月左右前来过月经，就认为没有怀孕，这是一种错误的观点，有时在停经前即可出现妊娠反应。甚至有人因“身体不适”到医院内科就诊，做了 X 片或 CT、MRI（磁共振）等检查，给自己造成较大的心理压力。

确定怀孕以后，没有必要马上改变自己较为合理的生活方式，仅是适当注意劳逸结合及休息，进行温和的营养饮食，预防感冒、腹泻等最容易发生的疾病，注意用药安全和避免可能不利的各种检查。

要高度重视在生命早期，即在生命最初的1000天（从怀孕到2岁）的“窗口期”，通过采取各种干预措施及合理生活行为方式等，避免胎儿和婴幼儿暴露于不良环境中，从而降低成年后发生某些慢性疾病如肥胖、糖尿病、心血管疾病等的风险。

妊娠反应会出现呕吐等，可采取少食多餐，注意补充水分，适当多吃新鲜水果。妊娠反应严重时，为防止体内水电解质紊乱及营养不足，可到医院妇产科进行输液等治疗。

注意卧室整洁、干净、干燥、光线好非常重要，有利于孕妇的情绪稳定。注意不要制造室内噪声，避免随意挪动床铺及床头，避免在墙面及家具上钉钉子。注意怀孕后就不要穿紧身衣服，要穿纯棉质地、舒适的宽松衣服，穿平底鞋。妊娠 4 ～ 11 周为流产多发时间，注意不要剧烈活动及过度活动；在妊娠 33 周后性生活有引起早产的危险，曾有过流产史的孕妇更要注意。

注意个人卫生，淋浴洗澡为宜。孕妇洗澡的时候，要控制好水温和时间，避免用温度高的水洗澡和长时间浸泡、冲洗，尽量避免频繁使用香皂或沐浴乳等会使皮肤变干的东西。美容护肤品以天然的有机产品为宜，尽量使用不含防腐剂及其他人工添加剂的产品；注意不要用有强烈气味的去味剂，不宜用气味性驱蚊剂等。

注意在怀孕后可能有时出现头晕、乏力、失眠等，就会过多地卧床休息，要当心发生便秘。因此，要求在整个孕期都不能懒惰，应常去外面散步，同时也要适当多饮水，多吃些新鲜的水果、蔬菜，喝点乳酸饮料等。少数孕妇可能发生鼻出血，不必紧张及就医，孕妇取坐位并用手紧紧地捏住两侧鼻翼一会儿即可止住。

孕妇在孕期一定要注意避免做三件事：

（1）吃得多：怀孕后好像就成了大家庭中的“功臣”，一个人可能被多个人照顾，认为“为了孩子”大吃高蛋白、高脂肪食物及大喝高汤，孕妇的体重就会快速增长。如果孕妇的体重增长过快、过多就会带来一系列危险，如糖尿病、妊娠期高血压，分娩时常因巨大儿而出现难产、胎儿窘迫，甚至增加新生儿死亡的风险。

因此，在孕期一定要科学饮食，保持合理的体重变化。在怀孕过程中，孕妇的体重一般可增加 11.5 ～ 16 千克。妊娠反应较重时，体重因不能进食而不增加。在妊娠反应结束后，体重一般每周增加 350 克左右，28 周后每周增加 300 克。如突然增加 500 克，甚至 600 克，应尽快去医院检查，而不能等到就诊日期再去。

饮食建议：

①控制主食摄入量：适当摄入米饭、馒头、面条、土豆等高淀粉类的主食。

②适当多吃蔬菜：注意多吃含较多纤维素的蔬菜，合理进食水果。

③适当增加蛋白质：胎儿的生长发育需要足够的蛋白质，而蛋白质的摄入对孕妇的体重增加影响较小。因此，需要适当增加牛奶、鸡鸭鱼肉、猪牛羊肉的摄入，注意不要喝各种肉汤。

（2）懒得动：因为可能在妊娠后出现不同程度的各种不适反应，所以有的孕妇会过多地卧床不起，这样就会影响孕妇的代谢功能和胎儿的生长发育。同时，孕妇少动也会导致深静脉血栓风险增加，还会使孕妇腰酸背痛等。

运动建议：

①适当的运动及工作是必要的，能保持体能状态，利于胎儿正常发育及顺利分娩。

②运动时应摄入足够的水分，穿舒适宽松的衣服，避免体温及湿度过高。

③锻炼时间不能过长，以免疲劳及发生低血糖。

（3）睡得晚：有的人在怀孕以后，单位的工作量减少了，还不用操心，白天休息多了，晚上就变成了“夜猫子”，长时间看电视、电脑及玩手机等，可能导致作息时间紊乱、失眠。长期如此就会影响孕妇的情绪，进一步影响胎儿的发育，可能会出现低体重儿、新生儿好动、情绪欠佳、易哭闹和消化功能紊乱等。

睡眠建议：

①孕妇要养成良好的生活习惯，同时健康的生活方式是提高孕期生活质量的关键。

②孕妇愉快的心情和充足的睡眠是保证胎儿正常生长发育和提高免疫力的必备条件。

③每天可在睡眠前听听轻音乐，选用音调平和、节奏徐缓、音色优美、悦耳动听的乐曲，时间不宜过长，音量不宜过大。可以闭上眼睛，伴随音乐的节奏做深呼吸，不但可以提高肺活量，而且还能起到放松身体、调节情绪、睡个好觉的功效。

围孕产期的定期检查：目前中国全国各地都开展了全民性的孕产妇定期检查及相关知识培训，对提高优生优育有非常重要的意义，怀孕后要重视按规定进行定期的孕期检查。如果孕妇在妊娠过程中，突发大的异常情况需要及时到医院就诊治疗。

胎教是开发宝宝智力的一种特殊功能方法，专门的胎教教材有多种多样，如胎教音乐、胎教故事（国学经典故事胎教、经典童话故事胎教）、胎教语音教材等，早期较好的是音乐胎教。胎儿在四个月左右听力神经已经发育了，这时选择音乐胎教的方式，可以对宝宝的听力神经起到一个刺激发育作用，同时调节胎儿大脑某些物质的释放，有利于宝宝大脑神经及躯体的发育。胎教音乐又能使母亲情绪处于放松状态，改善孕期的不良情绪，有利于安胎及宝宝的健康发育。

有实践证明，在腹中经历音乐胎教的宝宝，在出生后都具有适应能力强、肢体发育快以及智力高等优点。因此，对于孕妇来说要重视胎教方式以帮助宝宝更好地发育成长。音乐本身就是具有艺术价值的，听音乐能够净化人们的心灵，将美妙的音乐传递给宝宝的时候，会让宝宝也受到深刻的感染，给宝宝留下深刻的影响，也可以最早期开发宝宝的艺术细胞，有利于以后宝宝的艺术发展。接下来，父母也可以唱歌胎教，也是对胎儿一种良好的发育刺激，促使大脑健康发育，建立最初的情感最强渗透，引起了与宝宝早期的心音共鸣。

父母的语音交流如对宝宝说话、读书、讲故事，将父母的爱传递给宝宝，宝宝同样会感知并感到情绪愉悦，这样对胎儿情感发育也有很大好处。

抚摸胎儿：最早在怀孕三个月时就可以先简单地对胎儿进行抚摸练习。通常孕妇腹部仍较松弛的情况下，用手从上至下、从左至右，来回抚摸。在怀孕五个月（20 周）后，孕妇每次睡觉前先排空膀胱，平卧床上，放松腹部，用双手由上至下、由右向左（或从左向右），轻轻地抚摸胎儿，就像在抚摸出生后的婴儿那样，每次持续 5 ～ 10 分钟。在胎儿生长到七个月的时候，孕妇就可以使用推动等方法进行胎教。孕妇可以平躺在床上，全身放松，轻轻地来回抚摸、按压、拍打腹部，同时也可用手轻轻推动胎宝宝，能让胎宝宝在宫内“散散步、做做操”。

通过对胎儿的抚摸等胎教，更早地沟通母子之间的信息，交流母子情感，能激发胎儿运动的积极性，可以促进出生后动作的协调发展，如翻身、抓、握、爬、坐、立、走等动作。

孕妇体能锻炼：孕期适当的体能活动非常重要，有利于孕妇身心健康，可以增强体质、积蓄力量，有利于分娩。体能锻炼形式多种多样、因人而异。可以散步、健步走、慢跑（一定要穿避震跑鞋）、跳舞（不要幅度太大）、瑜伽（不要过度伸展）、游泳、旅行，但注意要避免疲劳。打高尔夫球适合整个孕期，专门的孕妇体操也是较好的运动项目。

迎接新生命方式：制作纪念物品、纪念章、纪念照片，植纪念树等。

婴儿出生需要准备的物品：婴儿贴身衬衣、内衣；婴儿纯棉帽子，婴儿连身裤、袜子，婴儿尿不湿。婴儿床、床垫、褥子、床单、被子、被罩；枕头、婴儿毛巾、浴巾等。（注意：这些新买的物品都要清洗一遍，以去掉颗粒物、漂白粉及染料的杂质等）

准备好婴儿取名：乳名及学名。

接受产前教育：

①如何顺利分娩。

②如何哺乳及安抚宝宝。

③如何做有益于宝宝发育。

④激发宝宝更多天赋。

⑤培养宝宝注意力。

⑥提高宝宝学习能力等。

孕晚期的四种不适应如何缓解：随着妊娠月份增大，肚子越来越大，准妈妈的负担越来越重。普遍出现不同程度的腰痛、睡眠障碍、便秘、水肿等症状，需要自己学会处理。

腰痛：为了代偿子宫增大和身体重心改变，妊娠晚期通常会发生脊柱腰段过度前凸，腰部肌肉、韧带损伤等出现腰痛。几条建议：①睡硬板床；②不要拎着超过 5 千克的物品；③在座椅靠背放置靠垫，用来支撑腰背部；

④拎东西时要并膝下蹲，睡觉时可以在膝关节下面放置小枕头；⑤穿着大小合适并可支撑足弓的平跟鞋，而不是平底鞋；⑥可以在办公室桌子下放置脚凳。

睡眠障碍：因为在妊娠晚期，胎儿踢、腰背痛、翻身困难、小腿抽筋等，大多数孕妇会有睡眠障碍，甚至较多孕妇因睡眠障碍导致焦虑、烦躁等情绪变化，影响工作与生活。建议：①适当加强有氧运动，如快走、游泳、做瑜伽等，每天20分钟以上（每周在150分钟以上）。因运动产生的内啡肽，可以让人心情舒畅，有助于睡眠；②改变生活习惯：不午休、不喝茶，睡觉前喝杯温牛奶，并用温水泡脚；③如果贫血，要及时补充铁剂；④多听听轻音乐，缓解紧张的情绪；⑤适当地清淡饮食，并注意补钙剂。

便秘：妊娠晚期受激素水平的影响，肠胃蠕动减慢，同时增大子宫的影响，时常发生便秘。尽量做到：①改变饮食习惯，适当增加纤维素较多的饮食及水分的摄入；②适当加强运动；③适当吃一些含油脂高的食物如芝麻、核桃、花生等，有助于润肠通便，并养成定时排便的习惯；④必要时可考虑应用乳果糖口服液治疗，但一般不用开塞露治疗，因为有刺激子宫收缩作用。

水肿：随着妊娠月份的增大，子宫逐渐增大。在24周以后增大的子宫即可对下腔静脉产生压迫，影响静脉回流，从而导致下肢水肿。下肢水肿在妊娠晚期较常见，但一般只出现在双侧足踝部轻度水肿。如果水肿发展到小腿，且按压后出现凹陷，应该引起警惕。

几条建议：①在闲暇时适当抬高下肢15～20分钟，睡觉时小腿下垫一个小枕头；②左侧卧位睡眠，这样可以减轻对下腔静脉的压迫，减少血液回流的阻力；③适当休息，注意保暖，穿弹力袜，不穿紧身衣服；④适当掌握食盐摄入量；⑤要注意隐形水肿，每天早晨起床大小便后，监测体重及血压，如果每周体重增加超过2千克，或出现高血压，或出现颜面部水肿，需要及时到医院就诊；⑥既往有肾炎、心脏病、肝硬化等病史，出现全身水肿可能是病情有所加重；⑦单侧下肢水肿可能是深静脉血栓形成的表现，更要引起重视。

住院与生产问题： 生产日期一般在预产期前3周到预产期后2周之间，尤其是初产妇产期常常错后。预产期过了2周还没有出生的迹象，如果产科医生认为正常，则可能仍需等待。

孕期到了36周，孕妇每周都要去医院检查，由医生决定是否住院或何时住院。常有在阵发性疼痛之前先破水的情况，像尿失禁的感觉，此时应做好住院的准备。

生产问题： 一般在孕期36周时应该确定是自然分娩，还是剖宫产。但你一定要明确生产方式非常重要！更要明确凡是具备自然分娩的指征的，就一定要自然分娩！因为自然分娩是一个生理过程，胎儿的颅骨和躯体在顺产时经过阴道的自然挤压，刺激了胎儿中枢神经，有利于更好地建立后神经运动；子宫有节律的舒缩，挤出胎儿呼吸道内的羊水和黏液，有利于胎儿肺的成熟和出生后呼吸的建立。由此，自然分娩的孩子拥有更强健的体魄。

人类从远古到现代，已经经历了几十万年的繁衍而延绵不息，并逐渐成为地球的主人。一代又一代人都是经自然分娩由母体顺产出生的，这是人的生命诞生的自然规律，也是人生的第一关；是一个人的“潜意识”中的第一个挑战，也应是一个人更快、更好地适应新的世界的必由之路。当然，还是一个人与生俱来满足顺利成长关系的先决条件。因此，对于每个家庭、每个政府以及全社会，乃至全世界都应该高度重视自然分娩下一代的问题。

然而目前，中国的剖宫产率在全世界的各个国家中是比较高的，国际卫生组织（WHO）推荐剖宫产的比例是15%，而中国却高达50%。据文献报告，因多种特殊的因素推动了中国惊人的剖宫产比例，在中国部分省份，这一比例甚至高达70%～80%。

剖宫产的原因是多方面的，甚至是独特的。例如，中国人喜欢为孩子的出生挑选特定的日期和时间，出于实用主义目的，一些年轻夫妇可能决定在9月1日（开学第一天）之前生孩子，这样就可以提前一年上学。还有一些可能因为迷信而希望孩子出生在某个日期或双数目。又因为科技发展和生活水平提高，现代化医疗技术使产妇简单地认为开一刀比数小时的阵痛要容易应付得多。另外，医疗体系的其他变化也刺激了剖宫产率的上升。

在20世纪90年代以前，中国剖宫产率一直处于低水平，主要原因是接生人员没有能力进行剖宫产，特别是农村有接生婆接生。到了2000年以后，接生婆逐渐淡出农村，而城市里医院的助产士也成了高风险职业。鉴于针对医护人员的暴力事件层出不穷，希望避免冲突的医生很难拒绝剖宫产的要求。此外，剖宫产要比自然分娩更赚钱，无原则的医院和医生也可能利用病人与医疗提供者之间的信息不对称来鼓励剖宫产。

剖宫产的弊端：像其他剖腹手术一样，剖宫产也存在风险，而且对母亲和孩子而言都可引起并发症。总体上来看，对大多数孕妇来说，剖宫产的风险要高于自然分娩。

在实际研究工作中，很多研究资料均指出了剖宫产后所存在的公共卫生风险，剖宫产是母乳喂养的一个障碍，因为手术推迟了母婴之间的肌肤接触，使母婴分开，对婴儿机体和情感发育不利。研究还显示，自然分娩有助于婴儿微生物群的建立，从而对婴儿的健康有帮助。而剖宫产还可能抑制婴儿肠道双歧杆菌益生菌的充分生长，这样会影响婴儿从母乳中吸收营养的能力。

为了阻止较高剖宫产率，我国许多各级政府及政府部门相应作出了有关规定，并在社会广泛宣传剖宫产对母婴的健康风险，倡导和鼓励自然分娩。

日本科研人员一项研究表明，有剖宫产史但尝试自然分娩的方式，其成功率可能在90%以上。并认为如果医生在不同的分娩方式上提供关于风险和收益的详细信息，有剖宫产史的孕妇选择自然分娩而非再次剖宫产的概率会升高。

自然分娩即顺产，不是想顺产就能顺的。需要当心是否存在以下不利情况：

①完全性前置胎盘。生产时胎盘易先于胎儿出来，容易造成脐带断裂，出现胎儿窒息等危险，也易发生妊娠晚期出血而威胁母子的生命安全。

②胎儿偏大。妊娠后饮食过量与运动减少等，使胎儿长得过快、过大。一般情况下，胎儿体重估计超过4.5千克，就是绝对需要剖宫产的指征。

③骨盆不能太窄。古语说：臀宽腰圆，生孩子不难。产道条件如何，让专科医师作出判断，你只要定期进行产前检查即可。

④产力不足。宝宝是否能顺利娩出，还取决于产力。产力包括子宫收缩力、腹肌与膈肌收缩力和肛提肌收缩力。产力越强，生产过程越顺利。因此，妊娠后有意识地适当运动能有利于自然分娩。当然，平时缺乏运动的孕妇也不必过于焦虑，产力最重要、最关键的决定因素在于宫缩力。分娩启动后，有节律、有间歇、有强度的宫缩才有可能保证顺利分娩。

⑤特殊情况。在生产过程中可能的突发情况，如急性胎儿缺氧等，或产妇严重异常情况，就不要再有顺产的执念了，及时听从医师的建议是最稳妥的办法。

为自然分娩做好准备：

①控制饮食，注意合理增加体重。在怀孕期间，正常情况下孕妇体重逐渐增加有一个健康的水平，其范围应该是11.5～16千克。如果在怀孕期间孕妇的体重增加过大，很有可能会产生巨大儿，就对自然分娩造成困难，不得已需要采取剖宫产。

②坚持适当的运动。平时需要注重运动、健身，孕期仍可规律、适量地运动，如步行、慢跑、游泳、骑动感单车等。其中，步行是妊娠期间最常用、最安全的方法。推荐每天步行运动持续时间为20～60分钟。孕妇平时要注意合理休息，并监测胎动。在正常饮食30分钟后再开始运动，尤其适合孕前久坐不动的女性。

③加强对分娩知识的宣传教育。孕妇需要了解许多关于分娩以及产痛的知识，可以使自己树立起自然分娩的信心。特别是要遵从医生的建议，保障母婴安全，并掌握胎儿在子宫内的发育情况。

④增加自然分娩的安全性。国家近年来也在不断地提升医疗水平，加强医院的助产技术，为产妇提供安全的自然分娩助产技能及环境。很多医院将产妇环境布置得十分温馨，并且还会有家人和专业导医陪伴产妇，还可配合有效的分娩镇痛技术，产妇在这样的环境下，更容易轻松顺产。

5. 围产期母婴安全的关键问题

宝宝的出生，为人类增添一个新的生命。看到自己的家庭中增加了新的一员，是多么让人激动的事情啊！更需要你百般的呵护，才能健康地成长。注意出生时健康婴儿的标志：肌肤红润，富于弹性，哭声响亮，手足活动自如。

新生儿护理要点：

①每次喂奶之后，要竖起新生儿来拍拍，尽量要把嗝拍出去；睡觉易漾奶的孩子，建议头高脚低位，适当侧卧位，提倡仰卧位睡眠为主；新生儿睡眠时间较长，每天要睡 18 ～ 20 小时，所以家长需要注意每 3 小时把宝宝弄醒一次，方便喂养。

②注意保护头部，切记不要拍打头部，特别是后脑部。

③避免每天洗澡用浴液及毛巾搓，注意脐部干燥，防止发生感染。

④大便后及时擦干，必要时用清水擦洗，防止红臀。

⑤室内温度在 25℃～ 28℃为宜，光线适当，避免阳光或强光直射眼睛。

产后第一天，无论如何，初乳必须喂养；在产后 2 ～ 3 天的初乳含有更高的分泌型免疫球蛋白及乳糖蛋白等，增强婴儿抗感染的能力。母乳喂养好处很多，如有利于母亲产后恢复及婴儿生长发育等。

母乳中的蛋白质比牛奶中的蛋白质易于同化，婴儿只有到了 3 个月后才能很好地利用牛奶中的蛋白质，所以至少前 3 个月应采用母乳喂养。母乳不仅是为了给婴儿提供营养，而且是连接母亲和婴儿的纽带。胸前抱着婴儿哺乳，母亲在最近的距离看着宝宝的面孔，抚摸着宝宝的肌肤。宝宝高兴时呈现何种表情，不高兴时表情又是如何，身体状况良好时是什么样子，母亲从孩子吃奶的情形中即可得知。

全人类选择性赋予的，在婴儿出生后所享受最适合于自己成长的乳汁的特权，不要让孩子失去这种特权。宝宝受乳快乐，母亲授乳愉快，这是生物所特有的。人类的这种快乐是其他生物及其相关的生命所不能抗拒的。

一般而言，分娩是一个体力持续消耗的过程，初产妇分娩时间需要12～14小时，经产妇需要6～8小时。由于分娩用力、出汗、产创和出血，女性元气、津血俱伤，腠理疏松，即所谓的“产后百节空虚”。若生活稍有不慎或调摄失当，均可导致气血失调，脏腑功能失常，引发多种疾病。

产褥期护理要点：

①生活起居重卫生。保持室内空气清新，温度和湿度适宜（温度在25℃～28℃；湿度在55%～65%）。产妇和新生儿的毛巾、浴巾、餐具与寝具等生活用品应单独使用，勤洗手及换洗衣物。产妇要在餐后温水漱口，早晚刷牙2次，保持口腔卫生及牙齿健康。每日监测体温变化，注意饮食、睡眠、大小便、恶露及新生儿黄疸等情况。

②体重控制很重要。产后1周恶露未净，体虚乏力，可吃些清淡质软易于消化的主食，如面条、馄饨、小米粥等，适当多吃富含高蛋白的营养食物，如瘦肉、禽、蛋、鲜鱼等。1周后可逐渐服桂圆红枣汤、红糖鸡蛋汤、当归生姜羊肉汤等。

产妇在家应学会生活规律，合理饮食，避免高脂肪、高热卡饮食，尽量做到饮食品种多样化，粗粮与细粮搭配，植物蛋白与动物蛋白兼顾，还要有意识地多吃新鲜蔬菜及水果，适当多喝水，保持大便通畅。学会与新生儿同步睡眠。刚分娩第2天，可以下床活动，行会阴侧切或剖宫产的产妇可推迟到产后第3天起床稍作活动。

根据体力恢复情况，逐步增加走步时间。适度自主产后运动可促进产后恢复，如腹式呼吸、抬臀运动、抬腿运动、提肛运动等，并适当活动一下肌肉、关节等。

③检查就诊不能省。产后如有异常情况，如出现阴道出血、异常腹痛、切口渗出及尿潴留、乳房持续胀痛等，均需要及时就诊。

④会阴乳房护理好。产后要特别注意会阴部的清洁，每天用温开水清洗外阴；若有会阴切口，可用 1∶5000 的高锰酸钾溶剂冲洗外阴。产妇用的卫生垫、卫生巾和内裤要勤更换，产褥期要绝对禁止性生活；同时，产后做好乳房、乳头的清洁卫生，避免乳头破损，这是保证母乳喂养顺利进行的重要前提。

为此，要做到以下几点：首先，开奶前用棉签蘸植物油浸湿乳头，将乳头、乳晕上的垢痂清除，然后用温开水擦洗乳房和乳头。以后每次哺乳前均用温开水擦洗乳房和乳头，每次哺乳应尽量吸空乳房，以利乳汁分泌。

其次，产妇宜戴大小合适的乳罩，以支持胀大的乳房。

再次，如乳胀已能摸出硬结，不宜让婴儿有力吮吸，应先热敷乳房，用吸乳器吸出乳汁，待乳腺管通畅后，再让婴儿吮吸。

最后，乳头轻微破裂时仍可哺乳，但每次哺乳后局部涂 10% 鱼肝油铋剂或枯矾油（枯矾 3 克研细末，加入植物油 10ml 调匀），下次哺乳前洗净。乳头破裂严重或哺乳时疼痛剧烈者，可用乳头罩间接哺乳。

⑤心理问题莫忽视。产妇在产后内分泌的变化，易导致情绪低落。有些产妇对母亲的角色，思想上准备得不够，或因为家庭、社会的压力，加上产后照顾孩子日夜操劳等，可出现焦虑、烦闷等情绪变化，丈夫及其他亲属应给予安慰、疏导，体谅产妇的辛劳，多关心产妇的生活起居，在饮

食上悉心照料。产妇在产后应保持情绪平和，心态积极乐观，多与家人沟通交流。

因为身体与生活发生较大变化，要注意调整自己的心态，管控自己的情绪，闲暇时培养自己的兴趣、爱好。如出现烦躁多虑、情绪不良、少言寡语、闷闷不乐及脾气改变等情况，也要及时就医。

产后母亲的身体变化很大，逐渐恢复到原来的状态，需要 6 周左右的时间，大部分人在产后 6 ～ 12 周开始出现月经，而母乳喂养的母亲波动较大，甚至 2 年多才恢复月经。但应注意，40 天后母体开始排卵，因此尽管没有出现月经，也有怀孕的可能性。

注意卫生，婴儿可能反复出现吐奶及腹泻，但婴儿情绪很好，体重增加，健康依旧，就不要考虑“消化不良”之类的疾病了。

注意按规定给婴儿预防接种：

①家长应尽量按时带孩子进行预防接种，迟种也不要惊慌，随时补种可获得同样效果；

②接种后务必留观 30 分钟，不可忽视及提前离开；

③正确认识接种后的不良反应，如接种卡介苗后局部逐渐出现红肿、脓疱、结痂、疤痕等变化，都属于正常反应；

④注意在接种 24 小时内，不要给孩子洗澡，不要让孩子抓挠接种部位，尽量不吃鱼虾及刺激性食物；

⑤非计划性免疫疫苗，结合具体情况考虑是否值得接种；

⑥注意接种疫苗的禁忌症等。

注意避免对新生儿、婴儿不利的做法：

①把婴儿捆绑成“蜡烛包”。注意一定不可以把婴儿包裹得太紧，像

个“蜡烛包”，这样可能影响婴儿的血液循环，也会影响呼吸。同时，因为捆绑太紧压迫腹部，影响胃和肠道的蠕动，从而导致溢奶、吐奶现象，甚至还会发生皮肤感染。另外，由于捆绑太紧导致四肢活动受限，不利骨骼、肌肉的发育，甚至导致新生儿髋关节脱位。因此，包裹婴儿既要保暖，又要松紧得当，方便喂养。

②剧烈摇晃婴儿。绝对不可以这样做，因为婴儿，特别是新生儿颈部比较柔软，控制力较弱。同时婴儿的脑袋无论大小还是重量，在全身所占的比例都较大。大人的摇晃动作容易使他们稚嫩的脑组织因惯性作用在颅腔内不断地晃荡与碰撞，从而导致脑震荡、脑水肿，甚至造成毛细血管破裂导致脑出血、婴儿摇晃综合征等问题。至于将婴儿抛起来或抓住肩膀左右摇动的做法，更应绝对禁止。

③过早竖抱。特别是新生儿的头相对躯体较大、较重，竖抱新生宝宝时，其头部的重量全部压在颈椎上。因为颈肌还没有发育完全，颈部肌肉无力，所以应防止这种不正确的竖抱姿势对宝宝脊椎的损伤。一般情况下孩子在3个月时能抬头，4个月时会左右转头。因此，婴儿4个月后才可以竖抱。

④经常抱着孩子睡觉。新生宝宝需要培养良好的睡眠习惯。如果经常抱着孩子睡觉，会影响他们的睡眠质量。让他们独立躺在舒适的床上睡觉，不仅睡得香甜，也有利于心肺、骨骼的发育，增强抵抗力。因此，不要经常抱着孩子睡觉。

注意婴儿的睡眠安全：

①孩子的哭闹。特别是出生后不久的孩子，可能潜意识存在不安全感，时常哭闹，父母可以在旁边安抚，有时候只需要轻轻抚摸宝宝的小手，或轻轻拍拍宝宝，甚至陪伴在床边轻轻哼着催眠曲，孩子就能安静入睡，家

长不一定要抱起来孩子。若孩子持续哭闹不安，检查有无尿湿排便、溢奶、肠胀气、肠痉挛等，及时换尿布，并进行腹部按摩等。

② 3 个月内的孩子应尽量避免趴着睡，喂完奶拍嗝后可先采取右侧卧位，而后再仰卧及左右侧交替卧位。最好有人守候在床边，以免宝宝溢奶等。

③孩子的睡眠姿势。在年龄较小时应该多取仰卧位睡姿，不需要枕头。仰卧即平躺，是宝宝全身放松及获得安全感的一种姿势。缺点是长期平卧可使宝宝后脑勺扁平，影响头型美观等。侧卧位的好处是不易呛奶，并促进消化。缺点是长期一侧睡眠容易头型尖扁及大小脸等。俯卧就是趴着睡，是宝宝们喜欢的睡眠姿势。有利于建立孩子的安全感，容易睡得熟；也有利于塑造一个漂亮的头型；还避免溢奶的影响，并对肠胃不适有一定的缓解作用。应注意防止衣被闷住宝宝的口鼻引起窒息等。

④在孩子 2 周至 1 岁时，家长要时刻关注孩子，防止各种突发情况发生。如孩子长时间哭闹不停，甚至出现口唇青紫、四肢强直、呼吸抑制等，及时到医院治疗。注意不可强制孩子趴卧训练以免导致窒息甚至发生意外。

⑤一般在孩子 3 岁前不建议与父母分房睡。但为了更好地陪伴、护理孩子，宝宝应与父母同室不同床，让宝宝在一旁独自睡在合适的婴儿床上，家长要时刻关注。

如何进行室外空气浴：一般孩子出生后 3 周后，就应该开始接触外边的空气了。如果是夏天，还应该尽量打开门窗，使空气自由流通。即使是春秋季节，只要气温在 18℃以上，风不大时，也应该打开门窗。

冬天，在日光充足的时候，也可以打开门窗通风。婴儿快到 1 个月时，只要天气不冷、无风，就可以包上棉斗篷，抱到阳台上，使面颊及手足的皮肤接触到外边的空气得到锻炼，让婴儿呼吸到比室内温度低的空气，锻炼呼吸道黏膜。

上述锻炼每日 1 次，5 分钟左右为宜。室外温度在 10℃以下时就不要出去了。再有日光直射且很强时，就不要做日光浴了。注意不要把 1 个月大的婴儿带到人多的地方，是因为有被传染疾病的危险。但如果因为害怕婴儿被传染疾病，而不接触外边的空气的做法也确实有些过分。

婴儿体能的锻炼：学做婴儿体操（在婴儿最早 1 个半月至 2 个月时开始做操，其实以按摩为主）。这样做公认的好处是，可促进宝宝大脑发育，促使宝宝情绪稳定，对外界建立一个感知，利于宝宝成长。一个充分得到父母抚摸、拥抱的孩子身心发展都会比较健康、情绪稳定，对外界环境比较信任，孩子与父母及其他亲人之间的关系比较融洽，今后的人际关系也会比较和谐。

将婴儿放在体操台（或床）上，父亲或母亲面向婴儿足部方向站立，按以下顺序给婴儿做操，动作轻柔，力度适当，注意避免长指甲、手表、戒指、胸针等损伤婴儿，共做 5 ～ 6 分钟：

①头部抚摸：双手拇指指腹从眉间向两侧滑动；双手拇指从下颌下部中央向外上方滑动，口呈微笑状；一手托头，用另一只手的指腹从前额发际向后上滑动，至后下发际，止于两耳后乳突处。

②腹部按摩：食、中指依次从新生儿的右下腹至上腹，向左下腹移动，呈顺时针方向画半圆，避开新生儿的脐区，6 ～ 8 次为宜。

③手臂按摩：左右臂各做 4 ～ 5 次。

④腿部按摩：左右腿各做 4 ～ 5 次。

⑤胸部抚摸：双手分别从胸部的外下方两侧肋下缘，向对侧上方交叉推进，至两侧肩部，避开新生儿的乳头；并进行抬头挺胸练习。

⑥蹬腿练习：左右腿交替做 8 ～ 10 次。

⑦背部按摩：上下方向各做 4 ～ 5 次。

⑧足底按摩：左右脚各做 4 ～ 5 次。

⑨脚心按摩：左右脚各做 4 ～ 5 次。

⑩双腿屈伸运动：做 6 ～ 7 次。逐渐长大后可增加背部肌肉练习、弹跳练习、翻身练习、腿部运动练习、站立运动练习等。

注意婴儿的安全，注意电器使用安全，防止热水烫伤，防止玩具的伤害，注意防止坠床。带着婴儿旅行，注意气候温度、饮食营养、个人卫生及合理安排睡眠、穿戴等。

注意逐渐进行排便训练、饮食训练、合理睡眠及语音训练。注意出牙情况及保护牙齿。进行 6 ～ 12 个月婴儿的体格检查。

孩子的父亲在家庭生活中的参与，会使母子更感到温暖和精神上的愉悦。对孩子母亲的关心、安慰及鼓励是最好的治疗、康复，更能使孩子健康地成长。

一岁左右时，婴儿开始蹒跚走路，并将会逐渐走得更稳、更快、更远。孩子活得有意义、有生气，孩子的意志和能力，构成生命活力的各种特征。与婴儿共同生活的父母，要使今后孩子的周围始终充满着激情与光明，鼓励着孩子向着更大的目标前进。

保护好孩子的眼睛、牙齿要点：

如何保护好孩子的眼睛：

①从 0 岁（刚出生）开始就要注意防止孩子眼睛出现近视。第一，注意灯光、自然光环境的影响；第二，保持正确姿势的写字、阅读，控制观看视频的时间；第三，避免长时间看书、学习，休息时适当运动及远眺。

②婴儿6个月左右乳牙开始萌出，至6岁左右陆续出现生理学脱落，直到12岁左右全部被恒牙替换。关键是在儿童换牙期，有必要定期带孩子进行口腔检查，以便发现问题，及时解决。

保护牙齿平时要做到：

①培养孩子养成良好的口腔卫生习惯，学会用牙刷清洁口腔，进食后及时用清水漱口；

②换牙期间，适当多吃含纤维素高，有一定硬度的食物，如水果、胡萝卜、豆类、玉米等，对换牙有好处；

③及时纠正孩子的不良习惯，如用口呼吸、吐舌头、咬手指或铅笔、舔牙齿等，以免影响孩子的咬合功能保证颌面的正常发育。

如何使孩子拥有理想的身高：

①避免孩子频繁地生病，在3～7岁年龄段的孩子易于生病。可能原因有：第一，进入新的环境如初进幼儿园时出现情绪不安的状态；第二，孩子居住环境的变化；第三，季节的更替及气候的变化。

避免孩子频繁生病的方法：第一，培养孩子的自理能力，如自己刷牙、洗手、吃饭、洗小衣服等；第二，增加孩子的身体抵抗力，如让孩子多晒太阳、多运动等；第三，给孩子准备合适的衣服等。

②培养孩子养成良好的睡眠习惯：第一，提供良好的睡眠环境，如环境安静、床铺舒适；第二，有规律的生活与陪伴，如睡前给孩子读书、讲故事等；第三，按时睡眠，睡前避免孩子过度兴奋与情绪变化等。

③鼓励孩子适当运动：第一，运动利于改善睡眠和促进自身生长激素的分泌；第二，运动可增强血液循环、心肺功能及骨骼质量；第三，儿童可进行适当的弹跳运动锻炼，如跳绳、跳远等；伸展类运动锻炼如单杠、

体操、仰卧起坐等；全身性运动如游泳、球类运动等。

④注意足量的饮水：喝水是健康生长的关键要素，若饮水不足可能造成不良影响，如便秘、积食等。一般来说，正常婴儿每日排尿量为 400 ～ 500ml；幼儿每天的排尿次数为 10 ～ 12 次，排尿总量为 500 ～ 600ml；学龄前儿童每天排尿次数为 8 ～ 10 次，排尿总量为 600 ～ 800ml；学龄儿童每日排尿量为 800 ～ 1400ml。

注意孩子的缺水表现：第一，孩子不断地用舌头舔嘴唇；第二，孩子排尿次数及排尿量都明显减少，排出的尿液为深黄色；第三，大便干燥、硬结或便秘等，均说明孩子有脱水的情况。长期下去也会影响孩子的身高并可能造成多方面伤害。因此，家长需要高度重视定时给孩子喝水。

第二章 精心呵护，健全人格

哺育孩子不仅是吃喝拉撒睡，还要有更多积极的语言交流和行为引导，才能使孩子的身体、智能、人格、情感及人际关系等方面达到最佳状态。

1. 需要无条件关注孩子的成长

人类是地球上独一无二的高等动物，有智慧大脑及丰富的语言，有制造和使用工具的能力等，但是每个人在出生时又是地球上最无自主能力的动物。刚出生的婴儿除了会哭之外，几乎不具备其他任何能力，其吮吸能力及握手能力也是建立在条件反射基础上的。婴儿必须依靠别人的全面帮助才能存活，即使生长到 6 ～ 7 岁的孩子有了一定的体力和语言交流能力，也需要更多的人文关怀，这样，才能确保孩子在成人后能够进行正常的工作与生活。

人类是具有高度思维及丰富情感的，每个人在出生后，就存在与生俱来的希望被积极看待的需要，这种需要是无条件的关注和无限的爱，如果孩子能够受到很好的关爱、照顾，受到他人及父母给予的热情、温暖、喜爱、抚慰、关怀、称赞、鼓励、尊敬、喜悦、和颜悦色等积极、正面的对待，孩子就能得到很好的满足和心灵的安静，会在孩子的潜意识里感觉自己是被爱的，被重视的，就会健康地成长。如果孩子总是受到那些漠不关心、恶言恶语、厌烦、冷漠等消极对待，就不利孩子的生长发育和身心健康。

心理学家弗兰克·卡德勒说："生命中最不幸的一个事实是，我们所遭遇的第一个重大磨难多半来自家庭。"在现实社会中，由于人们的个人文化水平、道德品质、价值观念、生活环境及生活态度等千差万别，使得孩子从出生后就可能受到这种消极对待的影响。

对待孩子的那些冷漠、冷淡、懒惰、草率、偏见、焦虑、烦躁、吼叫、讽刺、嘲笑、蔑视、憎恨、打骂、侮辱等负面的表现，一言一行无不深刻而广泛地影响一个人的人格发展。特别是更接近孩子的父母、老师及朋友，如果从小到大对孩子都是消极对待，就会更严重伤害孩子的一生，使大多数孩子没有自尊心、逃避责任或自暴自弃，孩子大都很难成为一个有出息的人。

美国的心理学家罗杰斯认为，刚出生的婴儿并没有自我的概念，随着婴儿与他人、环境的相互作用，就会慢慢地把自己与非自己区分开来。在最初的自我概念形成之后，人的自我实现趋向开始激活，在自我实现这一股动力的驱动下，孩子在周围环境中的各种尝试中产生出大量的经验。通过机体自动的评价过程，有些经验会使他感到满足、愉快，有些却相反。满足、愉快的经验会使孩子寻求保持与再现，不满足、不愉快的经验又会使孩子尽力回避。

在孩子寻求积极对待的经验中，有一种是受他人的关怀而产生的体验，还有一种是受到他人尊重而产生的体验。不幸的是，孩子这种受关怀、尊重需要的满足完全取决于他人（包括父母）。他人又是根据儿童的行为是否符合自身的价值标准、行为标准，来决定是否给予关怀和尊重，这些都体现着父母和社会的价值观条件，这是罗杰斯提出的价值观条件，孩子会不断通过自己的行为体验，不自觉地将这些本属于父母或他人的价值观念内化，变成自我结构的一部分。渐渐地孩子被迫放弃按自身机体估价过程去评价经验，变成用自我中内化了的社会的价值规范去评价经验。这样儿童的自我和经验之间就发生了异化。

当经验与自我之间存在冲突时，个体就会预感到自我受到威胁，因而产生焦虑。预感到经验与自我不一致时，个体会运用不正常的防御机制（歪曲、否认、选择性知觉）来对经验进行加工，使之在意识水平上达到自我相一致。如果防御成功，个体就不会出现心理适应障碍，若防御失败就会出现心理适应障碍。因此，父母等精心陪伴、合理引导、恰当照顾好孩子就显得无比重要。

在儿童社会化过程中，大多数家长都会对孩子的所谓“好行为”给予所谓的“积极”看待。如果孩子有无理打骂别人及小偷小摸等行为，对此孩子可能还不能明确辨别是非或对错，却没有受到家长的正确的引导及批评教育，反而错误得到家长的默许，甚至被称赞。因此下去，孩子逐渐意识到，如果他做某些事情（实际是错误的事情），符合了父母的愿望，他就有可能享受到积极看待的体验。通过这种有条件的积极看待，孩子渐渐懂得了什么事应该做，什么事不该做，当然包括许多他的错误的认知行为。

儿童先是需要他人包括父母的积极看待，继而需要对自己的积极看待，需要对自己的行为持肯定态度。儿童追求积极看待，但是这种追求又可能由于价值条件带来自我不协调的副作用。而避免这种现象发生的关键在于父母对儿童错误行为采取正确的态度。

如果父母及其他人员，都能正面地正确地积极对待孩子，那么孩子就会健康成长，具备健全的人格；如果父母、教师及其他人员是以冷漠、嘲笑、奚落、打骂、偏见等消极对待孩子，孩子就会产生害怕、焦虑、沉默、孤僻等性格缺陷，并可能影响孩子的一生。如果是严重偏离“三观”的错误对待，就会把孩子引向犯罪的道路。

在现实社会中，有太多这样的实例，曾有这样一个小男孩，他的家庭中有两个姐姐，父母分别是小学校的体育教师和幼儿园老师，从他刚出生起就受到父母的百般宠爱，娇生惯养，姐姐对他也百依百顺。在他进幼儿园时就养成了蛮横无理及任性妄为的习惯，上小学时更是有恃无恐，不断无缘无故地打骂同学，而他的父母却满不在乎，常常轻描淡写地认为“小孩子之间的打打闹闹都是微不足道的事情，不足挂齿；树长大自直，人长大自懂道理”，甚至认为别人是“小题大做”。因此，这个孩子就越来越肆无忌惮地欺负许多同学。

在上高中以后，这个孩子仍是恣意妄为、我行我素、盛气凌人，听不进别人的劝说及老师的教育。后来，此前被他欺负的许多同学伙同社会上的小混混一起，常常在放学回家的途中报复他。因他经常被人打骂、恫吓和要挟等，这时他的父母也未能较好地解决此事，因此这个孩子就出现了精神失常，住进了医院治疗。出院后又遭遇恫吓再度出现恐惧、怕人、抑郁等精神异常情况，以致后来自缢身亡了，这在当年让很多教师及家长唏嘘不已。

著名教育家苏霍姆林斯基曾说：“家庭教育是教育的第一篇章，家长是家庭教育中最细致、最有才干的雕塑家。”因此，父母的言行对孩子的早期认知非常重要。父母的思想观念、行为态度及处事原则均与孩子的个人命运密切相关，父母首先一定要教会孩子明辨是非。在孩子犯错的时候，需要及时地指出来，任何一件微小的事情，都是教育孩子的素材，才能让其逐渐建立起自己的是非观。

因为幼小孩子的心灵犹如纯净的水一样清澈、洁净，非常容易遭受外界的污染。所以对孩子的是非观教育，不怕教得早，就怕做不到，更怕做得晚。如果父母对孩子小时候犯的错不严厉制止，认为孩子还小，甚至是包庇、纵容孩子，那么将来就一定会铸成大错。

有这样一个孩子，从上小学起，就不断地偷偷摸摸，从同学那里偷了铅笔、橡皮、练习本、课外读物及小饰品、食物等，此事被他的父母知道了，不但没有遭到严厉的批评教育，反而得到了父母的默认。此后他也常常在日用百货超市及自由农贸市场偷东西，被抓到后管理人员对他进行了批评教育，因为是个孩子就放行回家了，同时也通报了家长，但父母对孩子的“偷窃行为”仍不以为意，仍未严格管教及正确引导。孩子长大后就成了社会上的惯偷，并多次被抓捕与刑罚。后来他又在一次偷盗时因致人生命与财产损失，最终走上了被判刑的末路。

父母在孩子的早期启蒙教育及成长过程中言传身教的重要性是不言而喻的，同时也凸显父母必须要有正确的人生观、世界观及价值观，才能真正引导孩子具备正确的道德品质和行为规范。

对儿童来说，学校又是他们接触到的一个大世界。所以，他们常常会把对父母的意象投射到教师身上，认为教师也会像父母那样对待他。那么，教师的言行总是在无意识地影响着儿童的心理。由此可见，教师将对儿童的精神发展和人格的个性化形成都有着极大影响，这种影响有时甚至会超过父母带给他们的家庭影响。所以瑞士心理学家荣格认为，教师要在教育过程中不断地发展和完善自己的人格，要从对学生的教育中反思自己的人格，拓展自己的自觉领域。只有这样，教育者和受教育者才能在意识和无意识的交流中都得到健康的发展。而现实社会中，因为教师自身人格缺陷或教育方法、理念的不同，总是会对某些有个性的孩子教育出现问题。

美国心理学家罗森塔尔认为对孩子的心理暗示传导作用，可以获得积极有益的效果，称为期待效应或罗森塔尔效应。他曾经进行过这样的实验：随机挑选的部分同学以赞赏口气为“最有前途”的学生名单，分别交给了班主任和任课老师，并叮嘱他们一定要保密。有趣的是，几个月后的考试出现了奇迹，凡是上了名单的学生，个个成绩都有了较大的进步，且性情开朗，自信心强，求知欲旺盛，更乐于和别人相处。这是个善意的“谎言”，对班主任老师及任课老师产生了心理暗示，老师又将这一心理活动通过情感、语言和行为传递给了学生，使学生强烈地感受到来自老师的热爱、关注和期待，从而使各方面得到了异乎寻常的进步。

因此，作为班主任老师，在平时学生的管理工作中，要多给学生热爱、关注和期待，当以满意的目光、激励的行动去鼓励学生时，学生感受到老师的关注会产生一种激励作用，学习加倍努力，因而会取得好成绩。如果老师对某些学生存在偏见，学生意识到老师看不起自己，那么学生消极的思想可能会变成自我实现的障碍，他们的学习成绩可能会变得越来越差，并且还会形成自卑感。

2. 给孩子一个健全的人格

儿童在生命的初始还没有完全的独立性，他们的精神完全反映着父母的精神，父母在儿童意识的成熟和发展中扮演着重要角色。而父母的精神失调，必然会影响儿童的精神世界。那么，父母应如何施加有益的影响，帮助儿童形成健康人格呢？

瑞士的心理学家荣格认为，最主要的一点是家长要把握好教育子女时态度上的分寸，如果过分亲近和溺爱，容易使儿童产生依赖心理，阻碍其个性化的发展，造成他们缺乏独立性，延迟人格的成熟；反之，过分的疏远或漠不关心也会使儿童人格畸形发展。

此外，在家庭教育中，父母还应注意不要把自己的精神发展方向强加给儿童，也不应为了某种心理上的补偿置子女的要求与反抗而不顾，强迫儿童去发展那些他们不感兴趣或强烈反感的精神内容。这样做会导致儿童人格发展的不平衡，阻碍其心理的健康发展。

有这样一句话说得好：人间最大的幸福，乃是人格之欢乐。这表达了人类的最终目标和最强烈的愿望，也就是去发展生活，使之丰富充实，这就是人格。但是，现在媒体的许多报道，由于某些家庭或学校里的拙劣的培养，所造成孩子严重的并且通常是终身的伤害，是显而易见的。

在我们身边能常常看到，一个在夫妻和睦、充满温暖和友爱的家庭里长大的孩子，他们的脸上洋溢着快乐，心底里装着友善，他们积极、热情，文明、懂礼，做事有耐心，学习很优秀，在工作后也特别出色。如果是男孩他会有责任和担当，因为爸爸就是他的榜样；如果是女孩，就会以爸爸深爱着妈妈的方式为标准，去寻找自己的另一半。这样的家庭才能使孩子形成健康的人格。

要知道给孩子最好的父爱与母爱，就是感受到父母恩爱的关系，这样会深刻影响着孩子的性格。父母的相处模式，决定了孩子对未来的期盼。每个父母，都想把世上一切的美好送给孩子。殊不知，父母能够给孩子最好的礼物，不是金钱和昂贵的物品，而是用爱去滋养孩子，让孩子在爱的浸润中茁壮成长。

但也有为数不少的家庭，因存在夫妻不和、争吵、抱怨以及离婚，毁掉了孩子的一生。有一位多才多艺的影视女明星曾坦言道："我爸爸妈妈从小就在吵架，而且吵得特别凶，对我来说这是一个很大的心理阴影，我不会觉得家是一个和和睦睦的港湾，我第一反应就是吵死了。现在跟我爸妈一起出去，我都会不由自主地非常紧张，因为我怕他们一言不合又吵起来。"这样长大的孩子，不是活在爱中，而是活在恐惧中，相信父母的人格缺陷对她造成了终身的伤害并影响到了她个人的婚姻、家庭。

所有的这些好与坏的影响，符合了心理学现象的正强化与负强化。正强化就是好的、正面的、积极的信息，会引起积极的良好的反应，有利于孩子的健康发展。而负强化就是不好的、负面的、消极的信息。孩子在成长过程中，长期受到批评、嘲笑、冷漠，或家庭矛盾的负强化对待，就会影响其一生。

当孩子有好的行为在家长那里无反应，而孩子做不好的事情却能引起家长的注意时，久而久之，孩子就会经常做些"坏事"来让家长注意。哪怕被打骂，至少会感觉这个家有他的存在。他寄希望于用做"坏事"来引起家长的重视和积极对待。因此，家长就应该多关注孩子，更多地鼓励孩子，及时表扬孩子。

有些父母总是对自己的垃圾情绪没有自知之明，高兴了就多哄哄孩子，生气了就随意拿孩子当出气筒。以为一家人就是这样打打闹闹，争争吵吵没什么关系，殊不知父母的每一次愤怒、每一次吵架、每一次焦虑，都会潜移默化传递给孩子。试想，父母的心情不好，孩子的身心又如何能培养得好？每天处在这样的环境下长达二十年，孩子只能一边依恋父母，一边害怕父母，一边忍不住自然而然地效仿父母。

有关心理研究表明：父母经常吵架，并常受到父母负面情绪影响的孩子，心理问题检出率为32%。同时，经常面对家庭纷争的孩子，容易陷入人际交往障碍，并对未来生活缺乏信心，尤其易对婚姻产生恐惧感。有人说：“在这场没有硝烟的战争里，父母只顾着争论谁对谁错，却忘了那个躲在角落，注视着这一切的孩子。”

父母感情不好，所带给孩子的伤害，并不会随着时间的流逝，而慢慢减少。相反，可能会伴随他一生，对孩子以后工作、结婚、生子，都会产生巨大的影响。当孩子生活在不幸福的家庭中，并且从未感受过被爱和温暖，长大后的他们，根本不知道如何去爱别人。一个没有爱的家庭，是孩子一生的灾难，也会伤害孩子的一生。

在儿童入学之后，学校教育便在儿童个性形成中起着主要作用。在瑞士心理学家荣格看来，教师对学生人格发展的影响，与对学生智力发展和知识积累的影响同样重要。因而，教师对学生的教育也应包括心理学的内容。而对于那些将成为教师的人来说，最重要的一点莫过于使他们认清自己的个性。否则，他们会在步入教室时将自己的情结和烦恼投射给学生。所以一位有心理问题的教师，会对学生造成较大的伤害。

3. 学会处理好人际关系

人际关系的建立与发展过程，是人与人之间的情感投入，交往由浅入深和相互接纳与信任的过程。人际关系的形成包含着认识、情感和行为三种心理因素的作用，其中情感因素起主导作用。

双方都以积极情绪如热情、温和、喜悦、诚恳、信任、大度等投入，就能产生良好的关系，让对方感到安全、放松与尊重，缩短心理空间的距离，达到心灵的安宁，这种状态的孩子学习效率最高，成长发育最好。

如果一方以消极情绪如固执、偏见、焦虑、嫉妒、猜疑、冷漠或易怒等投入，就会产生劣质的关系，结果个人需要得不到满足，相互之间的矛盾不能妥善解决。弱势的一方更易缺乏自信心和自控力和自律性等。这种状态的孩子的发育成长会受到极大的影响。

正常的人际关系是个体心理健康发展的必要条件。瑞士心理学家荣格认为，只有在人际关系正常的情况下，无意识内容的“投射”才会出现；也只有在出现了“投射”之后，人格的整合才有可能实现。可见，人际关系对个性的形成、对个性化发展过程都是至关重要的。

成年人人际关系的基础要依赖于他童年时期与人交往的经验。对于儿童来说，他最初建立起的人际关系是与养育者的关系。这样一来，养育者对待他的态度，给予他的物质满足、情感抚慰，帮助他解除烦恼、困惑、痛苦的言行、方式等，会深深印在他的心灵世界中。荣格这样的看法，童年时期的父母影响会在儿童心中永久地铭刻下“母亲原型”或“父亲原型”。无论是男人还是女人，在他的意识深处都不可避免地留有父母带来的积极或消极的影响，而其中最重要的一点，在于父母哪一方施加的影响更大。儿童在个性形成上，总是倾向于对他影响较多的那个人。随着儿童的成长，他交往的范围和对象扩大了，在人群中他会凭借直觉、兴趣等寻找自己的交往伙伴。因此，良好的人际关系总是由相互吸引开始的。否则，他的人际关系不完善，就需要改变或需要别人的支持。

儿童自身的无能为力状态是必然的，如果父母对儿童表现出的是爱抚和温暖，这样的积极对待就满足了儿童的安全需要，儿童在今后就会有正常的发展，表现为情绪稳定、发育良好，学习能力强，人际关系和谐。

如果父母对儿童的需求表现得十分冷淡，甚至带有敌意、憎恨等情绪色彩，这种消极对待方式，那么儿童的安全需要就会受到挫折，可能导致各种异常的表现。

在现实生活中，父母总有损害儿童安全需要的行为，包括对孩子的冷漠，明显的偏爱，羞辱、训斥、不守诺言等，父母的这种不良行为，被德国的心理学家霍妮称为“基本罪恶”，这样对儿童的身心健康产生不利影响。儿童多次受到这样的消极对待后，就会对父母产生一种基本敌对感。

然而，儿童为了生存的需要，为了得到父母的照料又必须压抑对父母的敌意。另外，这种敌意并不只是针对父母，它还会泛化到整个周围的环境和人。儿童会感觉一切事物和一切人都可能有着潜在的危险，于是就会体验到一种“基本焦虑”。对于基本焦虑，霍妮这样解释：这是一种在一个充满敌意的世界中体验到的孤独和无能的感觉，这种感觉在不知不觉增强，并向各个方向渗透，从而形成一种病态的倾向。

在家庭生活中，对孩子来说，最好的家庭教育，不是父母有多大成就，或给予孩子多少金钱和资源，而是情感的投入，是父母的陪伴和关爱。只有父亲的好兴致，母亲的好情绪，才能使孩子更幸福，各种人际关系就融洽。

《穷爸爸、富爸爸》里有句话说得好：所谓成功，就是有时间照顾自己的小孩。任何职业角色都可被替代，唯独父母角色无可替代。世间回报率最高的投资，就是亲子关系。有人说：一个人的成功方式有很多，但身为父母，最好的成功是教育出优秀的孩子。因此，别让陪伴缺失，别让孩子受伤。孩子犹如一棵小树苗，需要耐心的陪伴、温柔的呵护才能成长为参天大树。

你或许在意气风发的大学毕业时牛气冲天、高视阔步地投入自己的事业，即便你取得了辉煌成就、高官厚禄，也要在成立家庭后并在孩子小的时候全身心地陪伴，孩子上学后，仍需要你全身心地陪伴他的学习、成长。

要知道孩子就是一个家庭最大的投资，因为几十年后，你过得好不好，很大程度上取决于你的孩子怎么样。你现在是否能明白，即使你的事业再成功，不要因为你作为父母缺失对孩子的陪伴及温暖的缘故，将来孩子不成器，你一切的奋斗都可能是泡影。有人提问，一个人最大的福气是什么？结果得到最高赞的回答是培养出优秀的孩子。因此不要因为你的自私自利，你的喜新厌旧，你的蛮横无理等，而毁掉孩子的一生。

著名作家龙应台说过："父母和食物一样，都是有'有效期的'。有些人直到过期了才幡然醒悟，有些人哪怕忙得飞起来还是应该在有效期内尽到责任。"美国秘鲁大学曾做过一项研究：由男性带大的孩子智商高，他们在学校里的成绩更好，走向社会也更容易成功。因此父亲的陪伴对孩子的成长更是至关重要。

在中国不少的家庭里，父亲都是缺位的。孩子的每一次成长的变化，是母亲先发现的；孩子的每一次睡前听的故事，是母亲开口读的；孩子的每一次生病，也是母亲全程陪伴的。

在2016年中国妇联儿童工作部发布的第二次全国家庭教育现状调查报告，认为家庭教育的倾向性问题突出，家庭教育依然是母亲唱主角，父亲“缺位”，分别是40.3%和11.6%，其余的是孩子父母双方以及他人承担的占比。由此看出母亲平均承担子女教育达八成以上，是绝对的主角，而近一半的家庭存在子女教育父亲“缺位”的情况。（父亲对培养孩子的行为习惯、安抚孩子情绪等方面有优势，随着孩子年龄的增长，父亲对孩子的影响越来越大，这种“缺位”对孩子的人格成长及长远发展是不利的。）曾经有一句话：上帝给了你一个缺席的父亲，就会赠送给你一个焦虑的母亲，最终就会养育出一个失控的孩子。很多女性说，在当妈后，整个人的情绪状态都紊乱了。

因为，母亲既要承担家务，还要顾虑工作；既要照顾孩子穿衣吃饭，还要教他写作业。总是一个人承受着生活、工作、照顾孩子的压力，并使她各方面的压力重重。所以，母亲的情绪一旦失控，就会指责、迁怒孩子，有时会声色俱厉地教训孩子，甚至恨不得把孩子打一顿解气。

也许对母亲来说，似乎情绪发泄出来了，就可以恢复正常，但母亲的反复出现的不良情绪，会在孩子心里种下一颗种子，直到长大成人之后会发现，这颗种子已经长成了一丛高高的杂草，会不断地干扰着孩子的生活、情绪、思想。因此，母亲的情绪决定着一个家的氛围，也在潜移默化中决定着一个孩子的性格走向。

台湾心理学博士洪兰女士认为：从人类演化角度，女性的情绪能量远远超过男性，母亲是家庭的灵魂，母亲快乐全家快乐，母亲焦虑全家焦虑。一个情绪越不稳定的母亲，培养出来的孩子越会焦虑、敏感、自卑，习惯看人脸色行事，无论获得多大成就，内心始终深藏着不自信。

一个家庭，如果母亲情绪比较稳定，那么其家庭环境始终都会是轻松愉快的，培养出来的孩子会既自信又乐观，内心充满温馨的安全感，更不必害怕因哪一句话说错了就遭到母亲的责骂。从某种程度上说，只有母亲的好情绪、好心态，才能造就孩子的好性格。

美国心理学家马斯洛认为：在每个人的人格成长中，在他内部存在两套力量。一套是倾向于倒退与防御的消极力量，是出于畏惧、失望、不安全等，而坚持安全和保守防御。仅应付于过去，对未来没有安全感，害怕承担机遇和挑战的风险，害怕损害了已有的东西，害怕独立、自由和分离；另一套是推动向前的积极力量。具有健全自我的完整性和独立性，充分发挥他的能力，建立面对外部世界的信心，同时也认可他的深沉的、真实的、无意识的自我。健康的成长过程，以积极力量为主导与永无止境的一系列情境的自由选择，在安全和成长、从属和独立、倒退和前进、不成熟和成熟这两类情境之间选择。

不仅安全具有焦虑和快乐两方面，而且成长也具有焦虑和快乐两方面。当其成长的快乐和安全的焦虑，比其成长的焦虑和安全的快乐更大的时候，个体就向前成长。人类自身具有不断成长的本性，只有在良好的环境条件下，才能够不断成长。而在不良环境中形成的防御状态，就容易导致人格萎缩。

在严峻现实生活中，许多孩子被具有人格缺陷的家长或老师消极对待，孩子就不免会产生紧张、焦虑、恐惧、畏缩、失望、敌意等情绪。同时，孩子会做出两种不同的反应，一种是积极的反抗力量，另一种是消极的防御力量。但如果孩子在幼小的年龄时期起，就长期遭到了多方面的消极对待，特别是家长的陪护与关怀的缺失，甚至家长对孩子的嫌弃、打骂，同时存在老师的冷落、嘲讽等。那么，孩子长期处于防御与退却状态，就会形成人格萎缩，出现胆小怕事，学习能力及工作能力差，可能一辈子会碌碌无为。

因此，家长要劝导孩子：在一个人成长的道路上，只有禁受住风雨的考验，才能见到彩虹。提醒孩子如果没有人在乎你，则不利你成长；没有人批评你，也不利你进步；不怕老师批评你，就怕老师不管你。告诫孩子每个老师都会教给学生很多知识，所以才有一批批孩子远走高飞、实现理想。但老师也可能会有某个方面的不足甚至存在人格缺陷，他（她）毕竟仅是一名普通老师，但他（她）对你的初心是好的，不可过于计较他们的一言一行，做到“有则改之，无则加勉”。

劝说孩子要换个角度看问题，所有的困难都是暂时的，把困难看作上天对你的考验。告诫孩子坚持不要说怨话、气话、狂话、闲话，积极调整心态继续完成学习任务。要求孩子严格遵守纪律、保持定力、克服困难、努力学习，提升自己。

作为家长，就要时刻关注孩子的思想情况，安抚孩子的情绪，温暖孩子的心，鼓励孩子不断努力，做好生活及学习计划。要告诉孩子人生是美好的，未来的生活更是美好的，但前进的道路是坎坷不平的，每个人或早或晚都会遇到挫折，甚至失败，这就是人生的历练。要使孩子懂得前进道路上坚持的苦、挫折的苦；遇到困难要学会坚强，遇到挫折要坚持走下去。

教育孩子常怀感恩的心、善意的心，要志存高远，看淡眼前的一切是是非非。教育孩子要成为一个大器的人，就一定要耐得住孤独、顶得住压力、承受住挫折、禁得起折腾、提得起精神、担当起责任。开导孩子只有做好眼下，才能放眼世界，实现自我超越。

让孩子思考领会一些有启发的名人名言，如文天祥曾说：“忍辱以生，将以有为也”；岳飞豪言壮语：“莫等闲，白了少年头，空悲切”；中国东汉王朝刘秀有名言：“有志者事竟成”；大文豪鲁迅先生说过：“伟大的心胸，应该表现出这样的气概——用笑脸来迎接悲惨的厄运，用百倍的勇气来应付一切的不幸。”

能和孩子一起谈谈古今名人如文天祥、岳飞、刘秀、鲁迅以及司马迁、方志敏等人的经历及遭遇，谈谈他们励志的故事。

只有家长做好抚平孩子的情绪的工作，才能最大限度地帮助孩子处理好人际关系，才能更利于孩子健康成长。只有使孩子保持坚定的意志，才能不断发展、不断向前。只有最终战胜自己动摇的思想及排除对自己的一切干扰，才能在最后取得最大的胜利。

4. 如何训练孩子的自我管控能力

有这样一位小学六年级的女生，在生活中头脑灵活、语言交流也有较好的思维及口才。但在各个学科听课时总是注意力较差，有时也能参与课堂讨论，但课内布置的作业只是间断上交给老师批改，而课外作业却从来不上交，各门学科（主要的语文、数学、英语）检测时也常常不及格，成为班级的后进生。追问她以前的学习经历，得知该女孩在上幼儿园时，她家长就坚决反对给孩子布置任何作业，担心孩子太小就写作业，影响了孩子轻松、快乐地成长。因此，幼儿园别的小朋友写字、写作业，这个孩子就一直未写作业。

在她刚上小学一年级时，老师就发现她上课期间常常走神、东张西望，还不交作业，更严重的是她总是上学迟到10分钟左右的时间。老师要求她家长配合学校，并试图从她学习的点滴闪光点积极地去表扬、激励她按时上学，并能及时上交作业。但她那些已形成的不良习惯，反而被家长错误地认为等她大一些就会好的。其间老师多次与她家长沟通交流，但其家长均未能积极配合学校做好孩子的矫正工作。所以，她的坏习惯一直拖到小学六年级依然如此，并且成了后进生。事已至此，家长很后悔，而老师也很无奈。

我的父母和他们的儿女及其配偶等人组成的大家庭，在1994年被授予为市级“优秀教师世家”，挂上了大红牌匾（其标准之一就是家庭中有五人以上是教育工作者）。我想说的是，我们大家庭在过年过节或者平常休息时间团聚时，都要闲聊教育方面及学生相关的话题。好学生大多有共同的优点：守时、自律、注意力集中、积极讨论发言、及时完成作业，学习成绩优异甚至多才多艺等。

但几乎每个学校与每个普通班级总是能遇到各种类型的孩子，如存在注意力、自制力较差和懒惰、厌倦学习等问题，成为学习上的后进生。但与这些孩子在谈论学习之外的内容时，大多能顿时来了精神，甚至是精神抖擞、情绪激昂，又表情丰富、两眼放光，说话也往往口若悬河并伴着肢体语言。

在谈论着他们感兴趣的事情，如各种美食、美容美发、流行歌曲和生活见闻时，都能说得头头是道、有声有色，这类孩子普遍都较为关注影视明星或所谓的“小鲜肉”，怎样的长相、发型、服饰等，这也一直是社会上关注的非正常现象，更重要的是这种类型的孩子大多与家庭不良氛围是密切相关的。可是，当今是高科技与自动化技术迅猛发展的时代，作为后进生的他们将来面对的人生挑战，总是要比文化课学习成绩好的孩子困难得多。

这些所谓的后进生，除极个别的思维反应慢、语言交流差及个人认知不足的智商偏低的学生之外，绝大多数主要因为在孩子出生后，早期陪护及早期教育缺失造成的。如果孩子在学龄前甚至在小学一二年级时，都没有进行有效的养成教育，没有形成好的自我管控能力，就会影响孩子的文化课学习能力。更普遍存在的现实现象，就是因为家长的长期不自律、不学习的不良行为，并由此潜移默化地影响着孩子，导致很难改变孩子不能适应课堂文化课学习的被动局面。

著名教育家叶圣陶曾说：“教育是什么，往简单方面说，只有一句话，就是养成良好的习惯”“小学教育主要是养成教育”。针对上面提到的那位女生，作为一名优秀的教育工作者仍不会灰心丧气的。首先，需要家长与老师密切配合，积极地引导教育孩子，特别是家长要改变不良习惯，严格自律，并向孩子道歉，并告之今后的努力计划、方向。其次，老师、家长与孩子一起，共同制订一个可行的与学习掌控计划，并严格遵照执行。再次，需要老师和家长更多地关心、爱护孩子，发现并及时鼓励孩子的闪光点，让孩子多感受成功的喜悦。最后，孩子会逐渐增强良好的精神状态及自我的管控能力，从而不断提高学习能力及自觉性。只有经过坚持不懈的训练，才能使孩子由被动学习转变为主动学习。

有研究认为，习惯的养成需要连续重复 21 天，才能形成习惯动作，90 天才能形成稳定的习惯。但在现实社会中，如何去除学生家长身上的那些不良行为对孩子的影响，谁能去强制其家长做到呢？

要使孩子在早期就有好的习惯养成，那么训练孩子在人生早期的自我管控能力就非常重要。自我管控能力主要包括管控情绪能力，提高注意力；管控利用时间能力，合理分配时间做好自己的事；并管控学习、休息及业余爱好的关系等能力。具备自我管控能力的孩子，就能保持积极的学习热情，避免懒惰、畏难、厌倦学习等思想与行为，就一定能成为生活、学习等多方面能力很强的好孩子。

最早进行的胎教好处在前面已经提及，宝宝出生后，适时恰当养成教育的好处更是不言而喻的。

孩子出生后何时进行养成教育呢？在宝宝出生后 6 个月内，母子的亲密接触，妈妈的精心照顾（如及时喂奶、换尿布等），会使宝宝有身体上的愉悦和母子间情感的愉快；妈妈积极地向宝宝说话，那温暖的、动听的、轻声细语的声音，是潜意识地激发宝宝语言发育的基础；妈妈反复刺激宝宝的握拳、蹬腿、挥动手臂、部位抚摩等，更促进感官的反应。

通过所有这些生活、语言、行为的精心呵护，宝宝能更早地感知妈妈的召唤、妈妈的微笑、妈妈的脸、妈妈的样子……宝宝能更早有意愿地认知与交流，例如妈妈在说话逗宝宝时，婴儿会发出“哦、哦”的喃语反应。

随着宝宝月份的增长，首先认出妈妈，并把妈妈作为可以信赖的“心中的基地”，逐渐有更丰富的情绪反应，表现与妈妈或父母在一起的意愿，并逐渐能翻身、爬行、站立、说话、起步等。在宝宝能够说话、行走后，更希望家人的陪伴、交流，逐渐增强好奇心，并想自己尝试做事，如玩水、沙土、玩具、搬东西等。

如果这时父母或他人与孩子说话交流及玩耍较少，宝宝就会变得很少笑，频繁地吸吮手指，反复地摇头，孩子的发育就会受到阻碍。因此，宝宝的逐渐发育成长，就需要家长更多的陪伴、教育、指导。那么，孩子的养成教育也是一个渐进的过程。

在宝宝3岁左右，就有独立做事的要求和反抗欲，能主动和小朋友一起玩耍，有主动认知的积极性，想知道更多的东西和外面更大的世界。这时，家长就要做好孩子的各项训练，逐渐增强宝宝的管控能力。首先要求孩子做到生活中的事，注意作息时间和个人卫生并勤洗手等。

这时的孩子，就要逐渐加强养成教育，需要家长与孩子一起谈论、沟通，共同制订一个切实可行的一天计划和早晨计划（强调按时起床、固定做好个人的事），使孩子建立任务感、执行顺序感，家长注意开始时提供适当的帮助，最大限度地使孩子心情舒畅、感到快乐。对执行一天的计划基本都需要家长的陪伴，父母的一个动作和一句话，可能被孩子模仿并对孩子产生不利影响，因此注意自己的言行，避免吵架、讲粗话、相互讽刺挖苦、乱扔垃圾等。对出现的问题，及时交流，制订整改计划，保证完成。

孩子对时间、注意力和情绪的管控养成都是一个循序渐进的过程，不是一蹴而就的事，更不能揠苗助长。需要家长持续地耐心指导，出现什么问题，解决好什么问题。什么问题突出就重点解决什么问题。

孩子的人生道路才刚刚开始，在养成教育中，家长要做好示范作用，要激励、正面强化孩子的好做法，欣赏和称赞孩子的成绩，这样孩子养成每一个好习惯就是水到渠成的事，并能自然而然地按时做事。当然，随着年龄的增长，孩子的生活、学习等计划也会发生变化。著名的美国心理学家埃里克森认为："在幼儿阶段，如果孩子得到自我管理的机会和支持，他们就会发展出自主性，独立行为的能力和意志力——自由选择和自我控制行为的能力。幼儿期养成的自我管控能力，从而提高了孩子认知能力。”

从小到大经过养成教育的孩子，在上学后会很快地适应学校的学习生活，很好地适应课堂学习，一定会成为自觉、自律、自强并学习成绩优异的学生。

著名的马太效应：是指强者越强，弱者越弱的社会现象。学习好的学生，因为看书学习很快、很轻松，空余时间会很多，可以再学习更多的知识，取得更大的进步。但学习能力差的学生需要大量的时间学习，甚至不能完成学习任务，就会更差。但学校的环境，学习的氛围，特别是老师的性格、情绪、习惯、态度及一言一行，也会对学生造成一定的影响，因此，孩子仍需要家长不断地关心和帮助。

养成教育最关键的是让孩子懂得如何管理时间，家长应更多地关注，并从小指导好孩子对时间的管理能力。在孩子上学以后，家长更应该做到放手让孩子自己管控时间分配、执行及时间效率等。

首先，要把时间的管理权交给孩子。因为孩子的早期教育已形成良好的习惯，要充分相信孩子，孩子越能在时间上有自主性，越会更加理性地分配时间。孩子会知道哪些事情必须在什么时间内完成，在哪些事情上需要有节制，因为孩子很明白，如果做不到管控与利用好时间，父母就不会放心把时间交给他们自己来管理。当然，把时间管理权交给孩子，家长不是绝对放手不管，还是必须要求孩子能保质保量地完成各项任务。家长要重点强调，一定要按时休息，要约定好玩电脑的时间等。

其次，指导孩子如何提高学习效率。要求孩子无论做什么事情，无论事情大小，都要重视，及时去做，按时完成，提前做好就是提高效率，才能利用剩下的时间去干自己喜欢的事情。

最后，教会孩子懂得“要事第一”的理念。如何才能最有效地管理时间，有条理地做事，就是把最重要的事情放在第一位，必须要在第一时间完成，不能被一些杂七杂八的琐事困扰住自己。另外，还要教育孩子，每一个人的命运都是掌握在自己手中，知识能改变命运，只有拥有更多的知识，不断提升自己，才能有更美好的未来。许多名人治学的故事就是对孩子的最好的激励。

当孩子可以按照自己的意愿自由地支配时间的时候，他就会体会到一种掌控能力感和成就感，从而更愿意管理好自己的时间，会不断提高自己的学习任务及时间的管控能力，学习效率就会不断提高。

但家长一定不要有这样一个误区，孩子很快把作业做完了，又挤出了更多的时间（特别在周末），就武断地给孩子报另外的学习班。如果这样去强迫孩子学习，对孩子未来的学习与成长是不利的，只会极大地影响孩子的学习热情，使孩子抱怨并产生负面情绪，伤害孩子学习的积极性和主动性。这样孩子就会认为，如果自己时间抓得越紧，作业做得越快，父母强加给自己的事情就越多，那么自己干脆就慢下来，磨磨蹭蹭地做就行了。

因此，家长只能说，由于你时间抓得紧，学习效率高，是值得赞扬的。所以周末就能腾出更多时间由你自己计划做事及去玩了。也只能顺带着鼓励孩子如果还有精力的话，再做他自己感兴趣的事情如阅读等，当然这也是父母希望孩子做的事。为此，家长必须懂得，要有一定的时间留给孩子自由自在地玩耍，这是少年儿童的天性。

优秀人士无一例外的都是时间管理的高手，大多是从小就开始培养管理时间能力并持之以恒地坚持，又总是出类拔萃。如在清华大学校史馆举行的“清华大学优良学风档案史料展”中的一份展品，展出了很多清华大学毕业生和在校生的笔记、作业、计划等，字迹工整、思路清晰，这样学习怎能不优秀呢。

媒体曾报道清华大学学霸马冬晗和浙江大学胡一捷同学的优秀表现，以及他们的学习作息时间表，他们的时间每天安排得满满当当，并将时间计划精细到分。他们清晨早起，深夜才睡，珍惜时间，争分夺秒。他们刻苦、自律、积极、努力，因此，他们会越来越优秀。

第三章　合理膳食，强壮体魄

孩子出生后至成年如何饮食、运动，总是人们广泛关注的事情，但仍普遍不能做到科学营养饮食并养成良好的生活习惯。

1. 健康饮食的关键点

健康的决定因素，就是决定个体和人群健康状态的因素。有人概括为四大因素：人类生物学（遗传等为主）、生活方式、环境及卫生服务的可得性。其中最重要的是生活与环境的因素对人的健康影响，如一个人的文化程度、文化背景、个人收入、生活习惯、体育活动、社会地位、个人能力与技能、工作与居住环境等，均是影响健康的重要因素。

在人的一生中，父母的基因、母亲怀孕以及婴幼儿的营养状况、家庭环境和社会关系的影响、个人的生活习惯和成年期的工作环境等，对人一生的生理功能和精神心理等健康状况都有长期和深远的影响。

人从生到死的生命周期是一个自然现象，生命周期的一个个阶段组成了人的生命全程。生命全程又划分为：围生和婴幼儿期、青少年期、成年工作期和晚年期四个时期。生命全程不同时期的危险因素与累积疾病的危险度，又与每个人的健康决定因素密切相关。

健康的孕育和健康的婴幼儿发育，是良好而健康的人生早期阶段的基础保障。包括父母的良好的身体素质、幸福的家庭生活、良好的生活习惯、愉悦的精神状态和处理问题的应对能力，都是他们自身健康及养育健康孩子的重要条件。

“黄金 1000 天”即从母亲怀孕时起到孩子 2 岁时的 1000 天里的适当优质营养饮食，为孩子发育、学习和成长能力打下基础。确保孕期胎儿的正常发育，确保出生后 6 个月的婴儿获得足够的免疫力抵抗疾病，确保 6 个月至 2 岁的幼儿脑部发育及健康成长。

孕期营养饮食需求要点：做到合理均衡地摄入热量、蛋白质、脂类、碳水化合物、矿物质（钙、铁、碘等）、维生素（叶酸、维生素 A、维生素 D 等）、水分等，满足胎儿、母体、胎盘的需要。注意适当增加优质蛋白（动物瘦肉、鱼虾等）、不饱和脂肪酸（主要为亚麻酸 ω-3、亚麻酸 ω-6，并使 DHA 达到 200mg）、钙、铁、碘和叶酸的供给。有人将摄入叶酸、钙剂、DHA 称为“孕妇营养金三角”，DHA 为二十二碳六烯酸，是一种对人体非常重要的多不饱和脂肪酸，属于一种重要的必需脂肪酸。

必需脂肪酸主要来自玉米油、芝麻油、葵花籽油、亚麻籽油、豆油和深海鱼油；特别是鲈鱼、鲑鱼、鲇鱼、花鲢鱼、带鱼、大黄鱼、鲳鱼含量也较高；孕期及哺乳期应适当多吃鱼，每周 2 ～ 3 次，其中至少食用 1 次海鱼。必要时，可适当补充 DHA 补充剂。

日常饮食的米面中含有钙剂，含有钙量较高的食物有牛奶、豆制品、黑木耳、紫菜、海带、黄花菜、菠菜、空心菜、苋菜及鱼类，可有意识地多食用。

补充钙剂的注意事项：

①钙剂不可补充过多，注意同时补充维生素 D，特别是在冬季；

②补充钙剂时间最好在睡觉前或两餐之间，避免同时饮茶；

③钙剂不能与牛奶同服，以免造成钙剂的浪费；

④补充钙剂时，同时适当地多饮水，并坚持适量的运动。

孕期出现贫血也较常见，甚至发生明显的贫血，可出现头发干枯、易脱落，面色、口唇、口腔黏膜发白，疲乏无力、怕冷，甚至免疫力降低、易感染等。同时，会影响胎儿的生长发育。含铁较高的食物有黑木耳、紫菜、动物肝脏、动物血、墨鱼、海参、藕、黄豆、赤豆、燕麦、小米、海带等。

补充铁剂的注意事项：

①应该以动物性含铁较高的食物补充为主；

②补充铁剂时可充分补充蛋白质及维生素 C，以利铁剂吸收与利用；

③补铁剂时不要与钙剂、牛奶一起口服，同时要少饮茶和咖啡；

④在进餐时或餐后口服铁剂，以减少对肠胃道刺激；

⑤铁剂会影响锌的吸收，需要适当补充锌（每天 15mg，与铁剂分开口服）。含锌较高的食物为牡蛎、禽肉、肝脏、蛋类。

食用碘盐，每周再摄入 1 次富碘食物如海带、紫菜、贻贝（海虹）；叶酸是合成 DNA 和健康的红细胞所必需的成分，同时明显降低了脊柱裂等出生缺陷。叶酸的补充，从孕前 3 个月开始每天补充 400ug，并持续整个孕期。适当食用动物肝脏、蛋类、豆类、绿叶蔬菜、水果及酵母、干果类。还要注意维生素 A 及维生素 D 的补充；胡萝卜素的食物补充，如胡萝卜、西兰花、甜椒、西洋菜、苋菜、油菜、芹菜、菠菜以及杧果、橘子、柑、哈密瓜等。

避免孕期肥胖及巨大胎儿的饮食要点:

①合理摄入主食量，减少富含脂肪的主食类食物；

②减少烹调油的摄入，选择脂肪含量少的肉类食物；

③注意隐形脂肪摄入：薯片、膨化食品、饼干等零食；

④不喝甜饮料及果汁，不要大量吃含糖高的水果；

⑤尽量避免去餐馆吃饭。

孕期不宜摄入的食物:

①油煎、油炸、熏烤的食物，如油条、烤羊肉等；

②腌制的食物，如香肠、火腿、咸肉、腌荤等；

③含咖啡因的食物，如浓茶、咖啡、巧克力等；

④麻辣烫食物，刺激性食物如火锅调料、酒；

⑤没有熟透的鱼虾及肉类，没有杀菌的生乳、生乳酪等，其他任何不新鲜的食物。

哺乳期母亲饮食要点:

①增加富含优质蛋白质、维生素A的动物性食物和海产品，选用加碘盐；

②产褥期食物应多样化但不应过量，重视整个哺乳期营养；

③保持心情愉悦、充足睡眠，促进乳汁分泌；

④坚持哺乳，适当运动，逐步恢复适宜的体重；

⑤忌烟酒，避免浓茶和咖啡。

在6月内婴儿期的喂养要点:

①产后尽早开奶，坚持新生儿第一口食物是母乳，“婴儿优先、母亲安全”；

②坚持6月内纯母乳喂养，最有利婴儿的身心发育；

③顺应母乳喂养，建立良好的生活规律；

④婴儿出生后数日开始补充维生素 A、维生素 D，不补充钙剂；

⑤婴儿配方奶是不能纯母乳喂养孩子的无奈选择；

⑥检测体格指标，保持健康成长。

母乳喂养应从按需喂养模式到规律喂养模式递进；每次哺乳时间 15 ～ 20 分钟；每次喂养间隔时间 2 ～ 3 小时；并保持体重增长符合标准。

在 7 ～ 24 月婴幼儿时期的喂养要点：

①持续母乳喂养，满 6 月起添加辅食。从富铁泥糊状食物开始，逐步添加达到食物多样化；

②提倡顺应喂养，鼓励但不强迫进食；

③辅食不要加调味品，尽量减少糖和盐的摄入；

④注意饮食卫生及食品安全；

⑤定期检测体格指标，保持健康成长。母乳喂养可以达 2 周岁左右自然离乳。

学龄前儿童饮食要点：

2 ～ 3 岁的孩子需要增加鱼、肉、蛋等副食及各种零食、水果。此时的孩子大多还用奶瓶喝奶，这样既需要补充营养，又不会弄洒牛奶，甚至夜间也可以给孩子喝牛奶。

学龄前（3 ～ 6 岁）儿童的营养饮食，由于此阶段儿童相对发育缓慢，稳步增长（体重每年增长约 2 公斤；身高约每年增长 5 厘米；2 岁到青春期前体重计算公式：年龄 ×2 ＋ 7 或 8；身高：年龄 ×7 ＋ 70），定期检测孩子的发育情况。

①每日食物多样化，应有谷物类、乳类、肉类、蛋类、豆类、水果、蔬菜类；做到营养比例合适，搭配合理。

②食物种类多样，注意专门烹调，力求细、软、烂、碎，易于消化吸收。

③注意食物新鲜，色彩、味道多样，促进食欲。尽量减少盐和刺激性调味品，培养健康的饮食习惯。

④做到定时定量进餐，就餐气氛愉快，正餐时间大约30分钟。采取“三餐两点”制，不挑食，不偏食，不零食，不暴饮暴食，不强迫饮食。

⑤每天饮奶，足量饮水，正确选择零食，少喝甜饮料。

⑥经常进行户外活动，保证其健康成长。

学龄儿童少年时期（6～12岁）的饮食要点：

①孩子的体格稳步增长，生长迅速，代谢旺盛，已可以接受成年人大部分的饮食谱。

②能量及蛋白质需要量较大，注意增加动植物蛋白的补充。但更易被忽视的是钙与铁的补充，故学生中出现缺钙及缺铁性贫血较常见，因此需要注意补充富含钙、铁的食物。

③三餐合理饮食，重视早餐质量。不喝含糖饮料。

④保证每天至少活动60分钟，加强户外活动时间。

青少年时期（12～18岁）是一个人身高和体重的第二次突增期，此时期是由儿童到成人的过渡时期，从体格增长突增开始，到体格发育基本成熟，同时性发育及心理发育均较成熟，是人生最有活力的时期。

青少年时期的饮食要点：

①多谷物饮食，供给充足的能量，同时保证肉、鱼、蛋、奶、豆类等蛋白质的摄入。

②注意早餐要吃好、吃饱，而晚餐不要过于丰盛。不偏食、不盲目节食，合理选择零食。保证充足水果及蔬菜的摄入。

③注意合理饮食、均衡营养，清洁卫生，保护牙齿。

④加强体育运动，增强体质。

成年人的饮食要点:

①三餐定时定量，平衡膳食，重视早餐营养，少吃零食。做到“早餐要好、中餐要饱、晚餐要少”。

②讲究饮食卫生，吃新鲜食物，少吃煎炸食物及麻辣烫食物，做到“三少一高”：少油、少盐、少糖、高纤维饮食。

③挑食可能造成营养素吸收不完全，做到“四不”：不挑食、不偏食、不暴饮暴食、不酗酒。

④及时补充水分，一般情况下每天饮用 8 杯水。

根据成年人的体重计算公式，掌握自己的体重情况。第一，简单的计算方法：理想体重（kg）＝身高（cm）-105。肥胖度（%）＝（目前实际体重 - 理想体重）÷ 理想体重 ×100%，±10%之内为正常体重； 10%～20% 为超重， 20%～30% 为轻度肥胖，30% ～ 50% 为中度肥胖，≥ 50% 为重度肥胖；≤ -10% 为偏瘦，≤ -20% 为消瘦。第二，计算体重指数（BMI）＝体重（kg）÷ 身高的平方（m^2），18.5 ～ 23.9 为正常体重；24 ～ 27.9 为超重，28 以上为肥胖；18.5 以下为体重过低（消瘦）。第三，通过腰围判断是否是腹型肥胖：女性腰围大于二尺五寸半（85 cm），即为肥胖；男性腰围大于二尺七寸（90 cm），即为肥胖。

随着经济高速发展和工业化进程的加速，生活质量的提高和生活方式的改变等，肥胖目前在全世界呈现流行趋势。我国的肥胖症患病率也呈不断上升趋势。已有证据表明超重和肥胖症是心脑血管病、糖尿病、某些癌症和其他一些疾病的重要危险因素。

美国哥伦比亚大学研究报告提示，不论男性还是女性，过早肥胖更危险。如果青年时期超重或肥胖，那么在中老年时期痴呆风险就会明显增加，70岁时的痴呆风险男女性可能在50%以上。

腹型肥胖的罪魁祸首是内脏脂肪的超标。当然也要当心体重正常者的内脏脂肪也可能超标，研究数据显示：14%体重正常的人群中存在内脏脂肪的超标。

腹型肥胖又可分为苹果形体型与梨形体型，在腰部以上肥胖并有显著的内脏脂肪沉积，为苹果型体型，俗称“将军肚”，男性多见；在腰部以下肥胖明显并皮下脂肪沉积为主，为梨形体型，女性多见。

腹型肥胖更是危害重重，与心脑血管风险紧密相关，大大增加脑梗死（中风）、冠心病的发病率。同时，会损害胰岛β细胞功能，阻碍胰岛素在体内发挥降糖作用，出现胰岛素抵抗，更易发生、发展或加重2型糖尿病。临床研究观察显示：“糖尿病+肥胖”让患者的生活质量更加雪上加霜。

如果肥胖者同时存在高血压、血脂异常、高血糖（俗称“三高”），称为代谢综合征，是更加严重的一组典型的临床症候群，又是相互关联的危险性因素的组合，这些因素直接促进了动脉粥样硬化性心脑血管疾病的发生，也可能促发急性胰腺炎的发生等。部分肥胖者还会同时存在高尿酸血症（又称为第四大杀手）、脂肪肝并肝功能损害、肥胖相关性肾病（蛋白尿等）、血黏度明显增高等，更可能存在突发性的大面积脑梗死及心肌梗死的危险性，甚至发生猝死等，故有人把肥胖同时伴高血压、高血脂、高血糖、高血尿酸（又称“四高”），称为“死亡四重奏”。

《中国卒中报告2019》公布数据，在卒中患者中，最普遍的危险因素是高血压（63%～84.2%）和吸烟（31.7%～47.6%），其次是血脂异常和糖尿病。

报告显示，每5位死者中至少有1位死于脑卒中，并且卒中死亡率呈现男性高于女性，农村高于城市的特点。同时，农村居民的卒中发病率和患病率也高于城市居民。卒中已成为造成过早死亡和疾病负担的首位原因。

如何才能防范肥胖与“四高”的发生，首先，从小就要做到合理饮食、坚持运动等，养成良好的生活习惯。掌握好饮食总原则，就是控制每日饮食总热卡，保持饮食的“收支”平衡。做到均衡营养和定时定量进食，尽量清淡饮食，少油、少盐，少饮含糖饮料，限制饮酒，解决戒烟。其次，制订可行的运动方案，持之以恒地坚持体育运动。定期测量体重，并根据体重变化，适当调整饮食和运动等方案。最后，定期进行全面的体格检查，对出现的异常指标，咨询专科医生，及时诊断，及时调整生活方式，及时进行药物干预，做到科学治疗，规范用药，控制达标。

在现实生活中，也有许多存在明显消瘦的群体，他们大多从事繁重的体力劳动，工作时间较长或长期熬夜工作，以及营养饮食不足等，特别是农村中老年群体，长此地透支体能，对身体健康是不利的。

但如果有人在短时间内，出现不明原因的明显消瘦，就需要及时到医院就诊检查，排除某些内分泌疾病如糖尿病、甲状腺功能亢进症、嗜铬细胞瘤、肾上腺皮质减退症、巴特综合征等。某些感染性疾病如结核病、艾滋病、血吸虫病、各种肝炎等；某些肿瘤如各种恶性肿瘤及血液病等；某些消化性疾病、风湿病及化学物质损害等。

老年人健康饮食要点：

①控制总热量，食物应多样，以谷物为主，保持营养平衡；

②多吃蔬菜、水果、薯类、豆类及其制品，每天喝牛奶、酸奶；

③适量吃鱼、禽、蛋、瘦肉，少油、少盐，限制煎炸食物，控制饮酒和

含糖饮料；

④重视早餐营养，三餐饮食细软（切小切碎及烹调延长）；

⑤定时足量饮水，保证每日尿量在2000ml 水平；

⑥老年人群进食水果的原则：适宜食用含糖低的水果，如鸭梨、青瓜、柠檬、李子、草莓、枇杷、西瓜、猕猴桃等；酌情限制食用含糖较高的水果：香蕉、山楂、鲜枣、海棠、荔枝、杧果、甜瓜、橘子、桃、杏等；适当控制含糖高的干果等：干枣、红枣、蜜枣、柿饼、杏干、桂圆、果脯、葡萄干等。

高品质的生活、工作和学习，离不开高质量的饮食。怎样的饮食是科学的，怎样的食材才是有益无害的，都是至关重要的。

蔬菜，每天餐饮要摄入足够的蔬菜，特别是老年人甚至70％～80%的比例应该是各种蔬菜类，蔬菜富含钙、钾、镁、钠，在体内代谢产物呈碱性，所以是碱性食物，对身体有益。应该吃各种各样的蔬菜，换着样吃，重点是绿叶类、番茄、十字花科类的蔬菜。蔬菜富含维生素、微量元素、矿物质等，因此一定不要放置太久，囤积在冰箱里，这样会自然而然地失去大部分营养物质。

大多蔬菜需要冷油、少油快炒，或者烫一下即可，避免营养物质破坏或溶解在水里。能生吃的尽量生吃，生吃食物可获得某些酶等，具有天然的抗癌作用。如洋葱中含有的栎皮黄素，是目前已知最有力的天然抗癌物质之一。它可抑制多种致癌物质的活性，还可防止癌细胞的生长；胡萝卜中的胡萝卜素、萝卜中的木质素、西红柿富含维生素C、芹菜与韭菜含有丰富的纤维素等，青椒、大蒜等含有的成分，也都有防癌的作用。

菠菜、芹菜、冬笋等蔬菜里含有草酸，会导致钙流失，食用之前用开水快速焯一下，去掉部分草酸即可。有条件尽量吃有机的，尽量吃知道有来源的农场种植的蔬菜。有条件可用洗菜机清洗驱除蔬菜、水果上的农药。

水果，什么水果都可以吃，不要挑。草莓、西瓜、浆果类（桑葚、蓝莓等），都有天然的抗癌防癌效果。水果因为含糖，注意一定不要吃过量。

碳水化合物，尽量不要吃精制面粉，或由此制作的面食（馒头、面条、比萨、面包等），尤其是不应吃麻花、酥饼、糕点、饼干等，戒断深加工制品（玉米片、卜卜米等）。主食每天每顿饭都要吃，最好是全谷物（小米、玉米、燕麦、绿豆、花豆、芸豆、蚕豆、豌豆、土豆、红薯等）。吃粗粮、黄豆及其制品等可以经常吃，尤其是豆腐搭配海带海藻类或芽菜类一起吃，就非常好。玉米是食物中的黄金，小米、荞麦、薏米、甘薯都是很好的食物。尽量不要吃转基因食品。

红肉，尽量少吃，也只能吃瘦肉，每周不超过 2 次。尽量吃有机散养的动物肉，谨防激素、抗生素及病毒的影响。

白肉，指鸡鸭鹅等禽类，每周食用不超过 2 次。尽量是有机散养的，谨防激素、抗生素及病毒的影响；鱼可以每周吃 3 次或更多次，吃鱼籽，尽量是明确来源的鱼。谨防激素、抗生素及重金属的污染。海鲜适量吃。

蛋白质，如蛋白质过量易导致酸性体质，出现骨质疏松等，尽量不喝超高温灭菌的，而是巴氏杀菌牛奶。益生菌中相对较好的是酸酸乳杆菌和保加利亚乳杆菌，以及双歧杆菌。鸡蛋每天吃一个就可以，尽量吃有机散养的新鲜鸡蛋。坚果每天都可以吃，但不要过量，否则容易造成脂肪摄入过多。

配菜，如葱、姜、蒜都对身体非常好，每天都可以适当吃一些；酱油、醋酿造较好，不含糖等添加剂更好。炒菜尽量少放油。凉拌可用橄榄油、茶油、芝麻油。

尽量限制饮酒、吃蜂蜜，饮茶注意农药茶叶；尽量不吃膨化食品及饼干等零食；各种水果是最好的零食。

水，是构成生命的基本营养要素。水对机体的价值，远远超出我们的想象。水是生命之源，水对身体有着生命攸关的非常重要作用，是生命中不可缺少的物质，又是任何有机体和细胞成活的保证。

人体内水分的含量在一生中各个时期都各不相同，胎儿期约90%，新生儿期约80%，儿童期约70%，青中年期约60%，老年期约50%。因此，显示在人的一生中，体内水分在逐渐减少，人生也在逐步走向衰老。同时提示保持体内充足的水分，对机体保护及延缓衰老，也有十分重要的作用。

德国的一项专门的研究发现，当在一定时间内喝下17盎司（约500ml）的水后，人体内的新陈代谢会加快30%。按照这一研究结果，每天喝下1.5公斤的水，每年能多燃烧掉17400卡路里热量，减掉5磅体重。同时多项研究发现，每天至少喝6～8杯水，新陈代谢才能保持正常，进而防止便秘等，并能促进消化，更能维持循环系统正常。专家还特别提醒，不建议饮用饮料代替水，更要少喝冷饮。

水在人体内发挥多种十分重要的作用：①维持新陈代谢的作用；②保持体液容量、电解质、渗透压和酸碱度等的相对恒定；③输送营养物质到全身各处；④保持在炎热、高温作业等环境中的温度相对稳定；⑤对器官、组织及细胞的润滑机能，剧烈运动、某些疾病、创伤、感染的应激保护作用；⑥排泄代谢废物的作用。

在正常情况下，体内水的平衡受神经系统口渴中枢、脑垂体后叶分泌的抗利尿激素和肾脏的调节。

如果机体在短时间缺水（如发热、出汗、腹泻、呕吐、高温作业等），体内水的平衡被破坏，脑垂体释放抗利尿激素，作用于肾小管、集合管会促进水重吸收人体内，尿量就会减少，以维持身体的体液平衡。这个时期，下丘脑中的渗透压感受器刺激大脑渴觉中枢，产生口干反应提示要主动饮水。

如果不能有效补充水分，在长时间缺水会引起症状进一步加重，就可能出现便秘、心悸、头晕目眩、口干加重、全身乏力等症状，特别是处在高温环境中的工作人员，如建筑工人、环卫工人、田间劳动的农民和高温环境中高强度体能训练者、年老体弱人员等，此时体内缺水可能达到 2000ml 以上，即出现中暑症状。若仍不能及时补充水分和脱离高温环境，会导致缺水情况进一步加重，可能逐渐出现意识淡漠、烦躁、抽搐，甚至昏迷、死亡等情况，这种严重情况下的体内缺水往往可达 4000ml 以上。

因此，人们每日饮水量，需要根据环境季节、体力劳动大小、训练强度及出汗、排尿量、自我感觉等情况，决定每个人实际水分的需要量，在这时，一天内饮水量甚至高达 4000 ～ 5000ml，而绝不能固定在所谓的每日饮水不超过 2000ml 的最大量。

在正常情况下，即一个成年人处在温度适宜的环境中，从事一般性工作，无剧烈的活动及强度大的劳动，无明显出汗等情况下，每天摄入体内和排出体外的水分的大概情况：摄入体内的水分及途径有：饮水及喝饮料（实际是可变量）约 1200ml，食物的水分（相对固定）约 1000ml，同时体内代谢自动产生的水分（相对固定的内生水）约 300ml，合计 2500ml；排出体外的水分及途径：尿液（实际是可变量）约 1500ml，皮肤水分蒸发（不显性失水）约 500ml（不存在出汗失水情况），肺呼气带出约 350ml，随粪便排出约 150ml，合计 2500ml，达到并维持了人体机体水分出入量的平衡。

但在较多情况下，包括所有人在夏季的出汗和不显性失水的相对增多，体力劳动者一年四季在工作中都会有不同程度的出汗等失水均较多，又如何进行更多地补充水分，保证每日尿量在 1500ml 以上，从而达到体内水分出入量的平衡，才更是至关重要的。

由于老年特殊群体的生理病理变化，以及在不同季节和环境中，许多人体力活动的出汗也会出现不同程度的失水；同时人们在发热、腹泻、呕吐、引流、肠瘘等情况下，其机体水分的出入量都会发生较大的变化。例如，一个人发热体温每升高 1℃，皮肤失水大约 3 ～ 5ml/ kg，不显性失水增加 12%，应加补日需要水量的 10%；如果体温达 39℃，应额外增加摄入量为每日总需要量的 20%，即 2500ml×20% ＝ 500ml。

更重要的是出汗失水情况的判断及水分的补充问题。如果一个人出汗，感觉面部及躯体潮湿时，大约已失水 500ml；若出汗湿透了一套内衣裤，约失水 1000ml；若出现明显的大汗淋漓，湿透衣服及汗滴不断，并有口干、头晕、心悸、乏力等症状，失水甚至可能高达 3000ml 以上。因此，一定要根据出汗等失水情况，结合口干感觉及排尿情况等，及时合理地补充足量的水分，此时的饮水量也往往要超过 2000ml，从而保证每日的满意尿量达到 2000ml，或尿量至少在 1500ml 以上为宜。

否则，因为长期水分补充较少，每日尿量持续不到 1500ml，甚至更明显的减少，因此长期体内水分不足，就可能出现各种各样的异常情况，如全身乏力、情绪异常、体味较重、头晕、失眠、多梦、心悸、便秘、食欲减退等，并可能发生高尿酸血症、尿素氮及血黏度增高、结石病、动脉硬化、记忆力减退、面部色斑、白内障等疾病，甚至增加各种血栓形成、心律失常、某些肿瘤，以及突发心脏病的风险。

因此，要高度重视自己如何能够养成良好的饮水习惯，坚持正确的饮水原则，保证每日排尿量在 1500 ～ 2500ml 的正常范围内，最好每日尿量达到大约 2000ml 的理想水平。当然，若你是有意识地每日饮水量过大，使自己的每日（24 小时）尿量持续 3 天以上超过 2500ml，就要当心发生所谓的“水中毒”了。因为长期过量的饮水就会导致多尿，同时可能摄入水分过多，就容易出现容量性高血压及血电解质紊乱；特别是老年人或心脏病患者，容易发生充血性心力衰竭及肺水肿；肝病和肾脏病患者就可能出现水肿或水肿加重等，严重时能危及生命。

对于极少数人持续存在多尿难以自控，即使自我忍耐口渴等症状，饮水量强行减少，但排尿量仍较多，并且口渴等加重。如果总是存在多喝水多排尿，控制饮水后仍多排尿等现象，则要考虑多尿可能由相关的疾病所致，就需要及时到医院进行进一步检查，排除糖尿病、脑垂体病变、某些肾脏病、高血压和其他的内分泌疾病等。

学会如何科学喝水，就要掌握好正确的饮水原则：①定时饮水。②及时补充，少量多次。③少量饮水以温开水（夏天凉白开）为宜。若出汗很多，需要补水量大，要以补充矿物质水为宜，以防止体内血电解质失衡。如果短时间活动量很大，能量消耗较大，也可以临时适当饮用健身饮料、运动饮料或其他能量饮料等。④忌在进餐前后饮水。⑤每次饮水量在 200ml 左右为宜。一般情况下，每小时饮水总量最好不超过 800ml。当然缺水严重时饮水可以在最初 1 小时内超过 800ml。⑥根据个体具体情况，需要酌情增加或减少饮水量，确保机体水分出入量平衡以及体内充足的水分，这样才更利于身体健康。

2. 拒绝垃圾食品与饮品

垃圾食品基本是高能量、低营养等的食物，往往具有高盐、高热量、高脂肪和低维生素（食品中的“三高一低”），而且大多有某些添加剂或产生的有害物质等。如果长期食用，更多的高脂肪、高能量的食物吃进肚子里，可能转化为更多的体内脂肪等贮存起来，导致肥胖。同时，缺少维生素、矿物质等的摄入，不能达到营养平衡，出现更多的异常变化。

油炸食品：多种多样，丰富多彩，色、香、味俱佳，深受人们的喜爱。但油炸食品热量高、含有较高的油脂和氧化物质，经常食用易导致肥胖，而且是导致高脂血症和冠心病的最危险食品。相对适合的人群是能量消耗大的较年轻的体力劳动者；最不适合的人群是已有“三高”（高血压、高血脂、高血糖）的年龄较大的中老年人。患有冠心病、脑梗死的老年人应将油炸食品作为禁忌食物。同时，油炸食品在油炸过程中，会产生大量的致癌物质。相关研究表明，常吃油炸食物的人群，其癌症的发病率远远高于不吃或极少食用油炸食物的人群。

饼干类食品：种类繁多，口感酥脆香甜，也是男女老少都喜欢的食物或零食，更是青少年儿童的最爱食品。但是这些小小的饼干有高热量、低营养的特点，因此给人们带来食用方便、愉快的同时，也给人体健康带来一定的危害。建议最好偶尔在激烈活动、能量消耗较大时少量食用，体重超重或肥胖者应严格限制食用。

烧烤食品：目前全国各地，甚至在世界范围内的许多国家、地区，都盛行烧烤食品，而烧烤食品对人类健康有着较大的危害。在烧烤羊肉串等肉类食物的过程中，会产生三苯四丙吡这种致癌物质，它会在体内蓄积，从而诱发胃癌、肠癌。烧烤食品中还含有可引起人体组织细胞突变的“致突变源”，比强致癌物三苯四丙吡的致癌作用还要强100倍。

碳酸饮料：有良好的口感，是一些无保健知识，特别无自我约束能力的青少年人群的最爱饮品。其主要成分为糖、色素、香料及碳酸水等。长期饮用非常容易引起肥胖等疾病。更重要的是，它会给肾脏带来很大的负担，是引起糖尿病的一大隐患。

方便类食品：如方便面属于高盐、高脂、高热量、低维生素、低矿物质一类食物，只能提供热量，而没有营养。人们长期食用方便面，也因为盐分含量高会增加肾脏负荷从而使血压升高。同时，也应该注意过多的食品添加剂的影响。

如一种名为“奶香味蒸蛋糕”的小包装方便食品，在淡黄色塑料外包装上统一打印着文字：加工方式为热加工；配料：鸡蛋、小麦粉、白砂糖、食物添加剂（山梨糖醇，甘油，丙二醇，单、双甘油脂肪酸酯，聚甘油脂肪酸酯，硬脂酰乳酸钠，丙二醇脂肪酸酯，碳酸氢钠，焦磷酸二氢二钠，磷酸二氢钙，葡萄糖酸－δ－内酯，黄原胶，脱氢乙酸钠，山梨酸钾，钠他霉素）、大豆油（加工原料为转基因大豆）、乳粉、食用盐、食用酒精、食品用香精香料；食用方法：开封即食；在常温下保质期60天……这样方便的小包装食品竟然也包含了20余种不同的化学物质，这会是怎样的食品呢？

如另一种“手撕面包”，在淡黄色塑料外包装上统一打印着文字：配料：小麦粉、水、白砂糖、鸡蛋、果葡糖浆、麦芽糖浆、精炼植物油、人造奶油、乳粉、食物添加剂（山梨糖醇液，焦磷酸二氢二钠，磷酸二氢钙，碳酸氢钠，单、双甘油脂肪酸酯，硬脂酰乳酸钠，聚甘油脂肪酸酯，双乙酰酒石酸单双甘油酯，司盘60，吐温80，吐温60，甘油，蔗糖脂肪酸酯，维生素C，α－

淀粉酶，脂肪酶，脱氢乙酸钠，山梨酸钾，丙酸钙，抗坏血酸棕榈酸酯）、酵母、食用盐、食品用香精。食用方法为开封即食。在常温下保质期6个月……这样方便的小包装食品里也添加了近30种不同的化学物质。

世界卫生组织（WHO）公布的全球10大垃圾食品，易对人体造成伤害，特别是对青少年儿童的伤害最为明显。

一、油炸类食品的主要危害：①油炸淀粉易出现高血脂、肥胖，导致心血管疾病；②含有致癌物质；③破坏维生素，使蛋白质变性。

二、腌制类食品主要危害：①钠盐含量高，易导致高血压，肾脏负担过重，产生的大量致癌物质亚硝酸胺，导致鼻咽癌等；②影响黏膜系统，对肠胃伤害；③易发生溃疡及发炎等。

三、加工肉类食品（肉干、肉松、火腿肠、香肠等）主要危害：①含有三大致癌物质之一：亚硝酸盐（防腐和显色作用）；②含有大量防腐剂，加重肝脏负担。

四、饼干类食品（不含低温烘烤和全麦饼干）主要危害：①食用香精和色素过多对肝脏功能造成负担；②严重破坏维生素；③热量过多，营养成分低。

五、汽水、可乐类食品的主要危害：①含有磷酸、碳酸，会带走体内大量的钙；②含糖量过高，喝后有饱胀感，影响正餐。

六、方便类食品（主要指方便面和膨化食品）的主要危害：①盐分过高；②含有防腐剂、香精等，损害肝脏；③只有热量，没有营养。

七、罐头类食品（包括鱼肉类和水果类）的主要危害：①破坏维生素，使蛋白质变质；②热量过多，营养成分低。

八、话梅蜜饯类食品（果脯）的主要危害：①含有三大致癌物质之一：亚硝酸盐；②盐分、糖分过高，导致血压升高和肾脏负担加重；③含有防腐剂、香精，损害肝脏。

九、冷冻甜品类食品（冰激凌、冰棒和各种雪糕）的主要危害：①含有奶油极易引起肥胖；②含糖量过高影响正餐的食欲；③因为食品温度低而刺激肠胃道。

十、烧烤类食品的主要危害：①含有大量“三苯四丙吡”，为三大致癌物质之首；②有研究表明，1 只烤鸡腿相当于 60 支烟的毒性；③导致蛋白质炭化变性，加重肾脏、肝脏的负担。

现在很多年轻人在傍晚下班后，非常喜欢相约去撸串，吃着各种香辣的烧烤，再大口喝着冰镇啤酒，真是让自己感到无比潇洒、兴奋，那种感觉更是一个字“爽”！有这样一个报道，23 岁的女孩小丽，平时特别喜欢吃烧烤，一周至少五天吃烧烤，被朋友们称为“烧烤女王”。不管和人相约与否，都必定是烧烤，朋友们也惊讶小丽是怎么能天天吃烧烤，也不感到吃腻。在半年前，小丽就出现了大便带血的症状，但小丽就一直认为是痔疮，就没有太在意。而现在便血的情况越来越严重。经过医生的检查，没想到查出了是肠癌晚期。

小丽痛哭流涕，后悔莫及，觉得自己害了自己，不应该逞嘴巴的一时之快，忽视了食品卫生与安全，没有确保身体健康。凡事都要有个度，平时遇到很多人，特别是青少年人，已经身体偏胖，却依然大吃大喝，导致的后果将会是更胖。吃烧烤也更要有节制，毕竟烧烤是 10 大垃圾食品之一。

因为，这些垃圾食品中含有大量的色素、香精、防腐剂和亚硝酸盐，而少年儿童身体处于生长发育阶段，胃部黏膜长期受到化学物质刺激及致癌物质的伤害，由此导致胃癌的发生。

麻辣烫中的一些刺激性调料对消化道黏膜也会有一定的伤害，对少年儿童影响更大。同时，麻辣烫食物中的亚硝酸盐含量也较高，属于三大致癌物质之一。所以，长期进食属于垃圾食品的麻辣烫食物，可能导致幼小年龄的孩子患上胃癌。

儿童不宜食用的10大垃圾食品：①油炸食品（炸鸡翅、炸猪排、炸薯条等）；②腌制类食品（腌制蔬菜等）；③加工肉类食品（肉干、肉松、香肠等）；④饼干类食品（不含低温烘烤和全麦饼干）；⑤方便类食品（主要指方便面和膨化食品等）；⑥罐头类食品（包括鱼肉类和水果类罐头）；⑦蜜饯类食品（话梅、果脯等）；⑧冷冻甜品类食品（包括各种冰激凌等）；⑨烧烤类食品（不包括烤地瓜）；⑩汽水类饮料（主要成分包括碳酸水、柠檬酸等酸性物质，白糖、香精，有些含有咖啡因、人工色素等，几乎不含营养素）。

由于很多垃圾食品口感好，吃起来方便、快捷，加之一些垃圾食品的宣传针对性、诱导性很强。同时，人们思想上根深蒂固的传统生活习惯，以及对食品的了解与健康饮食知识的缺失，迫于生活、工作与学习的压力等，许多垃圾食品仍被大家广泛地接受。不仅如此，少年儿童自懂事起，映入他们眼帘的就是身边各种媒体、视频、道路边广告、学校附近的小店铺和超市里摆放的形形色色的垃圾食品或是宣传画面。因此，对于没有高度自我约束能力的小孩子来说，他们对围绕在身边的垃圾食品，表现出特别的偏爱，甚至达到了比较严重的依赖程度。

美国研究人员认为，广告与儿童对垃圾食品的偏好之间存在明显的联系。美国医学研究院在研究中称："由于饮食偏好和进食模式在人的儿童阶段已形成，而儿童时代食品选择和饮食习惯将会对人的一生造成重要影响。"因此，需要进行重大改革，以重新树立儿童的健康饮食意识。

为此，要求孩子家长、学校与社会等有关组织，有必要加强对中小学生的食品安全、卫生及营养的宣传教育以及饮食指导工作。

当然，垃圾食品归根结底还是食品，否则，就不会有存在的空间了。只是要求你如何能够正确对待与合理食用这类垃圾食品。如果你没有“三高”，又有一定量的体力活动，偶尔或间断性少量食用油炸食品就不会有太大问题。但如果你把油炸食品当作主食天天食用，就肯定不好；如果你有高血压病，经常食用腌制类食品也肯定不好；如果一个老年人，甚至既往已有高血压、糖尿病、冠心病或脑梗死等病史，经常性将油炸食品充当主食，那就比较危险，甚至随时有发生心肌梗死和新的脑梗死等可能性。

垃圾饮料也是这样，偶尔少喝一些是可以的，但如果你每天把各种汽水和甜饮料当水喝，那么危害性就很大了。

垃圾食品对人体的伤害是多方面的，而少年儿童是需要全社会共同关注的特殊群体，他们处于身体发育成长重要阶段，又是国家发展和民族复兴的肩负者，更要注意垃圾食品对孩子的各种伤害：

①扰乱代谢：如果长期过量饮食含油脂很高的食品或能量较多的饮料，只会影响孩子的身体对营养物质的吸收，这样就会减慢自身的新陈代谢，使人发胖。《肥胖》杂志一项研究显示，垃圾食品会影响代谢，12 名身体健康的大学男生连续吃 5 天高脂肪食品后，肌肉将葡萄糖转化为能量的效率明显降低，这样的变化易导致代谢紊乱。

②致癌物质：食品乃至加工过程中产生的毒素，如烧烤食品产生致癌物质杂环胺、多环芳烃、丙烯酰胺等。在儿童时期吃得太油腻，长大后患癌症的风险增加。美国最新的一项研究显示，对于青少年，尤其是女孩来说，高脂肪饮食可能增加患乳腺癌的风险，甚至加速乳腺癌的恶化。油脂饮食可加

速炎症反应过程，促使癌细胞增殖。

目前科学实验已明确表明，食物烧烤过程中会产生胆固醇氧化物等许多食物活性分解产物，并有较大的细胞毒性作用，对女性患卵巢癌、乳腺癌和子宫癌的风险性明显增大；另外烧烤中产生有大量“三苯四丙吡”，为三大致癌物质之首。由于她长期进食烧烤食品导致大量有害毒物不断侵入体内，以致体内发生了癌变。

③肠道菌群失衡：经过研究发现，喂食小鼠高脂肪食物会改变肠道菌群的构成，使某些致病菌繁殖增加，益生菌减少，妨碍肠道向大脑发出“吃饱，停食”的神经信号，导致过量饮食，影响消化系统健康。

④伤害肝脏：曾有报道，常吃油炸食品会出现类似肝炎的症状，可引发人体内转氨酶的升高。因为油炸的食物，使必须氨基酸以及保护肝脏的营养素等被破坏，产生化学物质极为活跃的自由基，从而伤害肝细胞。

⑤易疲劳和懒惰：高糖饮食意味着血糖会迅速增高，刺激胰岛素大量释放，使机体快速消耗葡萄糖，血糖又随之剧烈下降，这种血糖水平大起大落的波动容易令人感觉疲劳、烦躁。又因酸性食物摄入过多，破坏了酸碱平衡，会形成酸性体质，就容易出现疲劳乏力，腿痛，腰酸，懒惰和记忆降低等症状。同时有人报道食物中不健康的配料和低营养成分，还会让人变得更加不爱活动和懒惰等。美国加州大学洛杉矶分校的生物科学家研究发现，食用过多的高脂、高糖食物会导致肥胖，进而让人变懒，同时对人们养成懒散的生活方式也起到了重要作用。

⑥动脉变窄：加拿大的一项研究显示，让一个完全健康的男人进食一顿高饱和脂肪餐，餐后 2 小时后，其动脉变窄了 24%，可能引发高血压和潜在心脏问题。

⑦注意力不集中：剑桥大学研究人员通过小鼠实验发现，9 天的高脂肪饮食就会令小鼠在走迷宫时犯错误更多，说明垃圾食品可能扰乱注意力，令人无法专心致志做事。

⑧让人变丑：观察研究认为，摄入高脂食物可能会让人看上去变丑。并通过小鼠实验显示，喂食高脂食物的小鼠，皮肤蛋白质发生了变化，内部产生了炎症，看上去显得肿胀。

⑨令人成瘾：研究显示，高糖食物会刺激多巴胺这种脑内化学物质释放，令人获得满足感并上瘾，吃了还想吃。

正因为许多垃圾食品具有味道好吃、价格便宜、包装精美、食用方便等特点。加之明星代言广告，家长做出“榜样”，所以儿童即使通过教育懂得垃圾食品的害处。但难以抵挡其诱惑力，仍会不断地购买食用，甚至长期大量进食各类垃圾食品。

为了自己及家人的健康，自己必须执行好健康饮食的原则，多吃粗粮而少吃精细，多吃蔬菜而少吃肉类。应多吃些碱性食物如蔬菜、水果、豆腐等，而少吃酸性食物如肉、鱼、酒、奶酪、柿子等。彻底改变自己不良的生活方式和饮食习惯，均衡膳食，补足水分，坚持运动，戒烟限酒，守护身体健康。

另外，各种污染问题不容忽视。如有研究认为，目前的铅污染问题的严重程度远超预估，世界上三分之一的 19 岁以下少年儿童的血铅含量达到或超过每分升 5 微克。这个数值是世界卫生组织和美国疾病控制与预防中心确定的应采取干预的临界值。

3. 人生最重要的5大财富

《史记》说，天下熙熙，皆为利来；天下攘攘，皆为利往。追逐名利与财富，几乎是古今中外的每一个世俗与势力之人都梦寐以求的目标。

有人高风亮节、心系众生、“鞠躬尽瘁，死而后已”，终将名垂千古、永世难忘。也有卖国求荣、贪赃枉法的无耻之徒，会一直遭到人们的唾弃。

中国古代的无数先贤们，更多的是不计较个人的得失与名利，以天下为己任，积极探索，努力前行，教化国民，安定天下。又以世界大同为使命，忧国忧民、扶贫济困、救助苍生。

中国抚恤苍生疾苦的慈善传统可追溯到西周时期，周王在中央行政官职中设立“司徒”一职，而当时在灾荒时期担负采取的社会救助的措施，被称为“荒政”。

《礼记·礼运》中说：“故人不独亲其亲，不独子其子，使老有所终，壮有所用，幼有所长，（矜）鳏寡孤独、废疾者皆有所养。”这句话的大概意思是，人们不能仅奉养自己的父母，也不能仅养育自己的孩子，而是要让天下的老年人都能安享其晚年，年老的鳏夫、年迈的寡妇、孤儿、无子老者、残疾人都能得到社会的关爱，这样才算“大同社会”。

宋代“先天下之忧而忧，后天下之乐而乐”的范仲淹，则在苏州创设“义庄”，置良田10余顷，将每年“所得租米，自远祖而下，诸房宗族，计共口数，供给衣食及婚嫁丧葬之用”。宋代的刘宰、黄震、真德秀等也都是中国古代著名的慈善家。历朝历代倍有贤明之人的善举，都一直为后世的人们所称颂。

但历代也不乏玩弄权术、投机取巧，甚至是强取豪夺、草菅人命，而获得大量财富之人。更有甚者，在掠夺大量不义之财后的比阔炫富，竟然能在一时之间内成为社会风尚。其中，最臭名昭著的典型事例，就是西晋时期的石崇与王恺争豪斗富的历史事件了，虽然他们早已湮没在历史的长河中，但却一直为后人所不耻。

所谓财富，就是指具有价值的东西，包括自然财富、精神财富等；现在人们已赋予人生财富更多的内容。人生财富最简单的概括就是物质财富和精神财富。有人认为人生有 3 大财富，分别是美好的生活、健康的身体、远见的卓识；或简单以为爱情、事业、健康。又有人认为人生有 4 大重要财富，即是健康、人际、精神、物质；或者是健康、信誉、朋友、权利。还有人认为人生有重要的 6 大财富，包括身体、知识、梦想、信念、自信、骨气。更有人总结出人生的 10 大财富，分别为积极的态度、健康的身体、和谐的人际关系、未来成功的希望、信念的力量、分享幸福的愿望、开放的内心、自我约束力、理解人的能力、经济保障。

那么，对芸芸众生来说，最重要的人生财富是什么呢？又如何由此实现个人的财富梦想，最终获得所谓的“财富自由”？因此，一个人应该努力具备这样重要的人生财富，首先，应该具备包括获得财富的必需的基础保障（如健康等），必需的前提条件（如人际关系等），必须具备的能力（如专注力等）；其次，才是通过个人的不断努力（如管理时间的价值等），并最终获得财富（如金钱等）。

为此，每个人都应高度重视并注意经营好自己人生中最重要的 5 大财富：①健康；②专注力；③人际关系；④时间管理；⑤金钱。

人生第 1 财富：健康。健康是指一个人在身体、精神和社会等方面都处于良好的状态。身体的良好状态包括两个方面：其一，主要器官无疾病，生理功能正常，身体形态发育较好，体型匀称；其二，能够适应环境变化，对疾病有较强的抵抗力。精神的良好状态，是指心理健康。心理健康的理想状态是能保持性格完好，智力正常，认识正确，情感适当，意志合理，态度积极，行为恰当，适应良好的状态。同时，在社会上的各种活动及交往中，能够较好与有效地处理各种关系，掌握原则，遵守规则，积极行动，获得成功。这就是健康的良好状态与表现。

爱默生曾说："健康是人生第一财富。"人生最大的财富莫过于健康，没有健康的身体，一切都是多余的，拥有健康的身体，何乐而不为呢？有时候拥有太多的人，往往会忘记自己拥有了什么，只有当这样东西失去的时候，才会发现，它是多么重要。健康不是你开心的唯一理由，但一定是你开心最大的动力。身体好，一切才有意义。

实际上，人们的健康与外部环境和生活方式、习惯是密切相关的。外部环境如空气、饮水、食品、声光等都会对人体有直接的影响。还应该高度重视的是，尤其是在幼年时期原生家庭的生活方式与习惯，甚至教养方式等，对成长中的一个人的身体和心理健康的影响是巨大的。如家庭中对腌制及油炸食品的青睐，父亲的烟酒嗜好，父母的感情不和等，都可能对身体、心理发育及性格形成造成不利影响。

心理健康的人会突出表现在工作、学习、生活和人际交往上，与他人能保持良好的沟通或配合，能较好地处理生活中发生的各种情况。但当人们心理失调时，就会出现人际关系障碍，使工作、学习、生活及社交不顺，就会产生不满、不快、委屈、气愤、烦恼、焦虑、自责、失望、过错感、失败感等负面情感，进一步又出现懒惰、失眠、腹胀、头昏脑涨、心悸无力等机体特定的器官功能不正常的相关症状。很多人为此就到医院检查，花费时间精力却检查结果正常，如果医生很草率地告诉你“一切检查正常，没事！”，你可能就真的要倒霉了。

因为，目前各级医院的某些医生存在医学知识过度专业细化，多学科知识掌握过度碎片化，加之工作量过度加大，问诊过度简单，甚至是对某些知识的缺乏或无知等。所以，面对一个特殊有机体的人而不能全面地思考判断，导致处理检查结果简单化。在现实社会中处于亚健康状态及心理异常的人群已经较常见了，作为医生应该给予就诊的患者更多的生活指导和精神安慰等治疗。

现在，许多年轻人普遍存在长期熬夜、工作及生活压力大的现象，这也会对人体健康造成明显的伤害。熬夜可能引起记忆力减退、免疫力下降及内分泌功能紊乱，并增加了心脑血管疾病的发病风险。

熬夜与精神压力大也是引起脱发、失眠的重要因素。“90”后青年脱发的新闻曾在朋友圈很火，他们背负理想与现实，扛着房贷和车贷的压力，尤其是在人才济济的大城市，立足谈何容易，一边积累本金，一边很快花完。面对强大的世俗观念，时刻都不敢停下脚步，压力山大，紧张、焦虑、失眠、脱发、白发，财富自由更多的是梦想，是传奇。因此，他们给出的人生 4 大目标：①头发浓密；②睡眠良好；③财富自由；④情绪稳定。

人的生命只有一次，来到这个世界上很不容易，身体是那么脆弱，健康又是多么重要。身体健康是人生中最大的财富。健康是 1，财富、地位、权力、名誉等都是后面的 0，当 1 没有了，后面再多的 0 也失去了意义。

多少人英年早逝，令人惋惜，这些人拥有金钱，拥有令人羡慕的社会地位，唯独不拥有健康，而最终变得一无所有。一个个鲜活生命的倒下，警示人们健康来自良好的生活习惯，健康也是在自己的掌握之中。

《圣经》马太福音中的一句话："人若赚得全世界，赔上自己的生命，又有什么益处呢？人还能拿什么换生命呢？"真正明白的人，都不会让自己的人生倒在金钱财富上，他们会合理地安排时间，重视健康，不会一味地去拼命挣钱，累了就会适当休息，倦了就不会想太多。而你如何才能觉悟到人生何其短呢？不要让金钱财富占据了你的全部生活，要好好珍惜健康，珍惜家庭，珍惜眼前拥有的一切，千万别等失去了再追悔莫及。

俗话说，人生在世，不如意的事十之八九，所以遗憾是人生的常态，没有必要太纠结。但很多人接受不了遗憾，而陷入失望、不满、埋怨、痛苦里无法自拔，对过去存在的问题、对父母与家人存在的不足总是耿耿于怀、牢骚满腹，常常出现负面的情绪与不良的心态，长期如此就不利于身体健康。那么，他们如何能学会调整好自己的心态，学会看淡过去的一切，学会不计较，学会爱自己，学会善待家人，让自己感受到生活的美好。因此，他们必须明白，人生本来就不是完美的，怎么可能会达到事事如意呢？

有关专家经过研究，得出了一个健康公式，健康 = 情绪稳定＋运动适量 + 饮食合理 + 休息科学。而疾病的公式，疾病 = 懒惰 + 嗜烟 + 嗜酒。一个人性格温和、意志坚强、合理饮食、控制烟酒、坚持运动，就可能收获健康，远离疾病。具有自我控制能力必须有意志力、专注力。

世界卫生组织（WHO）的报告认为，健康＝ 15% 遗传因素＋ 10% 社会因素＋ 8% 医疗条件＋ 7% 气候条件＋ 60% 生活方式（自我保健）。从中可以看出，单纯依靠医疗条件及保健品是不能够获得健康的，遗传因素、社会因素和气候条件对健康的影响也都是次要的。而最重要、最关键的是个人生活方式和自我保健意识，这才是获得健康的根本保证。

维持健康的 4 大基石：①合理饮食；②适量运动；③戒烟限酒；④心理

平衡。做到并坚守这4大基石，才是保证健康的基础。前面已较全面提到了饮食问题；锻炼身体也非常重要，要坚持每天适量运动，至少行走6000步，如身体条件许可，每天最好进行30分钟中等强度的运动。多坚持户外运动；适当接受阳光的照射，多到大自然中呼吸新鲜空气；要劳逸结合，规律工作、生活、休息，争取在晚上10～11时睡觉，在早晨6～7时起床；树立信心，保持乐观平和的情绪和积极进取的人生态度，就能收获健康。

从现在起积极行动起来，珍惜每一天，享受健康，更是享受快乐。

人生第2财富：专注力。专注力又称注意力，是指一个人专心于某一事物与活动时的心理状态。人的专注力受外界多方面因素的影响，专注力的缺陷，常常是许多学习差的学生的共同特点。

专注力是一切学习的基础，也是一切成功的基础。在孩子1～6岁时是训练专注力的最佳时期；在6～12岁时经过正确的方法仍然能培养良好的专注力；但当孩子大于12岁时训练良好的专注力就非常困难。

首先，孩子在出生后父母就主动对宝宝交流，在孩子牙牙学语时起父母就每晚捧起书本，在睡前给孩子读书、讲故事。对孩子来说，耳濡目染父母的言行，自然而然就能激发对学习的兴趣。

孩子从小就喜欢与父母在一起，特别喜欢在一起学习、一起散步、一起做家务。对孩子所做的一切，父母要及时给予解释、指导，并及时称赞、鼓励等。父母和孩子要共同做好每件事，包括学习、识字、阅读，才可能提高孩子的专注力。注意根据孩子的年龄情况，千万不要让孩子参与的学习、活动太多，持续进行的时间太长，以免分散孩子的专注力；更不要布置太多任务，也绝对不能有任何强迫性指令对待孩子，这样会严重影响孩子的学习兴趣。

其次，家长不可一下子给孩子买太多书籍和玩具，每次应不超过 2 ～ 3 本书和 2 ～ 3 个玩具。每次重点看 1 本书，玩 1 个玩具。看完书后，让孩子产生一定的印象，把原来的书放回原处，再看别的书。不可同时看几本书，否则也会分散孩子的专注力。

有一个小女孩，现在仅上小学二年级时就不愿意上学了，并且在课堂上注意力不集中，对学习失去了兴趣，“学习成绩”一般。究其原因，这个小女孩在 2 ～ 3 岁时智力表现非常好，于是家长就陆续给孩子报了很多学习班，如儿童早期智力开发、画画、舞蹈、跆拳道、钢琴、长笛、琵琶等学习班，目前正在少儿网络编程、英语、古琴等培训班学习。同时，父母每天都要按时上班工作，孩子就由没有多少文化、不懂教育的爷爷奶奶看护，他们未能引导孩子专心地学习。结果使孩子对各种学习班只是一阵子的新鲜感，没有针对某 1 ～ 2 门课程专心致志地学习下去，反而都是半途而废。

因此，就没有培养好孩子的专注力，并导致目前孩子的厌学现象。此阶段年龄的孩子专注力的培养仍是行之有效的，仍需要家长更多的陪伴和指导，和孩子一起制订一个学习计划，告诫孩子一定要按时完成好学校的学习任务，并尽量缩短孩子课外文化课学习的时间，而不是延长孩子的学习时间，必要时需要及时停止孩子的课外英语和古琴学习，要求孩子少看视频的时候，你也一定不要玩手机；要求孩子学习的时候，你也要与孩子在一起看书学习，并且一定要把手机关机。当然少儿网络编程是有助于专注力培养的，同时多陪伴孩子阅读儿童文学、古诗词等，并学会记忆背诵。对孩子的进步及时给予鼓励是有益的，在你积极地陪伴、提醒和监督下，孩子才可能成为学习的主人。

有关实验结果表明，专注力集中的时间，在游戏中 4 岁的幼儿可以持续进行 22 分钟，6 岁的幼儿能坚持 71 分钟。而在单纯完成任务的形式下，4 岁的幼儿只能坚持 17 分钟，6 岁的幼儿能坚持 62 分钟，因此提示，孩子在游戏活动中，其专注力集中程度和稳定性较强，在幼小的年龄阶段专注力持续时间较短。注意孩子的天性，要有计划、有目的、有目标地培养孩子，要随时随地引导孩子，凡是孩子能够做好的事情，就一定要让孩子能够在规定的时间内做好自己的事情。

最后，与孩子一起做喜欢的小游戏，从小培养孩子的专注力。

①看谁坚持的时间最长。选一个舒适的方式坐好，可播放一首轻柔的音乐，找几本合适的书本，分别放在爸爸、妈妈、孩子的头顶，静静地坐着，轻轻地呼吸，接着闭上眼睛，坚持大约 5 分钟。看谁的书本能坚持不掉下来，就获得胜利。要先说明：第一，书掉下来不要捡，可正好趁机锻炼孩子不为外物所动、波澜不惊的秉性和忍耐力；第二，书本提前掉下来的人要学一种小动物的叫声，如果掉下来又去捡的人要学两种小动物的叫声（也可以顶上 2 本书练习）。

②感受对方。爸爸、妈妈、孩子手拉着手围成一个圈子，告诉孩子体会爸爸或妈妈的细微动作。引导说明：第一，现在闭上眼睛，用耳朵听一听爸爸和妈妈的声音，有没有听到呼吸声？有没有听到别的声音？第二，用手或听诊器感受一下爸妈的细微动作，脉搏的搏动或心跳的心音等。

③在野外、公园游玩小憩时，舒服地坐着，深深地吸一口气，闭上眼睛。用耳朵去听外边的声音。引导提示：有没有听到风的声音？树叶的声音？鸟儿的叫声？远处的汽车的声音？等等。

④让孩子和你在一条直线上用猫步走路，即前脚跟贴着后脚尖走。不说话，看看谁走得又直又快；还可以头顶书本等行走。

⑤玩乒乓球干扰注意游戏。把球放在球拍上，训练注意力的高度集中，看护好球不能掉下来。你在旁边进行捣乱，但不能碰到他的身体，看看能否绕桌子走一圈。

⑥玩扑克游戏。任意取 3 张扑克牌，让孩子看着记住一张牌，然后把 3 张牌倒扣在桌子上，让孩子看着全过程，家长随意更换 3 张牌的位置。最后让孩子报出记住的那张牌的位置。引导说明：可以增加扑克牌的数量，加快变换扑克牌位置的速度，增加锻炼注意力的难度。

当然，还有找大小、异同及拼图，适合幼儿的许多考察注意力、观察力与记忆力的各种有益的文图游戏。

学生有良好的专注力就能取得较好的成绩。在工作中保持良好的专注力也依然是非常重要的，也是获得成功的基本保证。

现实生活中，有很多为理想为事业而奋斗的人，这其中，会有许多人因为遇到重重困难，很快就放弃了努力，自暴自弃，不再进取。有一部分人总是在离成功还有一步之遥时停止了脚步，他们面对挫折与困难，气馁了，放弃了，终究功亏一篑、功败垂成。而只有少部分人勇敢地面对失败与困难，在水穷山尽之处仍以坚强的毅力坚持着，以坚定的决心执着地继续往前走。他们坚信“再大的困难，方法总比困难多”。他们的专注与努力，让他们最终走上了成功之路。

历史和时代给过我们每一个人机遇，也许我们曾抓住了那点光亮，却无法改变必须经过的黑暗，才徒留悲伤和遗憾。人生的价值与意义，就在于青少年时期必然的负重而艰难地前行，专注而顽强地抗争，孜孜以求，绝不退却，才可能实现中年时期的辉煌和老年时期的安逸。

人生第 3 财富：人际关系。人际关系是人们工作与生活中的一个重要组成部分，如果没有良好、愉快、广泛的人际关系，即使有亿万财富也不足以缓解落寞的痛苦。

人际关系的基础是人与人之间的相互重视、相互支持，任何人都不会无缘无故地接纳我们、喜欢我们，别人喜欢我们往往是建立在我们喜欢他们并承认他们价值的前提下的。

著名的社会心理学家霍姆斯提出，人际交往在本质上是一个社会交换的过程。长期以来，人们忌讳将人际交往和交换联系起来，认为一谈交换，就很庸俗，大可不必有这样的想法。因为，人们在交往中总是交换着某些东西，包括物质、情感。

人们总会在心底自然而然地思量着，与每个人的交往对自己是否是值得的。倘若在交往中失去总是大于得到的人际关系，人们就会刻意地逃避、疏远，甚至终止这种关系。

重视并处理好人际关系，对你一生的影响是巨大的。因为，交往各类实在的朋友就是一种无形的财富。必须善于交往朋友，学会把握人际关系的能力，才能够助推你创业更顺利，让你更快地发展起来，并可能获得更大的成功。

毕加索刚出道的时候十分穷困潦倒，画出来的画好不容易托人代售，却被闲置在画廊一角，无人问津。画商肯定了他的作画潜力雄厚，亲自跑遍巴黎的画廊，故意装作很急的样子，对画廊展售人员说：“我有好几位顾客在找毕加索的画，你这里有没有？”画商一而再，再而三地用这种手段为毕加索的画造势。于是，毕加索的画渐渐地由滞销品变得奇货可居起来。

如果有一天，你在事业或者工作上遇到了麻烦和障碍，只是坐在那里唉声叹气是没有用的，有谁会无缘无故地去关怀一个怀才不遇，却又不主动作为的人呢？其实，只要我们平时积累人脉，利用好人际关系，关键人物的举手之劳就能够让你脱困。

有许多成功的名人，如果了解他们最初穷困潦倒的情景，你可能会吓一跳，不敢相信名人竟然也会有这么惨的时候。为什么他们前后的景况差别如此之大呢？说穿了，那就是最初还没有建立自己的人际关系，没有重视关键人物的作用。

不管卖的是技术、文字、脑力，或是体力，如果卖不开，自然无人能赏识你的才华。所以要多动脑筋，找到有效的“卖法”，对于你这个试图在社会上立足的人来说，是很重要的。关键是你要找出自己的优势，成为好的“卖点”，才能令人甘心情愿地付出代价去买。而你有一个怎样的“卖点”，自己一定要心知肚明，如果你是一个不愿努力进步的人，仅过度看重所谓朋友圈中的人际关系，又有谁会真心实意地对你呢？

要处理好人际关系，首先要学会真诚，以诚待人，以心交心，主动对人友好，主动表达善意，会令人产生好感，才能相互理解、接纳、信任，在感情上引起共鸣，使人际关系得到良好的发展。良好的人际关系又会让人体验到自由、快乐、无拘无束的感觉。其次是学会分享，当你愿意与朋友分享的东西越多时，你的收获就会越多。却不可以在朋友圈中炫耀自己，夸夸其谈，显示自己懂得多、有能力，甚至去攻击别人等，你为此得意的时候，就是别人讨厌你的时候。在朋友圈中要善于赞美别人，乐于帮助别人，懂得妥协。当别人不听你的建议，而按自己的意愿行事时，你能冷静与理性地消除你愤怒的“应激反应”，建立自己适应社会环境的一种健康的心态，就更是人际关系中的一种良好的合作行为，就更能使人和谐地相处。最后是学会包容，在现实生活中，由于每个人的性格、禀赋、生活背景及目的等各不相同，而产生思想上的一定隔阂，这是正常的，也是可以理解的。倘若你在工作和生活中，与几乎所有的人都合不来，那就不正常了。就要认真思考自身存在的问题，努力自我调整并加以改变。孔子也曾表达过“严于律己，宽以待人”的观点，若以苛刻斥责的态度对待别人，即使是好意，也容易招致他人的怨恨。如此一来反而无法达到目的，还可能遭受无端的困扰。

因此，维持良好的人际关系的关键在于宽容他人。第一，要处处多为他人着想，或注意以对方角度考虑问题，切忌一切以自我为中心。第二，要胸襟豁达，善于接受别人与自己的不一样，倾听别人的心声，借鉴不同的意见，理解、接受、信任、尊重他人。

要维持好人际关系，就必须先学会做人做事，学会做人就是要搞好人与人之间的关系，包括家人、亲人、朋友、同学、同事、邻居、其他相关人员等，更多地理解、关心、关注、爱护别人，常为对方着想。把自己的姿态放低一点，不要对人摆架子，不要过分计较一时的得失、利益，在别人有困难时要及时施以援手、雪中送炭。做一个包容、友爱、信任、诚恳、谦虚、温和、忍让的人。

学会做事就是不论遇到什么事，遭受什么挫折，都不要去责怪别人，也不要一个人默默承受，而是去思考、求帮助，努力学习，积极应对。不妨把这些困难与挫折当作黎明前的黑暗，只要能坚持下去，就能迎来胜利的曙光。

当然，能坚持下去，一切都会成功，但这只是属于少数人，因为其过程往往是艰难与痛苦的，让人难以坚持下去。生活中的很多烦恼和痛苦实际上是很容易解决的，有些事情只要你肯换种角度、换个心态，你就会有另外一番景象。有这样一句话说得好：如果事情无法改变，那就改变自己；如果无法说服他人，那就想办法说服自己。如果山过不来，那人就过去。

在社会上混得风生水起和被人高看一眼的人，有着良好而广泛的人际关系，在工作上得心应手，办起事来顺风顺水，在家庭生活中也达到了和和美美，这是一种人人都在努力追求的境界，相信许多人也能达到这样的做人做事的高度。实际上，只要你是一个善于反省与积极进步的人，并能不断地修正自身的缺点和错误，就能达到这样的境界。

生活中不会总是顺顺当当的，会不断地出现沟沟坎坎，会有烦恼、愤懑；也有开心、快乐，重要的是要善于调整及控制自己的情绪。特别是在愤愤不平的情绪即将爆发之际，有意识控制自己，在心底里强烈提醒自己要保持理性，自我暗示应“忍耐，别发火，发火会伤害身体”。尽可能自动撇开争论的主题，自动远离争论的环境，或自我安慰、转移做事等。甚至走出去，感受大自然的超脱、豪迈，让自己的思维在无边无垠的空间里漫游，平复情绪、放松心情、放飞思绪、思索美好。平时就多看看书吧，开拓自己的视野，健全自己的人格。

一位哲人说：人生的美好，就是人情的美好；人生的丰富，就是人际关系的丰富；人生的成功，就是人际沟通的成功。的确，我们生活中的烦恼和痛苦，主要是人际关系和人际沟通的烦恼和痛苦；我们生活中的快乐和幸福，主要是人际关系和人际沟通的快乐和幸福。因此，每个人都应该有自己的人生目标，有志向的人会努力提升自己人际关系的朋友圈。与优秀的人一起成长，或早或晚，总有一天能遇见更好的自己。人与人的差距，都是一点一滴地逐渐拉开的。

人生第 4 财富：时间管理。时间的概念是人类认识、归纳、描述自然的结果。时间是一种客观存在，时间对每个人都是公平的。泰戈尔曾说：“时间是无私的，也是无情的，它不为快乐的人、任务繁重的人有所延长，也不为痛苦的人、焦虑等待的人有所缩短。”

对于时间，我们一般人感觉最稀松平常，甚至稀松平常得让一些人没有时间的概念，一点也不觉时间的珍贵，每天混混沌沌，一生终将一事无成。他们从未努力过，从未做什么有意义的事，从未思考过自己来到这个世界上是如此的美好并有壮美的山林湖海的陪伴，更未曾仰望美妙的日月星辰的景象以及对浩瀚宇宙的遐想；他们从未有过眼睛放出光芒、心里怀着梦想，努力让自己及子孙后代都能活得有模有样；他们可能终生也不曾有过“光阴一去不复返”与“人生如此短促”的感叹，总是想着攫取，想着自己。

时间在悄然流失，年华在匆匆而过，时光无限荏苒，光阴不再重复，记忆永远成了昨天。高尔基说过：“世界上最快而又最慢、最长而又最短、最平凡而又最珍贵、最易被忽视而又最令人后悔的就是时间。”说得多么深刻啊！人生的悲哀归根结底是来自时间的不可逆转，世上没有第二次生命，不能重新开始、从头再来。那么，就需要我们充分地认识时间的重要性，需要管理和利用好时间。

想利用好时间，就必须先管理好时间。美国著名的管理学大师杜拉克曾说：“不能管理时间，便什么也不能管理。”在实际生活中，一般人是管理不了时间的，因为他们面对多姿多彩的社会生活，面对丰富多彩的网络世界，其专注力无时无刻不在被考验着。所以，只有那些有明确的个人奋斗目标，有坚强的意志，有高度的自律和胸怀大志的人，才能管理好时间，实际上管理好时间也是管理好自己。管理好时间就要做到积极对待、立即行动、按时完成。

美国作家戴维·艾伦在《Getting Thing Done（尽管去做无压力工作的艺术）》一书中提出了时间管理 11 条金律：①要和你的价值观相吻合；②设立明确的目标；③改变你的想法；④遵循 20∶80 定律：80% 的事情只

需要 20% 的努力，而 20% 的事情是值得做的，应当享有优先权，因此，要善于区分这 20% 的有价值的事情；⑤安排“不被干扰”的时间；⑥严格规定完成期限；⑦做好时间日志；⑧理解时间大于金钱：一定要抓住一切机会向顶尖人士学习，一个人花了 40 年时间获得成功，你跟 10 个这样的人交往，你不是就浓缩了 400 年的经验；⑨学会列清单；⑩同一类的事情最好一次把它做完；⑪每一分钟每一秒做最有效率的事情。

各类人群都存在着相应的零碎时间、剩余时间等，通过某种手段和某些途径，利用好这段时间，从而获得个人的成功。或通过替别人完成某些任务，获得报酬或某些利益等。著名数学家华罗庚说过：“成功的人无一不是利用时间的能手。”

大科学家爱因斯坦的成才途径是艰难的。在大学毕业后，尽管他想当一名物理学家，由于是犹太人，他只能做一个邮政局的小职员。但艰难的生活和工作条件，并没有动摇他攀登科学高峰的决心。他将一天 8 小时的工作在 4 小时内干完，其他的时间就用来进行学习和研究。他没有名师指导，只能在条件艰苦的情况下，靠他的毅力和信念，抓紧一分一秒的时间，勤奋学习和刻苦钻研，在他 26 岁那年，终于在几个方面同时取得了伟大的成就。

在 1955 年，76 岁的爱因斯坦病倒了，有位老朋友来看他，问他想要什么东西，而他想要的唯一的东西是“时间”。他说：“我只希望还有几个小时的时间，让我能把一些稿子整理好。”爱因斯坦的病稍有好转，他就夜以继日地工作与死神作斗争。在去世的前几天，他还完成了一部著作。在临终前几小时，他还叫身边的亲人去休息，他说：“我还需要在这里做我的事。”

目前许多人也善于利用自己的零碎时间和剩余时间做业余写作、创意设计、家教、打零工、网上开店等，甚至网上也有众多公开“买卖时间”的信息，如帮助找律师、找医生、修水管、汽车保养、陪逛街、陪打球、陪聊天、做翻译、家政服务等。

商业模式的时间利用和时间出售又是怎样的呢？当然只有把同一份时间出售或利用很多次，越多越好，就能获得巨大的回报或利益。有人将商业模式的时间利用分为 3 个层次：

①最低层次：就是一份时间出售一次，如普遍存在只在一个单位做一份工作的工薪阶层。其中大部分人的一生都是如此；但一部分人有很大的区别，在出售一份时间换取薪水的同时，充分利用这个平台不断学习，不断成长，不断提升。

②高级层次：是同一份时间出售或利用很多次，如制作唱片、动漫、游戏、音乐、线上教程、书籍出版等。而你的产品必须是消费者心里真正需要的，即所谓的刚需。倘若出版书籍成为满足广大受众需求的畅销书和销售经久不衰的长销书，就能切实体现时间出售的价值。

③最高级层次：就是购买他人的时间，再售出去，如创业和投资等。

一些人身价特别高，工作价值非常大，那么他个人的时间价值就特别贵。我们作为一个普普通通的人，可能我们一天的时间根本就不值什么钱，因此我们的时间价值也会比较低。你的个人价值，由你的层次和单位时间内的价值决定，决定了别人对你的付出所给的报酬，也决定了别人对你的看法、评价、定位和态度。如果你没有任何的技能，如果你没有任何思想和认识的提升，可能到了明年还是和今年一样的情况，你的时间价值还是非常低，长此以往更会退步。所以，你怎样的认识、怎样的作为决定了你的自身价值，也决定了你的时间价值。

英国博物学家、教育家赫胥黎说过：“时间最不偏私，给任何人都是 24

小时；时间也是偏私，给任何人都不是 24 小时。”美国大发明家爱迪生一生忘我的工作，成了有 2000 多项发明的发明大王。当他在 79 岁生日时自豪地宣布：“按常人的工作量计算，我已经 135 岁了。”

“一寸光阴一寸金，寸金难买寸光阴”的道理人人都懂。但现在各行各业的许多人，包括各类在校的学生，仍然没有充分而有效地利用时间，没有做到专心致志地学习、工作、思考，每天都在重复往日的“故事”（指所做的事情），如果你从小时候起就一直如此，那么可能一辈子都没有太大出息；如果你大学毕业后就如此下去，那么也只能是原地踏步而停止了进步，很可能不会有太大的作为。因此，只有你去树立自己的人生目标，管理和利用好时间，处理和利用好人际关系，并一直专注于某一项事业，勤奋学习，努力工作，才可能取得较大的成绩，甚至会取得使自己都惊讶的成就。

人生第 5 财富：金钱。人生的价值是什么，最简单的回答是 2 个字：名、利。金钱之所以成为人生的一大财富，因为它也是人们生活与生存的物质基础。虽然人不是绝对为钱而生活、生存的，但如果人缺少金钱就可能生活不好，生存质量也会下降。甚至可以说金钱是幸福生活的必要条件，但金钱并不等于幸福，它不是幸福生活的唯一条件，因为人们不能没有精神生活。而物质生活丰富却精神生活空虚的人，也很难有真正的幸福。

在现实社会中，每个成年人与每个家庭都必须有钱，不论是钱多或钱少。如果没有钱，你将举步维艰，难以生存。因为，在成年人的感情里，处处都需要钱，需要维持自己的生活乃至负担家庭，需要孝敬父母，需要供养孩子，需要应酬朋友，等等。如果你没有钱，那是怎样的窘迫和悲哀。

“君子爱财，取之有道。”钱是人们乐于获取的好东西，它给我们生活带来很多便利之处，不但使家庭富裕，使国家强大，而且还能促进经济发展，推动社会进步。古语说：“富足而知耻辱”，如果一个人衣衫褴褛，连饭都吃不上，甚至随时生命不保，又如何能去谈人生的美好、社会的文明和国家的发展呢？

当然，如果你通过努力学习，刻苦钻研，取得了辉煌的成就，或吃苦耐劳、积极经营，获得了巨大的成功，就可能得到大量的金钱回报。由此，你实现了财富自由的目标，就能实现生活自主和时间自由的愿望，就能过上美好幸福又轻松惬意的高品质生活。

虽然你的生活优越感本身的确可以提高生活水平，但如果你不断过分地追求生活优越感又会降低自己的幸福指数，增加自己的工作与精神压力。当然，时间会使一个人不断地成熟，也会适当地调整自己的行为，缓解自己的承受力。

古往今来，由于每个人的价值观不同，对待金钱的态度便不同，导致的结果也迥然不同。在金钱面前有许许多多的人谱写了一首首人生正气之歌，他们视金钱如粪土，不为世上任何浮华的名利所改变；又有数不胜数的人上演了一幕幕的人间悲剧，他们把金钱看作生命，贪得无厌，最后身败名裂，甚至家破人亡。

东晋后期的著名诗人、文学家陶渊明淡泊功名、为官清正，不愿与腐败的官场同流合污，不愿弯腰行礼、屈身于人，多次辞职，归隐乡间。他曾感叹“吾不能为五斗米折腰，拳拳事乡里小人邪！”他的著名散文《桃花源记》《五柳先生传》等，表达了返璞归真、高远脱俗的志向，对美好的未来充满了向往。他不趋炎附势，保持善良纯真的本性。他的精神和他的作品历经千年一直被世人传颂。而清朝的和珅几乎成了贪官的代名词，最后一幅白绫了结了他的一生，而他的财产也成了皇帝和皇室成员的私帑。

现在有的人把追求金钱作为人生的唯一目标，视金钱高于一切，用金钱衡量一切，坠入拜金主义的泥潭。有的人把思想、道德、良知与人间一切真情都抛到一边，利用特殊行业与专业之便，表面上冠冕堂皇、衣冠楚楚，说辞时巧舌如簧、满口仁义，实际上为了捞钱总是不择手段。更有层出不穷、不胜枚举的贪官污吏欲壑难填，利用职务之便，为了更多的金钱一次次贪赃枉法。

古语云："德者，本也；财者，末也。""德不配位，必有灾殃。"但现在社会上很多人急功近利，甚至本末倒置，不管自己是否有修为、德行，是否是千金人物，只是千方百计地去追求拥有千金。为此，就会利用职务或职业上的便利，想方设法获取不正当的利益，梦寐以求成为有钱人，结果就可能为自己和家人招来灾祸。也有些人活在虚幻财富的理想中，不免会产生嫉妒之心、仇富之心。

千金人物必有享受千金的气魄和容量，也必有享受千金的德行福报，常怀感恩之心、敬畏之心、怜悯之心、仁爱之心、济人之心，是以立于社会、报效国家、顾虑民众，他们有千金财富的积累，更拥有厚德载物的担当。

在中国古代，有一个相当于县官（任职为法曹参军）的人，秉公行事，一心为民，得罪了一些人，他们就诋毁他、骂他，但他不为所惧、不动声色。虽然承受着别人的侮辱，但仍继续承担起自己的责任，他的辖内百姓安居乐业，他受到了百姓的爱戴。后来不断升迁，先后做了大理丞、刺史、巡抚，他仍兢兢业业做事，处理事情一丝不苟，各项工作抓得井井有条。他刚直不阿，打击恶霸，激励良善，仍对别人的玷污、诽谤置之不理。因为他廉洁奉公、执法严明，皇帝就不断地给他加官晋爵。

对于他的不断升迁，在上朝时甚至遭到了同僚们的当众非议和蔑视，他还是对此宠辱不惊。低调做人，积极做事，事必躬亲，最后做到了宰相的位置。在讨伐突厥时措施得力，身体力行，很快使北方区域恢复了稳定，也得到了皇帝的赏识和他人的佩服。皇帝又赠为文昌右相，后谥曰文惠，追封为梁国公。他福德深厚，胸怀广阔，凡事都能容得下。他就是千古名相——狄仁杰。

你的人生态度，你的能力和专业特长，也是你的人生财富。因为在目前社会快速发展、知识大爆炸的时代，你要学会思考，积极行动，积蓄力量，迎接挑战。无论你从事什么工作，都要从中学到应有的行业技能，无论你成功与失败，都值得去积极地尝试，而绝不能轻易退缩，要坚持努力地走下去，这也是人生的经历和精彩之处，或许在不经意间你获得了成功，生活只有这样，才会变得更有意义，或许会变得更好。

你一定要明白，金钱的积累可能是从“每一个硬币”开始的，聪明的人绝不会因为钱小而弃之。任何一种成功都是从一点一滴积累起来的。只有抓住每一个细小的机会，脚踏实地做好眼下的工作，才能为自己的前程打下坚实的基础。而绝不可这山望着那山高，心高气傲、好高骛远，平白无故地失去工作机会和宝贵的时间。必须工作，才能得到报酬。努力做好工作，才能获得成功。坚持下去，成功可能就会在不知不觉中自然而然地到来。

实际上，在世界各处都有许多有才华的穷人，在很多情况下，他们只能挣到低于他们预期的钱。他们之所以贫穷或财务困难，不是在于他们已知的东西，而是因为他们未知的东西。他们只将注意力集中在过去的专长上，并在很多方面一知半解，不求上进；他们没有继续不断地学习，没有做到终身成长；他们没有与时俱进，没有学好其他专长，没有别的甚至更多的谋生之道；他们没有把握好人生道路的方向，“方向不对，一切白费”。

著名 IT 专家及作家吴军老师说：“很多时候，成败与否取决于见识的高低，而不是自己简单的努力；见识的高低，则取决于我们的环境。活得诸事不顺的人都有三个共同的问题：缺乏见识、缺乏爱、缺乏规矩。这是比缺钱更可怕的事情。没有钱，有一辈子的机会能够获得，而缺乏这三样东西，后天再想获得就非常难了。

第四章　培养兴趣，实现超越

培养孩子的阅读习惯、专注力及广泛的学习兴趣，促使孩子全面的发展。若孩子小时候未养成阅读习惯是很吃亏的，这种吃亏有可能他们一辈子都弄不明白。

1. 学龄前养成阅读习惯

学龄前养成教育的好处是无可厚非与不言而喻的。古今中外的实例不胜枚举。众多卓有成效的名人在幼年时期受到良好的家庭教育，也是他们日后成才的一个重要原因。

如德国大诗人、剧作家歌德的成才，就得益于家庭的早期教育。在歌德 2 ～ 3 岁时，父亲就抱他到郊外野游，观察大自然，培养歌德的观察能力。3 ～ 4 岁时，父亲教他唱歌、背歌谣、讲童话故事，并有意让他在众人面前讲演，培养他的口语能力。这些有意识的教育，使歌德从小就乐观向上、乐于思考、善于学习。歌德 8 岁时就能用法、德、英、意大利、拉丁、希腊语阅读各种书籍，14 岁写剧本，25 岁时用一个多月的时间写成了闻名于欧洲的诗歌《少年维特的烦恼》。

又如中国古代以“父子书法家”著称的王羲之、王献之，从幼年时就坚持练习书法，终成千百年来最受推崇的书法大家。

反之，一个即使在幼年就很聪慧的孩子，若得不到相应的教育，也会变成平庸之辈，最典型的一例莫过于宋代王安石记述《伤仲永》文中的方仲永。

在一个祖祖辈辈都是种田人的家庭里，出了一个天才 —— 方仲永。方仲永聪明绝顶，他 5 岁就能作诗。无论什么样的题目都能出口成章，而且内容深刻雅致，文采绚丽多彩，一时被乡人传为奇事。但他的父母只见眼前有利可图，放弃了让方仲永上学读书，继续学习的机会，后来他的才思每况愈下，到 20 岁的时候，他的才华就全部消失了，沦落为一个平庸之辈。

这事告诫人们，人在幼年时期得不到良好的家庭教育很可能会影响智力的发展；即使是神童和天才，如果没有适时的教育和不断努力，也不能真正成才，甚至堕落为庸人；一个人如果光靠天赋而不靠后天的努力是难以成才的。

那么，人的幼年时期得不到适当的家庭教育又会对智力发展有怎样的影响呢？如印度的“狼孩”卡玛拉，从小被狼叼去，8 岁时被人发现，但其生活习惯已与人两样，而几乎与狼一样，四肢爬行，吃生肉，昼伏夜行。后来经过人为的训练，两年后才能站立，四年内学会了 6 个单词，六年后可以像人一样行走，在他 17 岁时，其智力水平仅达到了 3 岁孩子的水平。

余秋雨曾说过：“阅读的最大理由是想摆脱平庸，早一天就多一份人生的精彩，迟一天就多一天平庸的困扰。”成功的种子无论落入沃土还是瓦砾中，总会以顽强的生命力发芽成长。

培养孩子的阅读习惯应从多大开始呢？许多人认为从 2 岁开始。实际上在孩子出生后学习、识字、阅读是一个循序渐进的过程。

在孩子出生前的胎教及出生后妈妈对宝宝说的话，都能潜意识地促进孩子语言发育。一般来说，在孩子 6 个月的时候，父母就可以把孩子抱在身边，一起进行亲子阅读了，给孩子讲绘图的故事听，或跟孩子一起学习字义观念。

早期当孩子通过反复看一个字，加上听父母读这个字的音，再适当慢慢地说出这个字的意义，不要担心孩子对此的反应如何。因为，中国这个独一无二的、最美的、最简洁发音的方块字或象形文字，是最适合宝宝早教的文字，经过这样反复地听和看，会在懵懂的意象里留下烙印。

也可以在孩子睡觉前阅读、讲故事，要慢慢地阅读，每次大约 10 分钟，并随着孩子的成长逐渐延长阅读时间到 20 分钟左右。

在孩子 1 岁左右能走步、会说话后，就与孩子一起，在家中设置一个图书角，有条件的可以布置一个适合孩子的温馨的书房，孩子看到许多彩色图片、书本、图书等，书房里播放着低音的轻音乐，会是一种享受，增强求知学习的欲望。孩子的这个时期，就是正式开始识字、学习、阅读的时机。这样的家庭书房也是孩子读书、识字的最佳场所。

每天与孩子读书、看图识字，在慢慢读的时候，用“手指跟读”的方法，一字一句地读给孩子听，在故事情境中建立字形与内容的联系，让孩子建立对汉字的初步认识非常重要。初期妈妈或爸爸指着读，逐渐地由孩子指着，妈妈或爸爸来读，孩子指到哪儿，妈妈或爸爸就读到哪儿，慢慢地让孩子理解文字的作用。

每次重点教给孩子 1 ～ 2 个字即可，不能每次都增加，不能拖拉时间，注意避免长时间学习使孩子疲劳，并会产生学习厌倦等。

注意给孩子选择较好的适合孩子每一成长时期的识字工具书，这事非常重要，可以省去家长为孩子识字编排情节与找字的麻烦。同时，还能利用大量的识字卡在游戏中保持孩子的识字乐趣。

当父母与孩子一起进行阅读时，孩子对绘本图形的概念学习效果，比跟父母外出在路上看到的实际情景要快，因为绘本上有故事情节，能带给孩子更多的知识背景，也会让故事概念变得更容易储存。

父母教孩子学习、识字、阅读是一个长期的循序渐进的过程，对孩子的一点点进步，父母最好及时表扬、鼓励，使孩子有成就感，并能提高学习的积极性，促进不断地学习。但一定要避免填鸭式一下子学得太多，接受不了，打击孩子的学习积极性，更不能以强迫的方式让孩子学习、阅读，或用任何消极语言和行为对待孩子，如“你怎么还没有学会？”“你反应那么慢或记忆那么差？”以及表现出不高兴、不耐烦等，否则，会使孩子产生反感学习，甚至厌学的不良后果。

著名教育家苏霍姆林斯基在《给教师的一百条建议》一书中说：“成功的欢乐是一种巨大的情绪力量，它可以促进儿童好好学习的愿望。请你注意无论如何不要使这种内在的力量消失。缺少这种力量，教育上的任何巧妙措施都是无济于事的。”

对孩子要坚持每天都要学习，尽量不要间断。如果出现孩子不听话的现象，要注意适当缩短学习时间，更换孩子喜爱的形式及内容，注意带孩子外出学习，如道路两旁的路标、广告牌、门牌字号等。适当学习通俗易懂、朗朗上口的诗词，如《咏鹅》《春晓》《悯农》等。特别注意要常与孩子一起说话、聊天，教给孩子文明礼仪和一些做人、做事的道理。

在孩子3～4岁时就可以陪着春天踏青，夏天看虫，秋天采果，冬天观雪，采撷书本中美文诗词，在情景交融中，快乐学习，增强记忆，利于阅读背诵。孩子4～5岁时还要走向名山大川，领略大自然风光；观赏世界级的建筑风貌，开阔眼界，感受人类文明。

孩子有家庭的温暖、父母的陪伴，经过坚持不懈的学习与阅读，扩大了阅读量，领略了阅读乐趣，增长了学识才气，养成了良好的自我阅读习惯，孩子会在每天更多的时间里阅读自己喜欢的各种书籍。当然，要让孩子爱读书，父母要先做读书人，父母一定不要放弃自己的不断学习、自我成长，才能成为孩子的榜样，也是孩子不断进步的动力。如果连你都不能在书桌前静坐半小时，又如何要求孩子每天从早到晚坚持长达五六个小时的学习及阅读呢？

为了提高孩子的阅读兴趣，教孩子阅读的形式和内容可以是多种多样的，但不要要求孩子做到完全能理解。在孩子出现阅读疲劳时，可以学习趣味语文，学习古诗文及成语典故故事，学习中国民间故事及寓言故事，学习有趣的“绕口令”如“粉红墙上画凤凰，红凤凰、粉凤凰，粉红凤凰花凤凰”等；学习“颠倒歌”，如“东西路，南北走，出门遇到人咬狗，拿起狗来砸砖头，又怕砖头咬了手……”；学习“稀奇歌”，如“稀奇稀奇真稀奇，麻雀踩死老母鸡，蚂蚁身长三尺六，八十岁的老头睡在摇篮里”；学习“环形诗”，如“赏花归去马如飞，去马如飞酒力微，酒力微醒时已暮，醒时已暮赏花归”；学习与背诵《三字经》《千字文》《弟子规》全部或部分内容；并不断增加学习、背诵古诗词，学习诗词“飞花令”等；学习与讲解文学、历史奇人、趣事等，以提高孩子的阅读兴趣。

在孩子的养成教育形成的过程中，关键是父母的陪伴、家庭和睦及父母的自律。父母要注意营造温馨友爱、彼此尊重的家庭氛围，注意尊重、理解、接纳和引导孩子。当孩子对于爱和陪伴的需求得到满足时，孩子才能感到内心的充盈而显示出外表的阳光。只有父母做到高质量的陪伴，才能帮助孩子形成健康的心理和健全的人格。

如果父母做事没有耐心，行事虎头蛇尾，或者教育孩子三天打鱼、两天晒网，那样就会使孩子的学习道路受到阻碍。如果出现父母不能自律，不求上进，更不能克制自己，把太多时间用来玩游戏、看剧、刷视频，就可能会出现家庭不和睦，发生矛盾、争吵，就可能使孩子的养成教育半途而废，甚至是前功尽弃。

明代著名的思想家、哲学家、教育家、军事家、书法家王阳明，在他的家训中就告诫后代要节制。其中就有一条："节饮食、戒游戏。"节饮食，才能获得健康，活得自在；戒游戏，则是为了立志。

曾在微博上有过一个"90后离婚的100个理由"的话题，理由很多，却都是各种各样的小事：如老公成天在家打游戏，婚前我明明是个小公主，婚后又得出去挣钱又要回家当保姆；如一个不思进取懒得奋斗，一个事业心重想要更好的；如我太懒了，不想为对方改变；如仅仅是想想生日、纪念日、节日送她什么礼物就够头疼了……罗振宇老师认为：夫妻双方成长不同步，也是离婚的重要原因之一。

三毛曾经说过："爱情若是不落实到穿衣、吃饭、睡觉、数钱这些实实在在的生活中去，是不会长久的。"婚姻更是如此。没有那么多花前月下，耳鬓厮磨的浪漫，更多是和柴米油盐相关的小事。当初说好的一辈子，在日复一日的鸡毛琐碎中早已模糊，于是便有人说，原来婚姻真的是爱情的坟墓。如果孩子生在这样的家庭，父母又怎么能担当好孩子的家庭教育的重任呢？

世界卫生组织曾统计过，世界上 90% 的病都是由情绪引起的。因此，值得注意的是父母感情不好，经常吵架打架，婆媳关系紧张，家里矛盾不断，这些不仅影响孩子的学习，而且也影响孩子的体质，也都是孩子发病的重要因素。当孩子长期处于情绪状态不稳定的家庭气场中，又怎能不生病呢？

中医上也有这样的说法，孩子如果脾胃有问题，有抽动症，或是身体出现各种各样的逆乱，大多与情绪失常相关。

著名心理学家武志红说："孩子就是父母情绪的接收器，当父母不安时，孩子就会立即警觉；当父母放松时，孩子立即感到愉悦。"当心别让你的垃圾情绪，流入孩子的身体里。家庭是孩子的第一个课堂，父母是孩子的第一任老师。除了知识以外，孩子学到的绝大多数东西都来源于家庭与父母。

研究发现：父母越守时，孩子越会遵守纪律；父母越严格，孩子成绩越优秀；父母一直陪伴，孩子幸福感就越强。所以有人说：没有教不好的孩子，只有教不好的父母。教育孩子不能图省事，更不能怕麻烦，永远牢记父母才是孩子最好的老师。老师保证不了孩子的好习惯，但只要父母拥有好的习惯，孩子就会模仿。老师保证不了你孩子的好品行，但只要你的家庭有好的教育，父母给孩子好的教养，孩子就可能拥有良好的品格。

父母还要经常陪孩子逛逛书店、图书馆，感受文化学习的氛围和气息，或在网店上帮助孩子买喜欢的纸质书，让孩子读纸质书会感觉书香，读书的效果会更好。

"我要赚钱养活一家子，哪有那么多时间管孩子？"那些觉得赚钱最重要的父母，把所有的时间与精力都贡献给工作或生意上，以至于一次次缺席孩子的成长。等到孩子教育失败了，才真正醒悟：在教育孩子的路上，最不该偷懒的是父母，最不该放养的是孩子。李嘉诚曾说：任何事业的成功，都弥补不了教育孩子的失败。教育孩子是父母一生的事业，孩子教育的成功，是父母事业上最大的成功。

任何职业角色都可被替代，唯独父母角色无可替代。父亲决定了孩子的人生格局，母亲决定了孩子的人性温度，老师决定了孩子的学习态度。你的孩子，只是老师众多学生中的一个，可你不一样，你就是孩子世界里的唯一。教育好一个孩子，是由家庭、学校、社会共同完成的，但在这三者当中，家庭教育又是关键的基础，特别是在孩子的幼年时期，更是他早期的品德、习惯、人生兴趣、幸福感养成教育最重要的地方。

父母的离婚与长期离开，对孩子的成长显然是不利的。但无论是怎样的缘由，也应该经常与孩子视频对话，并及时问候、安慰和鼓励孩子。即便是离婚了，也要在孩子的居室内放上父母的照片，让孩子天天能够看到“爸爸”或“妈妈”。并尽量经常地让孩子能见到父母本人，得到父母双方的关爱，以减少孩子心理与性格的缺陷。若在孩子幼小时离婚又很快建立了新的家庭则另当别论。

培根说过：“读史使人明智，读诗使人灵秀，数学使人周密，科学使人深刻，伦理学使人庄重，逻辑修辞使人善辩，凡有所学，皆成性格。”让孩子学会阅读，多读书，读好书，阅读能让孩子看到不一样的风景，学到需要的知识，增长见识和涵养，构建更广阔的精神世界，获得更深层次的快乐。

所有的阅读，最终都会变成一种教育，融入孩子的骨血里。不管孩子平时的生活有多有趣，如果不去读一些美好的、有趣的和珍贵的书，他们的童年必定会有所缺失，是任何其他教育都无法弥补的。同时，孩子一个人阅读的质量和效果，远远比不上有父母的陪伴阅读。每个家庭都是最好的课堂，父母在家多读书，营造好学上进的氛围，孩子自然会向父母看齐。因此，孩子早期学会阅读会受益终身。将迎来的小学生的生活，孩子也将能做得更好、更出色。

2. 培养孩子的广泛兴趣

当今世界，技术革命方兴未艾，人工智能、互联网5G、新能源、海洋及生物技术等新技术革命迅猛地推进。不仅带来了人类生活方式的现代化，还引发了人的观念和思维方式的更新。那么，就要求未来社会的每一个成员都应有知识、有技能，才能适应社会的伟大变革。

一个人从刚出生起就面临着各种挑战。早期的家庭教育形成良好的习惯，决定孩子的一生；投资孩子的未来，应该是每位父母必须做好的事业。所有的孩子都是一颗等待破土的种子，所有的父母都应该是一位善于浇灌的花农。给孩子提供肥沃的土地，为孩子浇灌成长的养分，根据孩子的特点选择何种合适的培养方式，然后静待花开、结出硕果。

随着孩子的慢慢长大，指导孩子学好文化课的同时，也要让孩子在闲暇时间里学习人文、艺术、体育、科技等科目，既能使孩子更多地认识社会、结识朋友、培养爱好，也增进孩子与他人的情感，学会处理好人际关系。关键是需要培养孩子有广泛的兴趣，能让孩子拓宽视野、增长见识、适应社会、充满自信。

适合孩子学习的科目很多，科技类的科目有网络编程、航模、机器人、天文、气象、生物、地质、化学、数学等；文艺类科目有外语、朗读、语言、小主持人演讲、游艺、声乐、器乐、美术、书法、摄影、陶艺等；体育类项目有球类如乒乓球，游泳，技巧，体操，武术如跆拳道、散打，舞蹈，棋艺如围棋、国际象棋、中国象棋等。

家长要根据孩子的年龄、性别、爱好等方面，分别选择 2 ～ 3 个科目学习，对于孩子喜欢又有发展潜力的科目，就应引导孩子坚持学习下去。当然，在孩子日益学习任务较重的现实情况下，应注意某些运动项目的学习很重要，如男孩子学习跆拳道，女孩子学习舞蹈科目，当然男、女孩子都可以学习跆拳道或舞蹈等，以保证孩子有健康的体魄。

惜时之道，贵能早起。父母要陪伴孩子每天晚上及时上床睡觉，早晨按时起床，最好不要睡懒觉。起床后快速洗漱完毕，适当喝水后再带着孩子跑步 10 ～ 15 分钟，在孩子跑步中可教孩子学习及默记古诗词、文学佳句、外语单词等。

并且，让孩子养成午饭后午间睡眠休息的习惯，哪怕只有 10 ～ 20 分钟，哪怕只是短暂的闭目养神，不去想任何问题，只是静静地躺着一会儿，也是非常有必要的。这样可以保证孩子的下午学习效果，特别到了上中学以后的学业较重的学习阶段，更是尤为重要。孩子在上学、放学来回的路途中，可以默记外语单词或数学公式，并及时回顾、复习学过的内容，有利于加强记忆。

重视提前预习功课，及时消化吸收课堂学习内容，要做到思考理解、深刻记忆，并完成好课后练习、作业。如果孩子在家庭中养成教育已有了好习惯，已是一个会掌控利用时间的高手，能充分地安排和利用时间，就能达到事半功倍的效果，对提高学习成绩也很有帮助，特别是孩子主要在学校里文化课学习的任务，更能很好地、扎实地完成，甚至是达到高质量的学习。那么这样在各种考试中，又怎能考不出好成绩呢？我儿子当年就曾经在中学生升学考试中，获得了全市文化课考试第一名的好成绩，并在后来考入全国一流的大学。

孩子的美育教育，能陶冶孩子愉快、舒畅、高尚、奋进的情操，激发孩子积极向上的情感。要引导孩子有一颗美好的心灵，要发展孩子的审美能力，要教育孩子从小就能分清真、善、美与假、丑、恶，还要培养和发扬孩子创造美的能力。

孩子的体育教育，伟大的教育家蔡元培先生曾提出“完全人格，首在体育”。孩子进行适当的体育锻炼十分重要，可促进孩子的生长和发育，提高身体机能，调节人体情绪，增强机体的适应能力。

体育锻炼内容丰富多彩，根据孩子的年龄和喜好选择适当的项目，少儿体育不仅包括跑步有关的体力运动，也包括少儿围棋、象棋等脑力劳动。一般建议孩子玩游戏，每天不超过 30 分钟，并建议孩子不要用手机、玩手机。

锻炼孩子的肺活量：此项锻炼非常重要，总体而言，体育锻炼是增强肺活量最好的方法。一般来说，身体越强壮，肺活量就越大，它与最大吸气量存在很高的相关性，并常用作评价人体素质的重要指标。

人体的各器官、系统、组织、细胞每时每刻都在消耗氧，机体只有在氧供应充足的情况下，才能正常工作。人体内部的氧供给全部靠肺的呼吸来获得，在呼吸过程中，肺不仅要摄入氧气，还要将体内代谢出的二氧化碳排出。可以说，肺是机体气体交换的中转站，这个中转站的容积大小直接决定着每次呼吸气体的量。这是检测肺功能的最直观、最客观的指标。

若肺气量小，在一旦机体需要大量消耗氧的情况，如长时间学习、工作、剧烈运动后，就容易出现氧供给的严重不足，从而导致不适如头痛、头晕、精神萎靡、注意力不集中、记忆力下降、失眠等，又会进一步影响学习、工作及身体健康。

增强肺活量较好的运动项目如跑步、爬山、游泳、体操、打篮球、踢足球、做俯卧撑等，唱歌也是一种增强肺活量的好方法。

平时容易做到的增强肺活量的简易活动：①扩胸运动：每天两次扩胸和胸部伸展动作各 50 次，最好每天起床后和临睡前进行；或左右、上下、前后用力拉推伸展动作 50 次，同时做伸懒腰活动及颈椎活动 10 次。②挺起胸膛：长期坚持抬头挺胸直腰的正确姿势，肺活量可增加 5% ～ 20%，而身体各组织所获得的氧气量也随之增加。③水中漫步：如不会游泳则可在水中漫步，水深最好在腰部，快速行走 15 分钟，休息 5 分钟；再快走 10 分钟，休息 5 分钟；再快走 15 分钟结束。坚持每周练习至少两次。

此外，注意防止空气污染、烟雾对肺部的损害，预防感冒等的影响。

孩子的情商教育，情商又称为情绪智力（简称 EQ），主要指人的情绪、情感、意志、耐受挫折等方面的品质。情商是近几十年来心理学家们提出的与智商相对应的概念。心理学家认为，智商与情商在获得成功重要性的占比，智商仅为 20%，而情商却高达 80%。

一个情商高的人会较好地管控自己的情绪，同时会理解他人的情绪，会常常激励自己和赞美他人。在遭遇挫折、陷入低潮的时候，会得到他人的帮助，并通过自己的努力，可能会变得更好。

哈佛大学心理学博士，心理学终身成就奖获得者丹尼尔·戈尔曼在《情商》一书中认为：智商高，情商也高的人，春风得意；智商不高，情商高的人，贵人相助；智商高，情商不高的人，怀才不遇；智商不高，情商也不高的人，一事无成。情商能够转化为利润、收入和成长性。因此，提高情商，养成良好行为可以更好地控制情绪，从而提高与他人相处的能力。同时，了解自身情绪，自我激励以利于管控情绪，并识别他人情绪，有助于处理好人际关系。

当然，父母要适当教育孩子保护好自己，不要莫名其妙地凑热闹、糊里糊涂地随大溜、无缘无故地为别人操碎了心。引导孩子不纠烂事，不缠坏人，不与逞强者争高下，不与傻瓜论长短，别让坏人烂事耽误了你的前进步伐。

要藏起自己的骄傲之心、猜忌之心、贪欲之心，留住自己的自知之心、谦卑之心、求知之心。保持自己的乐观开朗就能使内心充满阳光，学会宽容淡定，积极向上。

孩子的财商教育，财商又称为金融智商（简称FQ），指个人、集体认识、创造和管理财富的能力，包含观念、知识、行为三个方面。财商包括两方面的能力：一是正确认识财富及财富倍增规律的能力即价值观；二是驾驭财富、正确应用财富及财富倍增规律的能力。

财商与智商、情商并列为现代社会能力三大不可或缺的素质。

儿童财商是目前中国家长较为关注的教育项目，在欧美少儿理财教育已纳入中小学教育体系，中国台湾地区已将商业理财教育纳入高考科目。在2013年中国已将投资理财教育逐步纳入国民教育体系，这意味着不久的将来商业理财学科也将纳入中国的高考科目。目前中国较系统全面的财商课程（少儿理财教育课程）主要有少儿财学院少儿理财能力等级考试（ICF-LICF）课程。

孩子网络编程（少儿编程）教育，随着人工智能的发展，编程将是一项重要的基础技能。趣闻化编程和严谨的编程语言，培养了孩子的耐心、细心和专注力，让孩子在探索问题过程中增强解决问题的能力。同时，既能锻炼孩子的团队协作能力，又提升了孩子的逻辑思维与创造力。在思考分析问题和完成编程的过程中，培养了编程思维，也锻炼了动手操作能力。因此，这是对孩子的综合素质的提升，增强了孩子的竞争力和挑战性。

孩子的礼仪教育，对孩子明辨美丑、分清是非、懂得常识、自我约束、遵纪守法十分重要，是易被家长把控不当乃至忽视的一项重要的内容，也具有重要的现实意义。

孩子如何能做到讲文明、懂礼貌，这又是一个重要的话题，因为目前社会上仍普遍存在教养缺失的人。如随地吐痰、乱扔纸屑、大声喧哗、衣着不整、言行粗鲁的人并不少见，近朱者赤、近墨者黑，有怎样的家长，就可能有怎样的孩子。

幼儿时期家长的垃圾教育，就是从释放孩子的天性开始。幼儿教育最大的骗局，是释放孩子的天性，让孩子有一个快乐的童年。

你也或许遇到过这样的场景：电影院里，在灯光熄灭后，大家都不约而同地噤声观影，但靠前座位上总有几个孩子又跑又跳，时不时地大喊大叫。

另一个场景更能看出一个家长的礼仪、修养和孩子的品行、教养，就是在大酒店或餐馆里就餐时，特别是在参加结婚喜宴席上，常常看到年轻的家长带着小孩子快速走到大餐桌前，坐在主位上，小孩拿起筷子敲打餐具，大人东张西望、不管不问；刚上菜时孩子就先动筷子挑挑拣拣、翻来翻去，甚至家长也“帮助”孩子挑菜，有的干脆把认为是好菜的一盘菜端到孩子面前吃独食；有的孩子还会大吵大闹，随意进出。

很多家长为了“释放孩子的天性”，任由孩子去做自己喜欢的事。不约束，不管教，不指引，不打骂，以为这样做才是对孩子人生最好的关爱。但本质上来说，快乐教育就是所谓的“放养”，孩子没有受到管束。

每个人从小到大都必须遵守相应的规矩，没有规矩，不成方圆。遵守规矩就一定要受到约束，这样才能让小孩子懂礼。而对被放养的孩子不管不问，任由所为，这样的孩子，越是长大，身上的缺点就会越明显。

一些家庭没有规则意识，所以就不懂得看电影时要安静、上车时要排队；没有公道意识，就不懂得餐桌上的菜、饭、饮料是大家公共的，就不顾及他人并占为己有；没有敬畏意识，就会肆意嘲笑弱势群体，还会暗自得意。中国有句俗话：从小看大，三岁看老。如果一个孩子从小没有教养，没有自律意识，到头来一定会吃生活的苦，甚至可能误入歧途。

可是当父母对孩子的教育仅仅停留在口头上的思想灌输，孩子又是怎样的行为呢？身教重于言教，又必须言传身教相结合，才能教育出好孩子。如果作为家长不能自律，不能以身作则、率先垂范，那么孩子就会反问“你自己的臭袜子一星期都不洗，为什么要说我不讲卫生？”“你一回来就看手机，我为什么不能看？”“你自己都不做家务，干吗要求我做？”由此可见，孩子也会模仿家长的态度做事。

《荀子·劝学》中说：“蓬生麻中，不扶而直；白沙在涅，与之俱黑。”就是说：蓬昔日长在大麻田里，不用扶持，自然挺直。白色的细沙混在黑土中，也会跟它一起变黑。人总会潜移默化地受身边人的影响，这样的孩子在成长过程中再交上几个不靠谱的朋友，人生就可能从此改变了走向。

美国商业学家吉姆·罗恩曾提出一个理论：你的财富和智慧，是与你亲密交往的 5 个朋友的平均值。你选择交什么样的朋友，也间接选择了某种生活方式。

你的未来是走向富贵还是贫穷，品位是逐渐化成高雅还是低俗，看你交的朋友就知道了。因为，朋友间的价值观和生活习惯都会相互影响，彼此越来越接近。

低俗的人把人性的阴暗面无限放大，他们觉得这世界就得是充满捷径，充满谎言，阴谋遍地，物欲横流。他们没有改变自己的能力，所以跟这些人交朋友，你无法净化他们半分，自己反而会被他们的负能量吞噬。与低层次的人来往，情绪上是得到满足了，但格局也变小了。

在孩子的成长过程中，一定会遇到许多这样或那样的新的问题，甚至是困难与人生的挑战，关键是让孩子养成好习惯。

首先，要求孩子无论做什么事情都要做好，都要有始有终，认真完成。如果遇到困难自己解决不了，告诉孩子应该及时请教家长或请求同学、老师帮助解决，绝不可三心二意、马虎松懈或半途而废或放任自流。孩子通过努力完成一件事时，家长及时给予表扬鼓励。

其次，要求孩子要集中精力做事，要让孩子知道，生活中许多事情是需要耐心和等待的，使孩子能够把注意力集中在一种活动中。

但有些家长的做法不是很好，有的孩子在刚刚做事时说饿了，马上就给吃的，渴了马上给喝的；想要什么玩具马上就买。这样无意中就使孩子养成了任性、随便及无耐心、无专注的不良习惯，孩子更不懂得父母工作挣钱的辛苦。

当然需要家长有知识、有见识，能随时随地去正确引导孩子如何养成好习惯、好品质。

最后，家长教导告诉孩子，树立正确的是非观，辩证地看待生活中的一些人和事。

并告诫孩子，我们平时一定要规范自己的行为。

在培养孩子广泛兴趣及全面成长过程中，关键是父母平时要心态平和，积极地陪伴，言行中流露出更多的正能量，起到孩子生活、学习中的典范作用。

越是优秀的父母，越懂得在孩子的教育上亲力亲为。据报道，居里夫人十分重视女儿的教育，特意为了孩子开了个“儿童学习班”，亲自教育。在她的培养下，两个女儿越来越优秀，她们一家共获得四次诺贝尔奖，被称为“获奖专业户”。

有人说，教育是一门遗憾的艺术，但育人却容不得任何差错。人生是一所学校，父母才是最好的老师。孩子的成长一旦错过了，就会成为父母终身的遗憾。因此，在孩子的成长过程中，用心经营，温情相伴，定会不断地出现喜悦和新希望。

3. 实现人生起步的超越

一个孩子在刚出生起，就需要父母及大人持续的积极对待，给予无微不至的关爱。有人认为在 6 个月前是母婴共同体、共生的关系，有最密切的心灵的感应，甚至有最能相互感应的电生理变化，特别是肌肤接触后获得的最大满足及情绪上的安定。

婴儿期的充足时间使母婴在一起，对宝宝的满足是来自全能感的满足，有利于孩子的发育成长，因此，在 6 个月之前的婴儿最好和妈妈在一起。有研究表明，0 ～ 3 岁孩子缺失安全感的三大原因：剖宫产；断奶早；妈妈未全职陪伴。因此作为母亲应该对自己的宝宝付出更多的爱。

建议母亲对出生后的宝宝说话、微笑、夸赞，及时喂奶、清理大便、洗澡、按摩等，做到积极温情地对待孩子。并需要按照婴儿的发育成长特点，及时增添婴儿的辅食，指导婴儿定时排便、锻炼及适应室外的环境，还要引导孩子说话、走路，以及后来的学习、教育。

总之，在孩子出生后的黄金10年，家长要排除一切困扰，给孩子全面的关怀，培养孩子的兴趣，指导孩子学习，鼓励孩子克服困难，教会孩子坚强。

早期给孩子读书、讲故事，让孩子认识色彩、绘画彩色图、做手工。进一步需要发展孩子的抽象思维、创新思维，扩大识字、计算及词汇量。根据孩子的兴趣，随时进行音乐、舞蹈、书法、绘画、拳道的启蒙教育，培养孩子的体力、听力、注意力、观察力、味嗅觉能力、动手操作能力、语言表达能力、思维判断能力等，更全面地开发孩子的大脑智力。

哈佛行为学家理查德教授研究表明，大脑一生的发育只有3次高峰期，作为家长注意务必帮助宝宝抓住第一次大脑发育机会。第一次大脑发育高峰期，在6个月～3岁。在新生儿出生的那一刻，大脑已经开启发展模式，一般情况下新生儿的大脑重量大约300克，是成人重量的四分之一。但到3岁的时候，宝宝的大脑重量就和成人比较接近。所以，6个月～3岁是大脑生长非常迅速的一个阶段，也称为第一个大脑发育的黄金期。

大脑发育可以看成关键的突触细胞的发育，突触是连接神经细胞的神经节点，也叫神经元，信息是通过突触进行细胞间的传递。突触细胞越多，宝宝的大脑发育越好，也就越聪明。因为突触细胞的产生与外界的刺激有关，外界刺激越多，形成的突触及突触细胞就越多。而在大脑发育的黄金期，同样的信息刺激，就比其他时期突触及突触细胞形成的更多。

这个阶段在早期关键抓住宝宝的视觉、触觉、肢体动作三个方面的刺激，如观察图片、尝试物品、啃手指等。1岁后注意进行脑体力结合的活动，如各种智力玩具、游戏及户外新鲜的万物的讲解等。

第二次大脑发育高峰期，在 3 ～ 6 岁。此时大脑发育完成率已经超过 70%，而身体发育只达 40%。这个阶段用科学、正确的方式对大脑进行开发，就可能获得较好的效果。重点培养孩子的语音表达、眼手协调、专注、数理逻辑、想象创造、动手操作等能力，学习模仿及记忆能力也会迅速发展提高。

第三次大脑发育高峰期，是 8 ～ 10 岁。这个阶段的孩子已经进入了正式的小学学习阶段，此时孩子的大脑也已经形成一定的自主意识。家长需要注意常常要鼓励孩子学习，激发孩子自主学习兴趣，帮助孩子制订学习和自主时间的分配计划、作息时间，更多地鼓励孩子广泛学习，积极阅读。不可一味地命令及强迫孩子学习，否则适得其反，更重要的是要求家长高度自律，更多地陪伴孩子共同学习成长。

在教育孩子的过程中，父母是孩子最好的老师，言传身教又是最好的教育，注意对孩子的励志教育是很重要的，讲名人励志故事，看名人励志文章。培养孩子在幼小的心灵里，拥有远大的志向和崇高的理想。将会更好地发掘孩子的潜力，彰显其人生的价值。只有从小立下高远的目标，才能在将来成就自己的伟大事业。

目前，一个人的潜能有多大，脑细胞利用了多少，仍未研究清楚。发生在人们身边的不可思议的事情，也更让人产生疑问，一个人的潜能到底有多大呢？

美国著名心理学家詹姆斯的研究表明：一个没有受逼迫和激励的人仅能发挥出潜能的 20% ～ 30%，而当他受到逼迫和激励时，其能力可以发挥 80% ～ 90%，相当于前者的 3 ～ 4 倍。每个人都有巨大的潜能可以开发，一般人只使用了潜能的十分之一，甚至还不到十分之一。也许有人会说：“我已经做得很好了，何必再给自己施加压力呢？”就这样，无形中使潜能这个巨人一直沉睡在我们的体内，直至随着自己一起老去。

因此，大自然赐给每个人以巨大的潜能，一旦开发出来人人都可能是天才，至少天才身上的东西都可以在普通人身上找到萌芽。只有你相信自己，父母相信孩子，只要努力去挖掘，就能取得惊人的成绩。

南怀瑾曾说：“能控制早晨的人，方可控制人生。”曾国藩也曾说过：“做人从早起开始。”曾国藩小时候常被人讥笑为“愚蠢之辈”。后来靠“早起”与“恒心”翻了身，第一坚持做到黎明即起，绝不恋床；第二保持恒心，他每日早起读书，从不间断，就连行军打仗时也不例外。曾国藩甚至说：“看一个家庭兴衰，只需看子孙有没有早起的习惯就可以了，假如子孙们睡到太阳都已经升得很高的时候才起来，那代表这个家族会慢慢懈怠下来。”

国外学者曾花费 5 年时间，研究了 177 位白手起家的成功人士的日常习惯。结果发现：99% 的成功人士，都有早起的习惯。

比尔·盖茨每天凌晨 3 点钟就起床；乔布斯每天 6 点钟起床，工作两小时，还可以陪孩子吃早餐；李嘉诚在夜间无论几点睡觉，一定准时在早晨 5 点 59 分闹钟铃响后起床，然后读新闻，打高尔夫，去办公室，开始工作，几十年如一日；王健林早上 4 点钟就起床，开始准备一天的工作；三星董事长李健熙的上班时间，比员工早半个小时，每天早上 6 点钟就到了办公室；苹果 CEO 蒂姆·库克每天早上 3 点 45 分起床，一直工作到深夜，每天第一个到达办公室，最后一个离开；百度李彦宏每天早上 5 点多“被机会叫醒”；新东方创始人俞敏洪 6 点钟起床；中国航天科工集团董事长高卫红也曾在一次演讲中提到，近四十年来，他每天早上 4 点至 5 点钟起床，用 2 ～ 3 小时的“纯净”时间进修知识，研究课题，写作书稿，保持对外做功的工作状态……

2017 年诺贝尔生理学或医学奖得主的研究主题是人体生物钟，研究结果显示：当人们的生活方式总和生物钟作对时，人们患上各类疾病的风险就可能会增大。如果按照生物钟规律，早睡早起，身体的免疫力就会增强，生病的风险就会降低。无独有偶，加拿大多伦多大学研究结果也发现：无论是年轻人还是老年人，习惯早起的人不仅能在一天的工作生活中表现出更好的状态，身体更健康，也更容易在生活中感到幸福。

“医王”孙思邈在《千金翼方》中早就明确提出“晏卧而早起”，把它作为重要的养生经验传给世人。《朱子家训》第一句就阐明了早起的重要性：“黎明即起，洒扫庭除。”早起的人，勤劳，努力，积极，阳光，所以事业顺利、家庭兴旺是必然的趋势。一日之计在于晨，你过好了早晨，就过好了这一天。《樱桃小丸子》里有一句话：“我要把早起这个美妙的感觉告诉全世界的人哪！”

想要变得优秀，就从早起开始。还有句古话说，看一个家族能否旺百年，不看老子看孩子；看孩子有两点：是否早起与是否读书。试想让孩子多睡半小时不一定会让孩子精力更充沛，但早起半小时却可以让孩子比别人提前半小时进入清醒的状态，相当于每天比别人多学了半个小时。长此以往，会有多么大的收获？有人统计，当你把这些时间用来看书，一年至少可以看完 70 本书；当你把这些时间用来学习新技能，不愁不能精通，人与人的差距，都是一点一点拉开的。

如果是痛苦地坚持早起的人，那一定是不经常早起的人。早起的习惯如果没有建立起来，一切都是镜花水月，纸上谈兵。因此，想让孩子早起，一个非常好的方法就是养成习惯。把早起变成一种自觉运行的习惯，是自然而然的事，那么早起就不再成为困难。长期如此，孩子就一定会因为早起而感到自由自在并自得其乐。

著名心理学家艾伯特·班杜拉曾对“榜样、榜样作用”进行了深入的观察、研究。班杜拉认为，人类的许多行为都是依靠观察习得的，都是依靠替代强化来现成的。通俗地说，就是很多行为都是由模仿而得的。他还认为观察学习受注意、保持、动作再现、动机等心理因素影响。

那么，如何帮助孩子养成早起的习惯，就需要家长做到以下四点：①让孩子懂得使命感：民族的未来、国家的希望将来要依靠从小有大志的孩子们；未来领导国家、建设国家、保卫国家的生力军要依靠奋发努力的少年。少年强则国强，少年智则国智。把孩子往正确的大方向引导——强化有担当责任，塑造有民族魂魄。让孩子去争取成为钱学森、邓稼先、袁隆平、钟南山式的顶天立地的人、不怕吃苦的人、无私奉献的人、胸怀国家的人。

②父母和孩子一起制订一个作息、学习及自由活动的可行性计划，并且父母与孩子一同早起。如果可能的话，父母要更早一点起床，先做洗漱及做生活、学习的准备。父母的言行就是无声的老师，父母做得好与坏，孩子虽然不会全盘接受，但还是会对孩子产生潜移默化的影响。父母的早起榜样的作用就是孩子学习模仿的动力，只要父母坚持下去，孩子才能做得更好，会更自觉地早起。

③必须要保证孩子有充足的睡眠，这样孩子才能有充沛的精力好好学习，所以按时早睡是早起的前提。也可以用早睡保证早起，用早起倒逼孩子早睡。但家长需要注意，充足的睡眠，不是一定要睡够 8 个小时。根据研究表明：有时候睡 8 小时的效果还没有睡 7.5 小时的效果好。

④给孩子的早起行为一些奖励，如外出旅游、看场体育比赛或文艺演出，或者是孩子喜欢的东西。美国心理学家阿诺德提出了一种情绪的“评定一兴奋”学说：简单来说就是情绪产生的基本过程是：刺激——评估——情绪。孩子对于“早起”这个刺激，评估肯定是负面的，但如果给天平的另一端增加筹码，给早起、学习这样的事件加上一些奖励自己的刺激，就能让正面情绪在一定程度上抵消原有的负面情绪。孩子对未来有期待，心情就会喜悦，也就不会为早起而痛苦了。

《增广贤文》有言：“早起三光，迟起三慌。”早上起床早，有充足的时间把该办的事情料理妥当，起床晚就容易手忙脚乱，把该办的事情落掉，慌慌张张。真正厉害的人，他们从不熬夜通宵拼命，而是用早起的方式打开新的一天。

一个人对待早晨的态度，决定了他的人生高度。所以，如果你总觉得自己过得碌碌无为，不如先从早起开始吧，你首先树立榜样，让孩子养成早起的习惯，会让孩子终身受益。“盛年不重来，一日难再晨。及时当勉励，岁月不待人。”

抓住早晨的大好时光，积极地陪伴孩子学习、阅读、背诵，积极地引导孩子开拓视野，培养孩子形成健康体魄、健全人格，早期养成良好的习惯及阅读能力，自我不断提升，达到理想的境界。毫无疑问，父母的陪伴及家庭教育是一段春风化雨的过程，关键是父母好的榜样作用会让许多孩子更优秀。

但目前也存在许多保姆式的父母，不仅过分地包揽孩子的衣食住行，而且完全放养孩子，因此养出了一个个没有自主能力的“巨婴”。这类家庭的父母往往缺乏知识及不求进步，总是不顾家庭资源的差异，纵然自己百般吃苦，却倾尽所有，让孩子享受最好的生活条件。

自己家庭的不宽裕，父母觉得自己亏欠了孩子，担心自己的孩子被别人比下去，产生自卑心理，所以更加娇惯、宠溺孩子，就算自己再苦再累，也舍不得让孩子吃苦受罪，哪怕是孩子学习上的苦。于是很多孩子都过着一种极其享乐的生活，用着最新的电子产品，穿着时髦的大牌服饰，四体不勤，五谷不分，衣来伸手，饭来张口。

收入并不高的家庭也把自己的孩子当富二代来养，即使自己吃苦受累再多也甘心情愿满足孩子的奢侈要求，孩子的手机、电脑，以及衣服、鞋子等非名牌不要，他们总是千方百计满足孩子的过分要求。最终可能使孩子成为一个懒惰、自私、不懂感恩、没有责任意识的人。

还有一种在各地都不少见的现象，孩子离开家庭，在附近城区或城市的职业学校住校上学与学习，虽然在生活区域学校都配备了多台洗衣机等生活设备，但是不少的学生仍每个月都要送回家里并让父母洗内外衣等多件脏衣服及十几双脏袜子等，或者由父母来回取与送，试想，这样已成年的孩子，今后如何能担当好自己的家庭责任呢？

英国BBC的纪录片《56UP》播放后引发很多关于人生的思考。跟拍英国不同地区和不同家庭背景的14位7岁的孩子，经过半个世纪的时间，每隔七年一次拍摄他们的生活、言谈和想法。得出了一个很残酷的结论：精英的孩子会成为精英，底层的孩子依旧在底层。除非底层的孩子能跟精英的孩子一样，从小做到自律，做一些长期投入的事情，而不是在一些娱乐消遣上浪费时间和精力。每个人都能决定未来你自己的模样，未来的你过什么样的生活，全都取决于今天的你是怎么过的。

培养孩子礼貌、诚恳、包容、友好地对待别人，毫无疑问这是对的，但肯定是不够的。要鼓励孩子经风雨见世面，经历更多的人和事，经过各种考验，禁受更多锻炼，才能成为一个有出息的人。

因为社会上的千家万户，上梁不正下梁歪的家庭并不少见，这样家庭的孩子缺乏家庭教养，往往是自私自利、蛮横无理、打骂无常的孩子。而你的孩子渐渐长大了，就要更多地走出家门，走向学校，走向社会，更要自己面向社会，就可能遇到这样没有教养的孩子。

这里不能不谈的问题：当孩子在学校被同学平白无故地欺负了，怎么办？

首先，家长要带着孩子找老师或找到校长说明，要求对方的家长与孩子承认错误并赔礼道歉，要据理力争，争取今后相安无事。但同时一定要及时告诉孩子：自己不惹事，遇事不要怕，要做一个不找事，但也不怕事的人。适当准备着，保护好自己。

其次，如果对方听不进去，仍无端对孩子生事，那么就让孩子想办法告诉老师。然后，就由家长再及时找到老师、校长理论。剩下的事情更不要打扰孩子，由家长全程妥善处理。

最后，此事发生的初始，就不能让孩子产生保守退缩的心理，更不能去责怪孩子，否则影响孩子的人格发展。而只能要求孩子去积极地、勇敢地应对。当然，在儿童及少年时期，让孩子学习一些强身健体的体育项目也是有益的。

心理学上认为：能量的振动频率是可以相互传递和影响的。意思是如果处于正能量的环境中，就会吸引同样美好的事，“人逢喜事精神爽”说的就是这个道理。

如果一个人长期处于负能量的环境中，周遭就会变得黯淡无光，厄运也会随之而来。这样的人看谁都不爽，事事抱怨及到处指指点点，无论你怎么安慰鼓励，但是他们仍是怨天尤人，愁眉苦脸，甚至吵闹不断。正所谓："跟着蝴蝶走，就会找到芬芳的花朵；跟着苍蝇走，只能到达肮脏的沟渠。"即使你本身很优秀，长此以往和这样的人交集，长期生活在这样的环境中，也会变成平庸而暴戾之辈。

一个人的前途与命运如何，不仅在于自身，而且更重要的是你和谁在一起。因此，古时候的孟母之所以三迁住所，就是为了给孩子选择适宜的学习生活环境。

小学阶段，仍然是养成教育的关键时期，孩子也需要父母的陪伴和指导。小学生教育最根本的三个方面，家长应该积极配合老师，积极做好：

①培养孩子的学习能力。注意千万不要给孩子刷题、做题太多，这样会透支孩子的精力。小学阶段主要是让孩子大量地阅读，增加知识储备量。这样才能使孩子的学习基础扎实，今后学习后劲就足。

著名教育家苏霍姆林斯基在《少年的教育和自我教育》中说过："世界上没有什么东西比人的个性更为复杂、更丰富的了……不能把小孩子的精神世界变成单纯学习知识。如果我们力求使儿童的全部精神力量都专注到功课上去，他的生活就会变得不堪忍受。他不仅应该是一个学生，而且首先应该是一个有多面兴趣、要求和愿望的人。"

②培养孩子良好的生活习惯。这时候养成良好的生活、学习习惯及文明礼貌行为，对孩子的一生是十分有益的。

③培养孩子的健全人格。这样，能使孩子有积极的人生目标及快乐的情感，将来孩子能在学习上积极进步，取得好成绩。并建立良好的人际关系。

苏霍姆林斯基认为："教育首先在于培养、磨炼一个人成为受教育者的能力。"一个孩子之所以优秀，不仅是因为他有好的习惯，更是因为有一个重视教育的家庭和学习环境，孩子在这样热爱学习、乐观积极、情绪平和、惜时早起、尊重孩子、讲究规矩和友善和睦的家庭环境中学习、阅读，才能不断全面地提升自己，才能得到全面的成长。这样的家庭会抓住早期智力发育的黄金10年培养孩子，孩子才能实现人生起步的超越。

第五章　增加学识，继续成长

在当前知识爆炸和科技突飞猛进的时代，做到终身学习，用知识提高才干。耐得住寂寞，禁得起诱惑，专注自己的学业，才能达到人生的最佳状态。

1. 学好基础知识，做到不断进步

日月如梭，光阴似箭。在你的陪伴下，孩子已度过了婴幼儿期（0 ～ 3 岁）、学前儿童期（3 ～ 6 岁）、学龄儿童期（6 ～ 12 岁）。你的积极对待，你的严格自律，你的榜样作用，你对孩子精心的引导，使孩子的学习、阅读、记忆能力与个人爱好，都已得到了全面的提高，更重要的是孩子养成了优良的习惯，初显自己的人格魅力。

孩子淬炼成了一个充满阳光、散发活力、品学兼优、积极热情、吃苦耐劳、主动作为、行事有方的理想少年，将更会以积极的态度去拥抱他的青少年期。

作为父母，你做到了与孩子的共同成长，完成了自己又一次的文化积淀，你会发现自己的进步与成熟。你形成的积极、勤奋、自律、好学和厚德等良好品质，也将会伴随你一生。

孩子即将步入中学时代，也是他人生中接受学习、收获知识的黄金时期。激情会在知识的海洋中遨游，思想又在科学的道路上驰骋。孩子会以更大的勇气和力量，心无旁骛地投入文化课等学习之中。

孩子这个阶段的学习毫无疑问是十分重要的，这也是孩子成长的一个关键时期。

人生都有五个关键时期。人生第一个关键时期是出生后到 12 岁期间，是从一个婴儿基本无意识到各种习惯养成、性格形成和掌握多种能力的阶段，是人生中最关键的时期。这期间个人成长最快，又是绝对需要父母与他人的帮助才能实现的成长。因此，早期他人的陪护与家庭教育，以及后来的学校教育和社会因素等如何，都会极大地影响着孩子的身心发展与身心健康。

人生第二个关键时期是 12 ～ 18 岁的中学时代，这是孩子快速提高学识，快速积累，不断成长与自我完善，逐渐趋向成熟的黄金时期。这个时期仍相对需要家长的帮助，但学校教育及社会因素的影响更显得至关重要。

人生第三个关键时期是 18 ～ 28 岁，孩子进入大学学习或某一专业领域学习，而后初入社会工作的时期。这个阶段孩子的思想、行为习惯仍会发生较大的变化，会有更大的自主性、独立性，也可能会有非理性或随意性，同时可能产生更多的烦恼和迷茫。那么，这时候的孩子只有做到继续学习，继续成长，才能实现人生的规划、梦想。

人生第四个关键时期就是前面提到的与孩子共同学习、共同成长的阶段。从而更好地完成自己的成家立业、养育子女的重要任务和使命，并逐步达到个人事业的巅峰。

人生第五个关键时期是 55 ～ 65 岁，你退休前后或进入老年行列的初期。许多人也会产生迷茫和精神上的失落感，甚至悲观失望、痛苦不堪。当然，芸芸众生可能更加为子孙后代忙忙碌碌，抱怨唠叨，甚至担忧焦虑，身体健康因此也会每况愈下。那么，在这个阶段更需要调整好自己的情绪，保持良好的心态，去做自己喜欢的、自己的事情，而不是别人的事情。做到生活规律，适当运动，在空闲的时间里读书学习，恬淡无为，静心养性，享受生活。

在初中阶段：

孩子从小学进入初中，是人生旅途中的一个重大转折，是孩子的世界观、人生观、价值观形成的重要时期，是个体心理从幼稚逐渐走向成熟的特殊发展阶段。

在初中阶段的孩子理性的种子迅速发芽，并开始枝繁叶茂。他们对社会、对生活都有一定的认知和思考。如果家长在孩子早期未能进行养成教育和老师的引导不够，那么这个阶段也是一个人思想最为叛逆的时期。

初中又是承上启下的关键阶段。在幼儿和小学期间养成的好习惯，在初中阶段可以得到很好的巩固，而坏习惯在老师的教育下也可以得以及时矫正，因为此前所形成的习惯尚不稳定。但过了初中阶段，孩子的发展就具备了一定的稳定性，俗称“定型了”，如果存在不良习惯那就很难改变了。

在初中阶段，孩子欲开始摆脱家长和老师的依赖，开始用自己的眼光审视周围的世界，开始用自己的意志支配自己的行为，独立意识明显增强，由幼稚走向成熟的起步，是迈向青春之门的重要转折。这时孩子又缺乏必要的足够的自控力，如易冲动、盲动，常会干出一些令人不可思议或不计后果的事来，给自己的人生设置了障碍，有的孩子甚至造成终身遗憾。

在这个阶段，孩子们的求知欲和进取心很强，都希望取得优异成绩，做一名遵纪守法的好学生。但他们缺乏持久的恒心和毅力，易受各种因素干扰，易时过境迁“常立志”，而不是“立志常”，许多没有养成良好习惯的孩子，往往好高骛远，做事半途而废，达不到预期的目的和目标。

在这个阶段，孩子们思维活跃，最少保守思想，接受能力强，进取心和可塑性都很强，但是非辨别能力不强，易沾染社会不良习气，易上当受骗，偏离人生航向，酿成人生悲剧。

著名作家柳青在《创业史》中说过一句很富有哲理的话：“人生的道路虽然漫长，但要紧处常常只有几步，特别是当人年轻的时候，没有一个人的生活道路是笔直的和没有岔道的。有些岔道口譬如政治上的岔道口，个人生活上的岔道口，你走错一步，可以影响人生的一个时期，也可以影响人生。”初中阶段就是这要紧处中的关键一步，这一步走得成功与否，将会对以后的人生产生重大影响。

有许许多多的人，因在初中阶段没有迈好这关键性的第一步，或因贪玩没有打好扎实的文化科学基础，而给以后的学习带来难度，甚至制约了自己事业的发展和生活层次的提高。或因没有听从老师的教导，放纵自己，没有养成良好的行为习惯，结果迈进了监狱之门。

有资料表明，在当今各种违反治安或刑事犯罪的人员中，初中阶段有劣迹的，占了很大比重，这也进一步说明迈好青春第一步的极端重要性。

在初中阶段，孩子的身体发育进入第二个高峰期。随着青春期的到来，身体发育迅速，逐渐成熟起来。由于骨骼和肌肉发育较快，身高和体重迅速增长。性腺发育与性激素的分泌逐渐增强，使生殖器官都有了明显的变化。从外形上看，一个小大人出现了。

从心理上，这时候的孩子出现成人感，独立性也日渐增强，他们开始讨厌老师、父母对他们过多的照顾和过细的要求。这个阶段孩子逆反心理最重，自己的主见频出，但也常常过分地自以为是。他们具有半幼稚半成熟、半儿童半成人的特点。他们有很多自强的心理活动，行为的自觉性也有所增强。孩子们的个性、习惯及观念也在改变，也就是说他们的人生观、世界观和价值观日益形成。

初中阶段的学习，奠定了一个人一生的基础，语文、数学、外语都将进入系统知识的学习阶段，如果哪一门学科被落下，到高中阶段就很难撵上。

初中阶段是人生心路历程中，最为躁动不安的阶段，在这个阶段里，青少年无论在生理发育、心理发展以及社会适应等方面，都要经历巨大的变化。他们需要面对的，不仅是学习、交往、发育等自身成长过程中，遇到的一系列问题，而且会有来自家长等其他成年人的压力。

因此，初中阶段是人生最重要的阶段。孩子是世界的未来，国家的希望，家长的寄托。教育好下一代关系到每个家庭的幸福美满，更关系到中华民族的兴衰。

心理学家研究表明，父母对子女的教育方式均可直接影响到孩子的身心健康。因此人们常说家庭是人生的第一站，是人生的第一所学校，孩子在初中阶段所接受的家庭教育的影响，会在整个人生中留下不可磨灭的痕迹。家庭对孩子的个性发展和性格塑造具有决定性的作用。学校对学生进行德智体美劳等方面教育的基础，首先是在家庭奠定的。

有人说：教育不是改造人，是唤醒人心中沉睡的巨人。作为初中生的家长，应该懂得并记住，孩子具备的“强健的体魄、健康的心理、豁达的性格、乐观的情绪、良好的习惯”比学业成绩重要得多。如果没有这些基本的优点，谈何取得好成绩。当然就更谈不上你所期盼的大学，以及拥有你所期望的人生了。因此，初中三年在某种程度上也决定了孩子的未来。

对初中阶段的孩子的指导，更多地侧重于学习方法和学习意志品质的培养。首先，进入初中以后，孩子在学习上的独立性逐步增强，所以在课堂教学中，老师会比较注意启发学生独立思考问题。同时，孩子的意志力及专注力也随之逐渐增强。其次，要注意培养孩子的自学能力。其自学能力的强弱，也会影响将来孩子的学习成绩。所以，对学习依赖性强的孩子影响大，家长应及时指导孩子形成良好的自学习惯。另外孩子的非智力因素在他的学习生活中，会发挥十分重要的作用，因此也需要注意培养孩子的非智能力。

刚由小学升入初中一年级后，首先是尽快适应初中的学习节奏和方法，尽快形成自己的自主学习特点与习惯，做好文科为主的积累；在初二时仍要做好文科的积累，同时掌握理科学习的方法，总结学习成果；在初三时就要掌握各学科知识成体系，提升高度和深度，以更好地学习高中知识。

初中阶段学习的关键是学好课本知识，掌握学习方法，对知识体系进行总结、优化。平时做到课前预习，课上质疑（提问题），课后复习，随时练习。充分利用暑假及寒假期间预习新课和复习、总结学过的课程。

孩子要做好时间的科学管理，提高注意力，并持之以恒。做到善于学习、勤于思考、掌握方法、总结归纳。不要存疑，及时向老师或同学求助，才能最终达到较好的学习效果。总而言之，初中阶段要让孩子养成课前预习、专心听讲、积极思考、及时复习、独立作业的习惯。在初中打好扎实的学习基础，高中才可能会崭露头角，高考也有可能脱颖而出。

处于新时代的初中生，在学会学习、学会做人、学会做事、学会合作的同时，也应该学会理财，养成记录收入和支出的习惯，学会把自己的生活规划得井井有条，将自己的“财富”用在刀刃上，不会由于金钱的问题，而常常出现捉襟见肘、疲于应付的情况。

学会理财也就是学会规划人生，学会理财将会使孩子一生受用无穷。一段时间过后，就要让孩子算算账。一个学期以及一年要用去父母多少钱，从而让孩子理解父母的辛苦与付出。

前美国首富、美孚石油公司的总裁洛克菲勒，每个星期给孩子的零花钱只有 30 美分，相当于人民币 2.4 元，而且他要求他的孩子们，每周把自己的每一笔支出都记录好，下周领零花钱的时候交与父亲检查。后来，他的儿女，都可以通过自己的劳动，过上幸福、美满的生活。

家长如何去对待孩子的课外学习与补课的问题呢？对学习能力及成绩一般的孩子，选择校外补课只能根据孩子某些知识点及解题方法的不足，再作相应的点拨与指导，但补课不可能补出好习惯。

那些学习成绩较差的孩子，关键是大都没有养成良好的学习习惯，不能做好课堂学习造成的。对此家长不可过分看重课外补课，否则只会适得其反，达不到满意的效果。

对于一部分学习成绩优良并有良好学习习惯的孩子，针对孩子对某一学科有浓厚的兴趣和探究欲望，如在课外参加奥林匹克班进一步加强学科学习，这样是可行的，但不可课外报班太多，否则也会得不偿失。

许多家长也很了解孩子在学校里学习很紧张、很辛苦，知道孩子的学校作业较多，没有时间学习各种课外参考书。而自己又给孩子买了很多的练习题，使孩子不知所措，天天做不完。一味让孩子在书山题海里花费更多的时间，其实是本末倒置，这就好像给孩子吃了保健品提神一样，虽然可能在短时间有效，但是如果基础不扎实，以后一定还会出现学习后劲不足的情况。因此，关键的是确保孩子掌握好课本基本知识。

如果孩子在小学阶段就存在学习习惯不良，学科测试不好，特别是没有培养好学习的专注力，这甚至是在幼儿阶段就需要训练形成的专注力和记忆力，那么到了初中之后想提升学习效果就会比较困难。如果家长还那样不切实际地强行让孩子参加学科课外提高班学习，往往会使孩子的学习越来越吃力，效果越来越差。这时家长最好的做法，就是让孩子学会学习方法、掌握好学科的基础知识，加强培养锻炼孩子的专注力及思维能力等。

怎样对待孩子学习成绩不理想或厌学的情况呢？孩子这种情况的发生，往往是在小时候未能养成良好习惯，其专注力、思维能力、阅读能力、时间管理及自我控制力等较差造成的。家长应如何去做呢？

著名作家果戈理有一句著名的话：“只有以自己的一生为榜样，方才能够教育子女。”著名教育家苏霍姆林斯基也曾说：“任何人如果不能教育自己，也就不能教育别人。”因此，仍要求家长自律，树立榜样作用，同时先注重培养孩子良好的生活、学习习惯，要求家长与老师密切配合，提供给孩子良好的生活、学习氛围。冰冻三尺非一日之寒，需要不断地给予孩子更多的细心帮助、积极鼓励和耐心指导，才能使之循序渐进地进步与提高。

这类孩子应注重的是课本知识的学习、领会，做好学科的同步习题，就能达到学习的目的。即使针对某个学科或个别知识点，需要课外报班学习，作专门的指导或点拨，既要听从老师的建议，同时也一定要与孩子一起讨论，经过孩子的同意方可执行，家长不可一意孤行、越俎代庖去帮助孩子课外报班学习，更不能过多地课外报班去学习语数外与理化更深的知识。这样，只会耽误孩子，打击和逐渐消减孩子的学习热情与自信心，长此以往，对孩子而言简直是场无尽的人生灾难，也很难收到什么样的效果。

对于“家长”这一特殊身份而言，“修身、自律”是其一辈子都要努力去做的，才能使自己不断进步，孩子才会更出色。你希望孩子成为什么样的人，首先你自己就应该成为什么样的人！

如果作为家长不学无术、不思进取，更不能树立榜样，不能主动与孩子共同学习、共同成长。就靠那可怜的技术每天都在重复往日的钟点工作，回家后就长时间上网、看手机、看电视等，懒懒散散，无所事事，那么你的消极行为怎能不影响孩子的学习激情呢？

某些家长，总是埋怨指责孩子不愿意学习，而自己却在家聚众打牌、打麻将，或熬夜追剧，平时懒惰，早晨贪睡。孩子早晨总是一个人起床，自己急忙买早点充饥上学。试想，早晨没有厨房温度的家庭，孩子对学习又怎会有热情呢？

至于少数家长平时存在的粗俗的语言、暴躁的脾气；夫妻关系紧张，又不尊重他人；有不良嗜好、不讲究卫生，并自私无理、好逸恶劳等恶习。无论你怎样哄骗与要求孩子读书学习，梦想其将来成为有出息的人，很可能是一厢情愿，终将是竹篮打水一场空！

因此，父母的各种不良习惯，自己绝不能看作小事，这种潜移默化的作用，对孩子的身心健康影响重大而深远。孩子从小看在眼里，记在心里，学到身上，积习难改。

许多家长都有一颗望子成龙、望女成凤的痴心，自己曾经的梦想未能如愿，把无限的希望完全寄托在孩子身上。家长放弃自我成长，以“自我牺牲”。“为你好”等为借口，无休止地督促孩子学习。如果你只是沉湎在对孩子前程的不切实际的幻想中，一味地要求甚至逼迫孩子，那么因为孩子的学习能力不足，就会造成孩子心理上的自卑，自信心全部瓦解，并出现人格上的萎缩。

对此，家长要明白，绝对不能只是单纯地盯着孩子的学习成绩。孩子也不能只是学习成绩好。媒体报道过一些“张口饭来、伸手衣到”，五谷不分、四体不勤的“学习机器”一样的孩子，这样的孩子没有一点的自我生活能力，并容易产生自私、偏见及情感、意志的缺陷，将来又怎能担当重任呢？

因此，平时注意培养孩子的生活起居、待人接物的好习惯至关重要。这些方面是要求孩子在儿童时期做到的，然而现实社会中许多初中生仍做不到。一些孩子如果生活习惯不好，不会待人接物，在他走向社会之后，在工作单位会容易被人看不惯，往往不被重用，同时很难融入群体与适应社会。

另外，要重视培养孩子的健全人格。如果这个时期再忽视这一点，孩子就容易出现思想品德、性格修养、意志信念方面的缺陷，也会出现性格叛逆、缺乏孝心、不懂感恩、脾气暴躁，甚至过分自我、不守规矩，或内心孤僻、沉迷手机，乃至有心理疾病等问题。

这类平时学习成绩不理想的孩子的共同特点，即他们的专注力不够，上课时间里能听懂，但课后易忘记，对学过的内容不能融会贯通。而这个时期针对专注力的训练就显得非常重要。

对培养孩子的专注力较好又能使其感兴趣项目，如课外参加围棋培训班学习，就是一个很好的选择。金庸先生也曾对学习围棋大加赞赏：围棋是严谨的思想锻炼、推理锻炼，更是“头脑体操”。其他如书法、绘画、音乐、武术、体育运动如乒乓球等项目的学习也同样是不错的选择。

同时，适当通过国学教育等来塑造孩子的健全人格，使孩子树立一个良好的做人做事的行为原则。今后，再通过某个专业特长如音乐、美术、体育运动等项目学习、深造，让孩子成为一个有道德、有修养、有知识、有担当、懂感恩、负责任的人。

部分孩子通过这样的专门训练，也可能会出现学习能力不断提高，甚至各门学科的学习突飞猛进的进步，考上了理想的大学。

如果能培养孩子从小做到“动”与“静”性格的收放自如，“静如处子、动如脱兔。”特别是能随时守得住心、沉得住气、抵挡住诱惑、坐得住冷板凳，勤学苦练、善于思考，不断积累，就一定能取得优异的成绩。即使到了中年，只要是心存理想、目标明确、意志坚定，能忍辱负重、耐住寂寞，善于学习，孜孜不倦，也终能大器晚成。

美国著名作家马克·吐温曾说：“人的思维是了不起的，只要专注于某一项事业，就一定会做出使自己都感到惊讶的成绩。”又有一句话说得好：良好的开端是成功的一半。因此，家长有见识以及对孩子的正确指导，无不对孩子的成长及命运起决定性作用。有人认为孩子贫穷是做父母的错。因为他小的时候，父母没给他正确的人生起跑线。实际上，孩子的人生起跑线在父母身上，家长的观念才决定着孩子人生的起跑线。

如果家长思想狭隘，只是过分地强求孩子学习，甚至不计后果地一味增加孩子的课外补习班及练习题，逼迫孩子无休止地去做枯燥无味，甚至极度反感的事情，使孩子不堪重负，饱受煎熬。这样，就可能适得其反，迫使孩子走上极端之路。在教育孩子这件事上，有多少父母用失控的情绪与错误的方式在错爱孩子呢？

心理学家萨提亚曾说过：“孩子没有错，如果错了，一定是父母错了。”作为家长，你想按照媒体报道中成功的案例或个例（不是范例），要做“虎爸”“虎妈”去加强孩子的文化课学习，但你更要明白，你的孩子是否具有“虎崽”的特质，你自己又具有怎样的品质，否则就是有害无益了。

作为家长，你那样脱离实际的残酷地强求孩子与伤害孩子，你是否反思过当年自己做得怎样呢？你在孩子的养成教育与成长过程中做得怎样？你自己的本职工作又做得怎样？即使你的工作卓有成效，甚至你有发明创造或开拓性贡献等，但却是因你对孩子的家庭教育的缺陷，才导致现在他学习文化课方面的困难。

大家知道的，成功的道路不是只有一条，你作为家长为什么不去努力发现孩子喜欢什么，把孩子培养成为一个特长生呢？即使孩子也不能成为特长生，将来还可以学一门“手艺”，自食其力总应该可以的吧？古语说：有家财万贯，不如一技在身。只要孩子身体健康、品学端正，今后通过相关技能培训，就可能有他自己的满足的生活。这样不是很好的结果吗？

又怎样对待逆反的孩子呢？孩子进入青春期时的心理与身体发生较大变化，对周围人与事物产生的认识与思索，由于产生一种客观环境要求与主体需求不相符合的强烈反抗心态，形成了青少年逆反心理。特别是在一些平时家长自律、成长、成就较差的家庭，孩子逆反心理可能更重。常常表现为偏激性、反抗性，或自发性、盲从性等特点。

逆反心理有积极与消极之分，敢于对不好的东西与行为进行反抗、抵制，也可能有对先进人物的怀疑与对制度、规则的抵制、蔑视等。

这时家长应尽量做到：

①严格自律，尊重孩子。搞好家庭生活，保持家庭干净、整洁，注意语言文明、语气温和。多听孩子的意见，并鼓励孩子表达自己的意见。对孩子正确、可行的意见，及时采纳，让孩子感觉自己被重视及地位的提高，能自己处理事情，这样对孩子的成长有利，也能锻炼孩子处理问题的能力。

②家长总是要保持冷静，学会耐心聆听孩子的心声。当出现问题时，家长应以委婉的言辞来纠正孩子的错误，绝不可过分地指责与反复强调，避免

孩子产生反抗情绪。家长可交换角色考虑问题，更多地理解与鼓励孩子，在沟通交流中增加关系的融洽，缓解孩子的逆反情绪。

③学会包容、谅解孩子，遇事尽量多与孩子交流、沟通，不要强迫孩子做他不喜欢做的事，不要唠叨、抱怨，给孩子自己的空间，让孩子自己做主。

④鼓励孩子多参加户外运动、体育锻炼，适当时间全家人外出旅游放松心情，以减轻孩子的心理压力，提高自信心，提高人际交往能力。

⑤无论如何都不可强硬地对待孩子，不要因为怕孩子的某些兴趣影响他的功课而厉声禁止。而是应该跟孩子一起讨论一下他所喜欢的如电子游戏、动漫、明星等，在融洽的讨论中再适时以合理的方式提醒孩子，什么是该学的，什么是不该学的，这样可以避免孩子沉迷电子游戏或盲目追星等。

总之，平时给孩子更多关心、关爱，关注并及时安抚孩子的情绪，只有孩子心情好，才有利于搞好学习。

在高中阶段：

随着年龄的增长及认知水平的提高，高中生的自我意识进一步增强，他们要求别人，特别是希望家长和老师能了解、理解和尊重自己。高中的孩子思维已经形成，想改变已是很难的事。作为孩子的家长，现在除了做好后勤保障以外，尽快使孩子掌握学习方法，适应高中的学习与生活，尽量给孩子创造良好的学习环境与学习氛围。

进入高中阶段的孩子，只要孩子具备良好的学习习惯，积极的学习态度，主动的学习热情，浓厚的学习兴趣，高度的学习专注力，就会很快适应新的学习环境，融入学习氛围，就有利于学习，也一定能取得好的学习效果与成绩。

孩子有一个安静、整洁、温暖、明亮的学校及家庭学习环境，是学习的重要保证。其中，环境安静特别重要，学习是艰苦的脑力劳动，在孩子思考问题时，应当避免与学习无关的刺激。班级集体，是一个很重要的学习环境，班风尤为重要。有的班级上课时气氛生动活泼，自习课及晚修时安安静静，这种环境保证了每个学生学习能有所收获。

如果能坚持在一个安静、固定的学习环境中学习，经过一段时间就形成了条件反射，以后只要一进入这个环境，由于条件反射很快就能进入学习状态，会使学习的效率大大提高。

每个学生生活在社会这个大环境中，社会通过各种途径来影响孩子。如果你的左邻右舍，你接触的亲朋好友，都是有志向、好学上进、要干一番事业的人，这也会对孩子的学习产生无形的积极推动作用。

如何让孩子积极主动地学习呢，有必要与孩子一起制订一个学习目标计划，包括一个中长期目标及短期目标。长期目标要宏伟远大，中期目标要明确具体，短期目标要细致可行。

特别是短期目标计划的细致可行非常重要，原则上做到：①每天时间安排要得当，保证睡眠时间，不可熬夜到太晚，定时就寝，按时起床，坚持午睡，确保一天都能精神饱满；②坚持体育锻炼时间，缓解紧张情绪的压力，更好提高学习效率；③保持每天好心情，和同学融洽相处，有利投入学习；④学习时全神贯注，学会课堂知识，及时完成作业；⑤主动预习，专注学习，主动请教，学习不留死角；⑥保持整洁，课本、作业、资料放置有序，学习内容及时归纳、总结，做到心中有数；⑦收集、整理错题，做出对它的一些解题思路注释；⑧固定每天早晨或其他时间背诵 50 个外语单词。开始时可背诵 10 个，以后逐渐增加到 50 个，同时注重外语阅读；⑨做到无论什么时候坐下来，自己就知道接下来该做什么。

高中阶段学习任务繁重，外面的世界丰富多彩，充满诱惑力，只有拥有一个积极的学习态度，才不至于在面对学习任务或学习中的障碍与挫折时，学习兴趣锐减，使学习失去自信心，思想上出现畏难情绪，这一阶段的学习状态很重要，家长与教师就要培养学生积极的学习态度。

在学习态度中，由于学生的学习态度及表现行为的不同，学习效果自然就不同。而学习态度可分为积极的与消极的两种类型。

积极的学习态度表现为：乐观学习、虚心求教、勤奋进取、坚忍不拔、不断进步，做到信心、决心、耐心、恒心及雄心壮志。一个学生具有积极的学习态度，就是说他对学习的意义有明确的认识，有人生追求目标，懂得学习的重要性，在学习中能够不断地体验到取得进步的愉悦心情。在学习上遇到困难能积极地去克服，或积极应对其他各种挑战，坚持完成既定的学习任务或达到确定的目标。因此，孩子形成的积极的学习态度，对他的学习、成长及人格发展都具有重要意义，更能使孩子终身受益。

消极的学习态度表现为：对学习的重要性认识不足，有厌学情绪，学习行为消极被动，缺乏热情、信心、耐心及理想、目标。在学习过程中遇到困难时会采取逃避或抱怨的态度，而不去积极寻找解决办法，学习的注意力与思维能力较差，达不到应有的学习效果。

消极的学习态度，往往是学生在学习中多次经受失败和挫折，是多次消极情绪体验的积累的结果。这些学生，由于他们学习方法不当，或努力不够，于是考试屡次失败，逐渐丧失信心，形成严重的挫折心理。

而当他们受到挫折时，自己未能努力克服与坚持下去，又得不到家长和老师、同学的鼓励、指导与帮助。相反，却受到了家长的埋怨、谴责或打骂，也得到了老师的批评、讽刺、嘲笑，甚至同学的冷漠等消极对待。这样日复一日，在他们心理上形成了“习得性无助”，产生了“学习即痛苦”的消极情绪反应。即使他们能认识到学习的重要性，但他们还是不爱学、不愿学，甚至逃避学习。

心理学家兼哲学家威廉姆斯说：“人类性情中最强烈的是渴望受人认同。”孩子在学习中每取得一些成绩要及时给予肯定和鼓励，一句亲切的鼓励能催人奋进；一次真诚的欣赏能使人信心满怀，勇往直前。当学生遇到挫折时，家长与老师能用温暖的话语去鼓励、去激励；当孩子做得好时，家长与老师要不吝惜赞美之词表达自己的赏识，这样也能激发学生主动前进的兴趣。

在孩子学习受挫，考试成绩不佳时，家长与老师切忌对孩子的谴责和奚落，以防其消极情绪体验的产生。而应该和他一起寻找学习失败的原因，并给予孩子鼓励，增强其自信心。

每个人都有自己的闪光点，要多从优点出发，让孩子体验到成功感。心理学的研究表明，学生学习成功的次数越多，积极愉快的情绪体验也就越多。这就有助于逐渐消除孩子因遭遇失败和挫折而产生的消极情绪体验，从而改变其消极的学习态度。

孩子的学习态度虽然与孩子本身的学习兴趣、意志、目标等紧密相关，是决定学习兴趣、效果的关键因素。但是，学习氛围的好坏也直接影响孩子的学习态度和学习效果。所以，良好的学习氛围的营造，也是培养孩子学习态度的重要因素。

首先，要建立良好的校风及班风，形成积极向上、勤奋好学、你追我赶、奋勇当先的学习风气，使学生在大熔炉中受到熏陶和锻炼。

其次，要形成和谐的人际关系。师生之间及同学相互之间的关系融洽，有利于相互学习、相互激励、相互促进、相互进步，也便于情感交流、沟通，更有利于提高学生对老师及所学科目的认同感，从而进一步端正学生的学习态度。

最后，要有榜样的作用。通过身边的榜样来教育学生、鼓舞学生，激发学生的比学赶帮超的积极性。榜样是一面旗帜，具有一定的生动性和鲜明性，容易引起同学们在感情上的共鸣。同时，有了榜样，使大家学习有方向，赶超有目标，而且，看得见、摸得着，形象鲜活，说服力强，号召力大。从而进一步提高学生的学习积极性及浓厚的学习兴趣。

兴趣是一种对智力活动有重要影响的非智力因素。孩子保持浓厚的学习兴趣，可以激发情感、培养意志、唤起动机、改变态度。浓厚的兴趣还能激励学生积极地探索，敏锐地观察，牢固地记忆。著名数学家华罗庚曾说："有了兴趣就会乐此不疲，好之不倦，因而也就会挤出时间来学习了。"这样会激励孩子克服困难，满怀信心，勇往直前。

高中生甚至是初中生，熬夜的学生越来越多。甚至对于一些学生来说，熬夜已成为自己生活方式的一部分，被视为常态。但是从健康的角度来看，熬夜的害处是很多的。

2017 年的诺贝尔生理学与医学奖获得者，三位美国科学家因"生物钟"研究脱颖而出。他们认为：人身体里存在生物钟调节起着至关重要的功能，如行为、荷尔蒙水平、睡眠、体温和新陈代谢等。当人们的外部环境突然和内部生物钟不吻合，就会感到不舒服，如长期熬夜，患上各种疾病的风险可能性就会增大，不仅会摧毁身体正常的新陈代谢机能，而且会带来黑眼圈、偏头痛、憔悴、萎靡不振等健康隐患，常常出现容貌变丑、斑秃、突发性耳聋、神经衰弱、睡眠、高血压、糖尿病，甚至严重的会导致猝死。

中国睡眠医学协会调查显示：超过 70% 的年轻人有熬夜习惯，90% 的年轻人猝死、脑溢血、心肌梗死都与熬夜有关。医学研究还表明，熬夜的人比睡眠正常的人，更容易患上癌症，如熬夜发生胰腺癌的患者，就要高出正常睡眠者 3 倍多。

挪威科技大学心理学家发现，仅仅比平常晚睡 2 小时，第二天就会变得更冲动、更容易犯错，而且愉快感也明显下降。

2015 年，北京市有关部门，对全市初一至高三年级学生的抽样调查表明：80.4% 的受访学生每天睡眠不足 8 小时，其中 20% 的学生睡眠在 6 小时以下。尽管每天熬夜写作业，但仍有近 30% 的学生每天都有做不完的作业困扰，还背负着沉重的压力，受到家长与老师的批评教育。

研究表明，儿童时期睡眠时间达到 9 小时的孩子，其注意力、自觉性、人际关系和学习能力都明显更好。初中生、高中生熬夜最好不超过晚上 11 点钟。制订好学习、休息计划，提高学习及写作业效率。

高中阶段是交友的关键时期，人的一生中最要好的朋友，很多都是在高中时期结交的。家长应鼓励和支持孩子进行正常的社交活动，也要适时地对孩子进行科学的青春期教育。高中生有早恋的问题，不能视之为洪水猛兽，首先对这种现象要给予理解，然后适时适当开导。但有些同学因为性格、环境等方面的原因，交不到朋友而感到孤独，当然他们都有交友的渴望。也可以相约一起爬山、郊游，去参观名牌大学。

放假期间，尽量让孩子看些文学名著、文史哲方面的书籍，拓宽孩子的视野，对未来的成长及高考都是有利的。有条件的家庭可以让孩子学习一点才艺，这样对于孩子的未来大学生活也是非常有帮助的。总之，高中生缺乏的不是家长的嘘寒问暖，他们更需要的是家长们的关心、理解、尊重和正确引导。

在高中阶段，孩子进入高一新的高手如云的环境，首先把握好自我定位，建立自信，制订学习计划，树立学习目标，通过积极努力，达到自己的最佳水平。关键尽快掌握科学的学习方法，形成良好的学习习惯，提高学习效率。重点是学好课本知识，对一些不会的地方，一定要及时请教老师或同学，避免偏科，否则以后就很难跟上了。家长积极与孩子沟通，缓解孩子的心理压力，多鼓励孩子与同学交往、交流，互相帮助，共同进步。并建立良好的师生关系，有利于以后的学习。

在上高二时，班级里可能会出现学习上的两极分化，部分学生出现焦虑感、孤独感与消极的学习态度。当然，更多的同学是向着自己的目标，继续努力坚持，不断进步。

进入高三时，学生常常有较重的心理紧张的压力，家长要严格自律，不要给孩子增加家庭压力，适当鼓励孩子散步、打球或其他运动来缓解压力。让孩子保持合理的作息时间，继续按部就班、有条不紊地学习及复习。保持自己平时的生活节奏，注意饮食卫生，营养搭配合理。注重基础知识的巩固和重点、难点的理解，适当减轻复习密度、难度，尽量减少做题，不抠难题。在备考百日倒计时孩子控制情绪稳定，同家中人员平安无事关系重大。孩子复习回归课本、保持稳定才是关键。做到处之泰然、胸有成竹，才能理性迎考，实现理想。

在大学阶段：

孩子长大了，进入了青年时代，步入了大学殿堂，走上了自己独立学习与生活的道路。天高任鸟飞，海阔凭鱼跃。孩子虽然离开家了，但家长仍要关心和指导孩子如何走好今后的人生之路。

在大学时代，怎样才能不虚度自己的青春年华，能够无愧于青春，无愧于时代，无愧于伟大的理想和美好的人生。又怎样去实现自己的梦想呢？

只有明白大学时代的主要任务是继续学习、继续成长，并为之努力，付诸行动。只有他们毫不松懈，继续为之拼搏，为之奋斗，不断前进，总有一天他们会迎来收获的时候，那一定会是硕果飘香、满载而归。

在大学校园，孩子一定要把学习放在一个重要位置，要认真深入地学习科学知识，广泛汲取各种新的思想和学术成果，不断提高自身素质，确立正确的世界观、人生观和价值观。

大学的学习，更多的是学习一种思维方法，强调多角度地去思考问题。因为大学与中学存在显著的不同，就是相应的课堂学习较少以及布置的作业较少，自主时间较多并社会活动较多。因此，大学生应先给自己定下目标，把阶段性与长远性目标以及时间管理计划好。做好高效地利用这段有限的宝贵光阴，明白自己要做什么。抓住课内学习机会，学好专业知识；再考察学习一门辅修课，并增加阅读量，扩大知识面。

大学生的第一学年要努力学习，争取取得好成绩，这对今后的选择专业及打算保研，甚至出国深造都是很重要的。只有树立正确的学习态度，扩大自己的涉猎范围，才能克服在学习过程中出现的各种各样的问题。做到目标明确，态度坚定，倾心专注，学习效率会提高。

《礼记·学记》上讲："独学而无友，则孤陋而寡闻。"其实也就是告诉我们，大学生应当充分利用学校里的人才资源，从各种渠道吸收知识和方法。可以向老师请教或请老师推荐一些课外参考读物，方便自己在课外学习。也可以互帮互学、一起讨论，使大家共同进步。

参加第二课堂活动，开阔自己的眼界，如学术报告、专题讲座、学生读书会、学生社团活动、文艺会演、体育活动等，重视校园的人文环境，丰富课余文化生活，陶冶情操，提高文化修养。合理安排好自己的学习、运动、阅读、休闲等各种活动，使生活多姿多彩。同时，积极参加篮球、排球、足球、羽毛球等集体运动项目，培养自己的团队精神与合作能力。参加 2 ～ 3 个社团工作很重要，聚集人脉，锻炼自己的沟通、协调能力，学会处理好上下级关系的能力，提高个人的领导与组织能力，并增进人际关系。

大学生要严格要求自己，要自强自爱，不放纵自己，不随波逐流。除专业课之外，平时尽量在图书馆学习、阅读，理科的同学要尽量多阅读名著及文科的书籍。图书馆那里安静的学习气氛，会让你变得深沉而高雅，随着学习程度加深及阅读量增加，更会感到自我充实和人生的价值，随着时光的流逝，将会成为美好的回忆。

大学生应该积极参加社会实践活动，这是了解社会、适应社会、提高社会文化素养的重要途径。让自己在广阔而丰富的社会文化知识大背景中接受熏陶，开拓视野，增长才干，提高综合素质，有利于自己走向社会。当然，从小自主、自强、自理、自立能力强的学生，在通过大学时代的历练后，大都会在走上工作岗位后大显身手，很快崭露头角。

有人进入大学校园后，就出现学习态度消极，生活自由随便，甚至厌学，懒散，不思进取，得过且过等问题。经研究证明，现在多达 70% 的大学生会拖延行动，25% 的人承认成年之后还会有明显拖延的现象。不要以为躲在学校里就可以忽视外面世界的残酷现实，随着科技的快速发展，竞争越来越激烈，竞争者越来越多，职位却越来越少。学校里温柔舒畅，但不能因此就浑浑噩噩、自暴自弃，这样，将会给自己的就业带来更大的压力。

一些大学生好像把恋爱看作儿戏或游戏一样，如果你是一个既自重又有头脑的孩子，就不会随便跟风。如果你不了解对方及其家庭，只是图一时的快乐、好玩，而不能做到此生相守的恋爱，最好保持单身，何必给自己制造遗憾。别过多地感情用事，要学会在感情上节制自己。个别男性拈花惹草、朝三暮四；个别女性水性杨花、不知廉耻。别人虽然表面不说你，但一定会对你心存不好的看法，因此，大学生要懂得洁身自好。

要让孩子明白，成功从来不是混出来的，而是一步步脚踏实地奋斗出来的。真正的安逸是灵魂丰盈后的自主和自由。毕竟没有付出，没有在最好的年华里修炼自己，停止了学习，停止前进的脚步，故步自封、无所事事，怎么可能有现成的安乐呢？古人有这样一首写给年轻人的诗词："青青园中葵，朝露待日晞。阳春布德泽，万物生光辉。常恐秋节至，焜黄华叶衰。百川东到海，何时复西归。少壮不努力，老大徒伤悲。"

在现实生活中，真正了解和认识一个人是困难的，但自我的认识会更加困难。要懂得承认自己的优点，也要善于发现自己的缺点，同时更要懂得发现别人的优点，才能客观对待自己与别人，才能努力做好你自己。

大学生的心理异常及心理疾病比较常见，由于某些大学生难以建立生活环境的转变，人际关系失调造成社交的障碍，理想与目标落空造成内心的困惑，情感受挫促成心灵的苦闷，原来过度依赖父母到相对自主的生活，在心理上产生的孤独感等均是其常见的原因。

根据一项以全国 12.6 万名大学生为对象的调查显示，约 20.23% 的人有不同程度的心理障碍。某大学学工部两次对入学新生进行全面的心理测查，结果表明，25% 的学生存在程度不同的心理障碍。据统计，因各种心理疾病而休学、退学的大学生人数已占总休、退学人数的 50% 左右。2020 年 2 月份南方医科大学卫生管理学院课题组，对我国 18 岁以上在校大学生开展网络调查，该调查共收集有效问卷 6762 份，被调查对象平均年龄 20 岁；男性 2226 人，女性 4536 人；居住农村的有 2999 人，居住城市社区的有 3763 人。

调查显示，大学生焦虑、抑郁的发生率分别是 27.42% 与 21.64%。农村的大学生较城市的大学生更易出现轻度焦虑。

由于大学生接受青春期教育不够及缺乏正确的引导，很多学生根本不懂什么是真正的爱情，还有些学生不能正确处理好异性之间的交往和双方的感情问题，出现爱困惑。少数学生还会出现异常行为，有的因理解的恋爱观与现实的具体问题发生矛盾和冲突，便陷入痛苦、迷茫、消沉之中，为情所困而不能自拔。

学生出现人际关系冲突，交往恐惧，沟通不良。学习压力与竞争压力增大引起的紧张焦虑，面临求职出现的自卑、怀疑及自负等，都是发生心理异常的重要因素。部分大学生在市场经济崇尚个性发展大潮的影响下，人生价值观向个人“功利化”偏移，带来思想上、情绪上的异常变化。

对此，建议大学生要坦然面对，调整好自己的生活规律，以积极的心态对待生活、学习、交往。不可从文章中断章取义，就“对号入座”认定自己患上什么病。平时严格要求自己、努力做好自己。首先，做好个人规划、短期目标与每日计划，明确主要任务是学习。其次，生活规律，按时休息，尽早起床，坚持运动如长跑等，加强体能锻炼；再次，积极参加课堂学习，完成专业学习任务。最后，加强课外阅读及其他专业学习。做好这几条是缓解精神压力的有效方法。

家长要常常告诫孩子，只有坚持刻苦学习，才能学好专业知识，兼备多学科知识及文学知识。只有做到腹有诗书气自华，就能克服心理因素的影响，树立自信，成就自我。

大学生在大一时，首先端正学习态度，严格要求自己。尽快适应大学生活，了解专业特点，了解专业前景。重视学习英语和高数，准备大学英语四级考试和大学计算机一级考试，为考研做准备。积极参加学校社团活动，培养人际关系、交往能力及工作能力。

在大二时，通过大学英语六级考试，计算机二级考试，熟悉掌握专业知识，竞选院校学生职务。提高专业学习能量及阅读量，丰富自己的知识内涵。

在大三时，提高求职技能，搜集招聘单位信息，撰写专业学术文章，参与暑假工作，和同学交流求职经验，做好第二条准备：考研。

在大四时，注意个人综合素质及工作能力的培养，制作好个人简历，准备好个人应聘。

大学生走出家门，平时不能经常回家，就经常给家里打电话、发微信吧，要知道家里的父母、亲人一直是思念你的，只是他们怕打扰到你的学习，所以希望你能加强与父母的联系。

大学时代，校园生活是绚丽多彩的，每个人都洋溢着青春的活力，更有学习上的激情和毅力，因此学有所成；又有阅读的快乐，满腹经纶。那交往的纯真与相互间真情的流露，酸甜苦辣、喜怒哀乐，总是令人难以忘怀。为了理想，为了未来，努力过，奋斗过，更有收获。留下了无数美好的记忆，更是无怨无悔。“须知少日拿云志，曾许人间第一流。”

2. 增加积累，迎接挑战

中国古代最伟大的教育家之一的荀子，他的《劝学篇》中说“不积跬步，无以至千里。不积小流，无以成江海”。意思是：千里之路，是靠一步一步地走出来的。不积累细小的流水，就没有办法汇成江河大海。这说明一个道理：没有小的积累，就没有大的收获。因此，建议人们做事要脚踏实地，一步一个脚印坚忍不拔地走下去，最终才能达到目的。

荀子的《劝学篇》，可以说每句话堪称经典。当我在年少时第一次接触到《荀子》及《劝学篇》时，就朦胧地领略到圣贤的思想深邃与远大的精神境界。

“积土成山，风雨兴焉；积水成渊，蛟龙生焉；积善成德，而神明自得，圣心务焉。”就是说堆积土石成了高山，风雨就从这里兴起了；汇集水流成为深渊，蛟龙就从这里产生了；积累善行养成高尚的品德，自然心智澄明，也就是有了圣人的精神境界。

“锲而不舍，金石可镂。”就是说如果不停地刻下去，那么金石也能雕刻成功。

更有《劝学篇》开篇的惊人之语：“君子曰：学不可以已。青，取之于蓝，而青于蓝；冰，水为之，而寒于水。”也就是圣贤者告诫人们学习是不可以停止的。虽然学生跟老师学习，只要持之以恒，通过不断地努力学习，其能力也可以超过老师。

自孩子出生后，父母都寄予了美好的期盼。希望孩子将来有出息，加强早期教育，指导学习，培养孩子的爱好及特长。

在当今社会，幼年儿童的早期教育是多种多样的，只有选择不同的学习内容，没有选择不去学习的理由。关键是家长如何利用自己的优势和发现孩子的特长，循循善诱、积极培养。天才在于积累，聪明在于勤奋。这样才能实现孩子的自我超越。

被称为诗词小达人的王恒屹，年仅 5 岁“出口成诗”，对答如流，挑战高难度背诵诗词，震撼中央电视台举办的“中国诗词大会”全场人员，堪称超级神童。在王恒屹的身上，我们能看到一个5岁孩子对中华传统文化的热爱与天赋，以及中华传统文化带给他超脱于一般5岁孩子的见识与灵气，得益于他的家长的精心培养教育。

他很自然地出场亮相在舞台上，他高声背诵着“三更灯火五更鸡，正是男儿读书时。黑发不知勤学早，白首方悔读书迟”的诗句一步步登上舞台。用稚嫩的童声先来个自我介绍：“我来自青岛，喜欢画画、写字、弹钢琴，但是我最喜欢的是诗词。”简短的几句话，让人们感觉到他是一个多才多艺又多么可爱的孩子。

他的家人说，小恒屹从1岁就开始学识字，现在已认识3000多个汉字，能熟背近600首诗词。

王恒屹出身在文化氛围浓厚的大家庭，家庭和睦。在家庭的熏陶，长辈的引导下，王恒屹从小就养成了爱学习的习惯。他从牙牙学语时起就喜欢翻书，家人因势利导教他识字，日积月累认识的字越来越多，为日后学习诗词打下了很好的基础。经过慢慢的引导与培养，又激发了学诗词的兴趣，使小小年纪的王恒屹脱颖而出，惹人喜爱，让他又有了“神童”的美誉。

王恒屹的成长经历给人们以启示，人才培养要注意从娃娃抓起，家庭教育的核心是培养孩子的兴趣。兴趣是最好的老师，兴趣也是前进的动力。培养兴趣、开发智力，让孩子的天赋充分得到拓展和升华。为孩子们茁壮成长营造良好的氛围和环境，使孩子全面发展，健康成长。当然要教育孩子从小树立鸿鹄之志，像科学家一样需要掌握更多知识，江山代有人才出，少年强则国家强。

知识在于积累，学习在于兴趣，效率在于专注，成功在于信念。孩子在成长过程中的家庭学习教育如何，会直接影响着孩子，又如何让孩子保持兴趣、更加专注、增强信念、增加积累，关键是家长能否做到处处留意、随时教育，在孩子的日常生活中，自然而然地就贯穿着各种能力与人格的培养，从而使孩子在幼小的年龄就能显示出才华和个人魅力。

首先，要注重家庭与社会环境的熏陶。家庭和睦、伦理有常、生活有序，父母好学、言传身教，家长尽量做到嬉笑出佳句（古诗文及名言）、张口皆文章（古今经典文章），当然，需要重点对孩子做好诠释，让孩子既简单明了，又特别感知文化之美。处在这种家庭氛围引导及榜样的力量，孩子很容易。有积极的心态参与家庭活动及有学习知识的渴望与热情，就能逐渐养成良好的学习习惯及提高注意力。

其次，家长要注意引导孩子的社会活动及体育活动，帮助孩子去欣赏周围所有东西的美，包括一棵小草、树木与花卉之美，体育器材、车辆与飞机之美，马路与建筑物之美，大山、湖泊与河流之美，月亮、星星及宇宙之美，在家里发现的衣服、发型之美，家具、家电及各种玩具之美，感受到身边的物质之美，当然需要家长储备相关知识教育引导孩子。还有音乐之美，阅读之美，等等。这样会使孩子产生积极的心态，培养美好的心灵，建立社会的责任，树立自己的理想。同时，还能提高孩子的学习激情及增强孩子的记忆力。

再次，培养良好习惯的养成，毫无疑问在小时候的养成教育会让孩子受益终身。学习、阅读、游戏、运动及特长训练等，都应该有相对固定的合理的时间。特别注意严格规定与固定孩子玩电脑、玩游戏的时间，如果孩子对此能够高度自觉、严格守时，说明孩子已经具备一定的信念与意志力，今后在学校学习上也一定会有优秀的表现。

最后，要求孩子做任何事情一定要做好，做到善始善终。家长在教育孩子的过程中，注意尽量多陪伴孩子，尽量多鼓励、激励与赞扬孩子；提醒家长注意及时恰当地帮助孩子；注意不可训斥孩子，绝不能打骂孩子。只能婉转地指出孩子的缺点及注意的事项。这样才能使孩子做得更好。

芝加哥大学的布鲁姆博士曾研究100位杰出且年轻的运动员、音乐家和学生。他十分惊讶地发现，这群年轻的奇葩，大部分都不是自幼即表现伟大不凡，而是在细心的照顾、引导和帮助下，得以发展才华。这都得归功于他们成名前，即已拥有“我必出人头地”的信念。斯图尔特·米尔又曾说过：“一个有信念的人，所发出来的力量，不下于99位仅心存兴趣的人。”这也就是为何信念能开启卓越之门的缘故。

人们都非常熟悉的鲁迅先生，他从小认真学习，坚持读书。在少年时，他在江南水师学堂读书，第一学期成绩优异，学校给他一枚金质奖章。因为他家庭比较贫困，无钱买书看，他就立即到南京鼓楼街头把奖章卖掉，然后买了几本书，又买了一串红辣椒。每当晚上寒冷，夜读难耐时，他就摘下一颗辣椒，放在嘴里咀嚼，直被辣得额头冒汗。他就用这种办法驱寒，坚持读书。由于他刻苦读书，后来终于成为我国著名的文学家。

在中国历史上，名人少年励志苦读的事例很多，一直感动并激励着一代代、无数个胸怀大志的少年，刻苦学习，奋发有为，终能成才，奉献国家。如古代孙敬和苏秦的“悬梁刺股”、匡衡的“凿壁偷光”、车胤的“囊萤映雪”等故事，还有刘绮的“然荻读书”、苏廷的“吹火读书”、李密的“牛角挂书”等刻苦读书的事迹，少年首先经过艰辛的努力，掌握了改变自己的命运，才能达到更高的思想境界，并且能影响社会更多的人。

人的成功，不是因为人的智力有多高，或人的情商有多高，关键是一个人从少年时的坚定信念，只要你能在认定的目标和方向上，刻苦学习，坚持下去，不断进步，就可能获得成功。

在长期的研究中，成功心理学发现，每个正常人都有其独特的才干以及用才干构成的独特优势。所谓才干，专业的解释是一个人所具备的贯穿始终，且能产生效益的感觉和行为模式。它是先天和早期现成的，一旦定型很难改变，无法培训。至于优势，通俗的说法是一个人天生做一件事，比其他一万个人做得好。因此，每一个人，在早期通过坚持训练某一件喜欢的事，易获得成功。

成功心理学还发现，截至目前，人类共有400多种优势，而对这些优势本身的数量并不重要，最重要的是每一个人应该知道自己的优势是什么，之后要做的则是将自己的生活、工作和事业发展都建立在这个优势之上，这样方能成功。

环顾当今世界，成功者的辉煌灿烂环绕着整个世界各行各业。乔丹是篮球飞人，罗纳尔多是足球先生，帕瓦罗蒂是美声歌王，索菲亚·罗兰是电影皇后，杨振宁是诺贝尔物理学奖得主，比尔·盖茨建立的微软及开发的电脑操作系统影响了全世界，马云的电子商务改变了人的传统观念等。这些人无不对社会和人们生活产生较大的影响。我们身边也有许许多多吃苦耐劳、积极努力的人，他们不断学习、不断成长并获得突出的成就。

天生我材必有用，需要正视自己的缺点，审视自己的不足，只有完成对自我的挑战，不断超越自己，才能在激烈的竞争中占有自己的位置，使生命的碰撞发出耀眼的火花。一个人活在世上，如果年少时不吃苦，只图安逸享受、懒散平庸的生活，就永远也享受不到人生的真正乐趣。只有努力创造、全力拼搏，不断前进，才能最终成为真正的强者。

成功者的成功绝不是偶然的，他们必定是积极地自觉行动，又必然是全力以赴，经过不断努力，不怕失败，直至成功的人。而我们遇到太多的失败者在谈起别人获得成功时，总是数落着别人捕风捉影的缺点与负面的不好的东西，并愤愤不平地说起“人家如何运气、如何赶上好时候”，等等。岂不知人家付出了多少的努力和汗水。

如果说，时代给了庞中华的机会，倒不如说庞中华执着的理念和行动，因为那个时代而应运而生。在半个世纪前，年轻的庞中华毕业后被分配到大别山区山沟里。单调的工作、生活没有让他颓废。他就坚持努力学习书法，仔细临摹王羲之等的历代书法作品，阅读了有关书法书籍。他发现从古到今没有人去研究硬笔书法。于是他选定了自己的努力方向，走前人没有走过的路。

每天坚持练习硬笔书法，他自己曾说“天天慢慢地磨笔尖”，终于练就了一手好字。并在20世纪60年代，庞中华出版了第一部著作《谈谈学写钢笔字》。艺术是高雅的，同时又是大众的。20世纪80年代初期，一场亿万人学习硬笔书法的风潮，席卷大江南北，其领军人物就是庞中华。数十年来，先后受邀在数十所大学，在美国、德国等数十个国家，直至联合国演讲，传播中国最传统的文化——硬笔书法。

20世纪60年代，沈国放作为知识青年到农村插队劳动。在那特殊日子里伴随他的是一台老式收音机和英语教材。在劳动结束，回到知青宿舍里，他就迫不及待地捧起英语课本读起来。自学外语，没有老师，学习英文会话，就靠那台收音机，他啃下了十几本英语教材。后来被招进工厂里，沈国放又开始学习了日语。6年后被推荐上大学，并以优异的成绩从北京外国语学院毕业，而后开始了他的外交生涯。

被人们敬重的陈景润，专注工作，取得辉煌成果，摘取了数学“皇冠上的明珠”，成为著名的数学家。他常常夜以继日地忘我工作，他的精神也是感人至深的。人民敬仰的陈毅元帅，在小时候由于他聚精会神地学习，竟然把墨汁蘸饼吃进嘴里。

有这样一句话：这世界本不公平，但这世界又异常公平。你得到的，其实都是应得的，你有多努力，就有多特殊。努力是一种生活态度，与年龄无关。不论什么时候，都不要放弃，都需要积极努力。内心的强大，永远胜过外表的浮华。

遗憾的是，我们众多所谓的“过来人”明白得太晚。在年少时学得太少，在年轻时又懂得太少，在年长时才知道应该怎样去做时，自己早已过了青春年华。可惜的是社会上许多年轻人在工作后安于现状，不思进取，或浅尝辄止，半途而废。而大量的“过来人”更是自暴自弃、得过且过，不再要求自己优秀，不再积极，不再学习，不再让人感到你的深沉和厚重，而是更让人感觉你的衰老与浅薄。天天在漫不经心地应付简单的工作，常常茫无头绪及没头没脑谈论着别人的八卦，制造是是非非，还经常声称工作的劳累，而实际上是心累。罗曼·罗兰曾说：“生活中最沉重的负担不是工作，而是无聊。”

著名教育家陶行知曾说：“思想决定行动，行动决定习惯，习惯决定品德，品德决定命运。”因此，一个人有什么样的思想信念，就会选择什么样的态度；有什么样的态度，就会出现什么样的行为；有什么样的行为，就会产生什么样的结果。要想有好结果，就必须选择好的思想信念。

一个人只有目光远大，付诸行动，坚持学习，不断进步，才能走向卓越。

家长要让孩子知道，读书虽然很苦，但却是人生最容易走的路。十年寒窗苦读，每天两点一线的生活觉得枯燥乏味，但是相比为了生活而东奔西跑、走南闯北的苦，学习真是轻松很多。

因为，孩子没有感受到父辈们在社会上为了养家生活所吃过的苦。家长也要教育孩子懂得坚持的苦，每个人在成功的道路上都不是轻而易举获得的。

因为，孩子没有感受到父母挣钱很苦，钱是靠知识和勤劳获得的，也不曾深思不挣钱生活就会更苦。家长还要教育孩子明白经受挫折的苦，在挫折面前永不气馁。吃一堑，长一智，总结经验教训，找准方向，继续走下去。有志者，事竟成。

电灯是人类征服黑夜的一大发明。大发明家爱迪生经过6000多次灯丝试验才获得成功，他常常连续工作十几个小时。爱迪生有一句著名的话："天才是百分之九十九的汗水加百分之一的天赋。"

屠格涅夫说："想获得幸福吗？先要学会吃苦！"不经一番寒霜苦，哪有梅花放清香。你拥有什么样的心，便拥有什么样的世界。你有怎样的行动，就有怎样的结果。你只有经过努力，才会有收获。你努力的方向和坚持的程度，就决定着你的未来。弗罗斯特曾说"最好的出路永远是朝前走完全程"。只要按照认定的目标坚持走下去，就一定能迎来胜利的曙光。

3. 参加社会实践，开拓视野

孩子从会走路、会说话开始，就特别喜欢到户外去玩，从此也开启了孩子探索外面世界的步伐。因此，在幼儿时期，家长（父母或祖辈）对孩子的引导教育就十分重要，甚至对孩子的一生起决定性作用。父母要给孩子创造一个游玩的场所，去接触更多的人和物。在2岁时孩子的显著特点是模仿。父母要给孩子准备能够独立活动的环境，让孩子做自己喜欢做的事。给孩子积木、拼图、橡皮泥、纸和彩笔等，让孩子尽情地做想做的事，这也是孩子愉快的事。

孩子的社会性是潜在的，随着孩子的成长而逐渐显露出来，孩子会快乐地与小朋友形成集体活动，这又不是自然而然就建立起来的，因为周围的人和物都是陌生的。需要父母给孩子更多的帮助，和孩子一起唱歌、一起画画、一起读书、一起运动、一起玩玩具。并积极引导孩子能够走出家门和其他孩子一起玩耍。

对那些关在屋子里的孩子来说，每天能在规定的时间里，由父母领着在户外散步、交流，是件非常快乐的事。在周末，父母也最好能常带孩子到儿童游乐场，引导孩子结交其他小朋友，在一起玩荡秋千、滑滑梯、玩推车、踢皮球等；或带孩子在夏天里玩水、玩沙，准备好铲子、筛子、小桶、翻斗车等。

家长要注意鼓励、引导孩子，去与其他小朋友一起玩。有相同理念的家长也可以建立信息联系。

人类是通过语言来维系人与人之间的联系，孩子与其他小朋友一起玩时的语言交流非常重要，有人认为这时孩子能够说出多少话来，也就意味着孩子拥有何种程度的人际关系。

3 岁的孩子，已经有明显的交友意识了，能够相互帮助，并且为了达到某种目标团结一致，共同努力。为此，首先，家长要培养孩子的交友意识。交友意识增强了，孩子也乐于和伙伴们一起携起手来，进行集体活动。可以做攀登运动、投球运动、全身运动等。家长要让孩子在室外来回地跑、跳运动，以加强体能锻炼。并且兴趣盎然的集体活动，比单独自己玩耍更有意义。其次，在以后孩子被送进幼儿园时会更顺利，可以减少孩子对父母的依赖。孩子的自主能力增强了，并体验到了集体协作生活学习的乐趣，这对孩子的成长是有益的。

如果孩子在 3 岁时，还是不能很好地与邻居家的孩子在一起玩，不愿意拿出自己的玩具与其他小朋友一起玩，或不借出玩具给他人玩，人家小朋友感到没兴趣，就要回家。那么孩子就很难交到小朋友，那么父母就要及时引导孩子拿出玩具一起玩，也可以带孩子到小朋友家里玩。

3 岁的孩子大脑会快速发育，经过训练智力会迅速提高。家长必须积极刺激孩子的想象力、记忆力、注意力。让孩子学习、画画、阅读、听音乐、搭积木、黏土加工等。最糟糕的是家长让孩子长时间看电视、小平板，看动画片、看视频等，这样会极大地扼杀孩子的想象力。因为，电视、小平板画面及“声音的洪水”，会迅速充满孩子想象的空间。所以，孩子整天看电视，可能会培养出什么都不思考的人，甚至长时间近距离看手机，还会影响孩子的视力。

如果父母的目光都不能从家中电视里移出来，就只能通过电视扩充孩子的见闻，给孩子带来学习并以此来自我安慰，实际就是对家庭教育的放弃。所以，只有父母坚持坚决少看电视剧，或不看视频及追剧这种毅力，才能担当好家庭教育的责任。

在孩子 3～4 岁时，积极挖掘孩子潜在的天赋，必须给孩子创造各种机会，让孩子与各种专业老师接触、学习，以发掘潜能。如果家长能够教给孩子一些启发的东西，让孩子开发自己的能力，就会使孩子感到创造的自信与喜悦。

对于 3 ～ 4 岁的孩子，家长让他帮助做些事情是有益的，如让孩子拿较安全的小东西，整理房间、书本、画笔，收拾玩具等。特别注意让孩子帮忙做事时，最好家长和孩子一起劳动，这样对孩子的情绪是很重要的，并及时对孩子的“劳动”给予表扬。如果家长认为孩子做了错事，就对孩子体罚，其实是孩子的一种灾难。

如孩子撕破了家长的重要书籍等，一定不要责备孩子。因为家长可能存在随便撕书的毛病或书籍随便摆放的缺点。因此，要求家长时刻注意自身的言行举止，否则在你不经意间就被孩子模仿了。

3～4岁的孩子是充满好奇的，会从早到晚不断地问父母“为什么？”“怎么回事？”家长一定要认真思考回答，不能对孩子撒谎、敷衍了事，更不能粗暴地回绝孩子。对孩子提出的简单的问题可以反问孩子，让孩子学会思考问题，在孩子思考后再给予回答。对孩子提出的某个问题，答不上来时，要主动和孩子说：咱们查查字典好吗？然后一起查有关书籍，以寻求解决的办法。当然，要及时启发孩子的思考与学习兴趣。

30～40年前的中国城乡家庭的小孩子，不需要父母的帮助，在家附近的空地，孩子和小伙伴们尽情地玩耍，踢足球、放风筝等，或在草丛、树林中，追逐着一起捕蝴蝶，捉虫子，抓知了，只有在吃饭的时间才回到家里。每天和小伙伴能愉快地在一起玩耍，就等于锻炼了身体，还加强了人际关系。

但是，现在和从前大不相同了，科技与生活都发生了翻天覆地的变化，到处是高楼大厦、车水马龙、人来人往等，孩子的自由自在的活动不方便了，但家长要有意识地引导孩子去运动与交往。

当孩子需要找玩伴一起玩时，如果其父母们都能明白这个问题，两个家庭就可以组成小组一起去郊游，一起去没有到过的地方玩，甚至去远方旅游。这种结伴活动，对孩子们来说，可以让他们感觉到大家都是好朋友。

一个家庭最少要有2个孩子较好，2个孩子年龄相差3～6岁最好。关键是孩子的年龄不可相差太大，因为年龄相差不大，可以成为玩伴、说话的对象。如果家庭是1个孩子，对孩子的成长相对是不利的。

如果你们是一对有见识、有知识、懂育儿技巧的父母，其中一方有充裕的时间，自己专门带孩子是最好的，有利于养成孩子的健全人格。可以进一步加强母亲或父亲与孩子之间的依附关系，增进亲子情感，会让孩子与父母更亲密。

但是，大多数是老人与保姆带孩子，会使孩子产生不同程度的心理缺陷和性格缺陷，有些缺陷是很难弥补的。建议尽可能把孩子送到正规的幼儿园去。

如果孩子对母亲的依赖而不愿意上幼儿园，但孩子的这种想法又是不现实的，而幼儿园的集体学习又能教给孩子在家庭中学不到的东西。这时最好的办法：请孩子要好的小朋友早晨到家里来，让他们一起搭伴上幼儿园，同时这也是教育孩子，在小伙伴遇到困难时，要伸出友谊之手。

如果孩子进幼儿园后的2～3月还没有交上好朋友，都说孩子老实、怕羞，总是一个人孤独地站在一旁，这样对孩子的成长是非常不利的。孩子家长一定要及时帮助纠正这种情况。

幼儿园可能存在孩子较多，太嘈杂，甚至有点混乱等问题，让来自较安静的家庭的孩子不能适应，更重要的是由于老师的关心不够，或能力不够，或不会引导造成的，关键是没有良好的责任心的问题。

孩子到幼儿园后，老师要更多地关心这样的孩子，要不断地、主动地与孩子交流，引导和鼓励孩子参与集体活动，让他感到和家里一样无所畏惧，并自由地玩耍。也可以让他先和认识的小朋友一起玩，孩子就会逐渐适应集体生活，就能形成健全的人格。

4～5岁的孩子自理能力会进一步提高，应该让孩子们意识到运动、创作、游戏、唱歌、体操等所有这些活动，大家齐心协力比一个人单独做要快乐，也让孩子体验遵守规则给生活与学习带来的快乐，从而引导他去主动遵守规则的意识。

孩子在幼儿期间，进行的绘画、书法、音乐、舞蹈、武术、棋类、诗词、外语、网络等学习，有助于孩子的成长。还可以让孩子到植物园里了解植物知识，到动物园观看动物，到博物馆参观历史文物，都能丰富孩子的想象力。

美国著名心理学家鲍里斯·塞德兹提出的幼儿家庭教育思想主要包括以下几方面：教育的本质是发掘潜能；音乐教育应该摆在首要位置；天才是从游戏中产生的；自信是成功的重要途径。这是符合幼儿的天性及发育成长特征的。

当然，需要注意的现实是，目前仍存在许多对孩子家庭教育态度与方式上的各种缺陷或偏差，对幼儿的身体发育和精神成长都是有害的影响。

①过度溺爱孩子。中国有句古语“惯子如杀子”。特别是很多老年人带孩子，日常的事一切包办，还害怕学习会累坏孩子，正好错过了孩子智力发育发展的关键期和敏感期，结果就耽误了孩子。

②教育上的偏差。千家万户都能重视幼儿的营养饮食及身体健康，多数父母也重视孩子的早教学习。但最容易忽视幼儿的心理健康成长及人际关系。因此，一定要带孩子走出去，伸出友谊之手，结交朋友，这对孩子今后的人际关系与人格成长非常重要。

③家长自身的文化素养对幼儿的影响。家长的文化知识、思想见识、言谈举止及待人接物表现的素养好坏不同，都直接影响到孩子，也是影响幼儿的重要因素。

④父母的生活理念、理想信念及积极热情的生活、学习、工作态度。对孩子起到榜样作用，也对孩子将来事业的成功产生潜移默化的作用。因为幼儿期是养成教育及人格成长的最关键阶段，是智力发展的黄金时期，同时也是情商开发的黄金时期，所以家长应该积极地对待与指导孩子，努力发掘孩子的潜力，提高智商、情商，使孩子迈好人生的起步。

著名教育家苏霍姆林斯基曾说：“要了解是什么给孩子带来了快乐，仅仅是年长的人给了他什么东西，还是他用自己的微薄力量给别人做了什么事。如果享受父母创造的幸福是他快乐的唯一源泉，那就非常不好，他将是一个无情无义的人；如果孩子只知索取，不知奉献，那将是十分危险的。”因此，父母可以带着孩子，通过参与社会公益活动等，培养孩子的社会责任感及奉献精神。

社会公益活动的内容，包括社区服务，环境保护，知识传播，公共福利，帮助他人，社会援助，社会治安，紧急援助，青年服务，慈善捐款，社团活动，专业服务，文化艺术活动，国际合作，等等。特别是鼓励孩子积极参加公益文化活动，如大型广场文化活动、艺术节、诗会、读书会、歌咏比赛、征文比赛、书画比赛、慈善拍卖义演、城市交流、国际交流和名人主导的公益活动如社会名流、政要、热点人物参加的文化活动等。

参加公益性的讲座、考察、夏令营、特殊训练班及重大体育比赛等志愿活动；参加“植树节”义务植树活动及看望敬老院老人与义工活动。父母平时教育孩子爱护公共财物，保护公共环境，遵守公共秩序，在公共场所主动给老弱病残孕和抱孩子的人让座位等。

当今社会，社会公益活动，已成为全社会每一位有责任感的公民都热心参与的事业。所有的父母都希望孩子将来成为对国家、对社会有用的人才，从小培养孩子这种爱心与奉献的观念，让孩子多在这些活动中得到锻炼，让孩子在心灵里自然流露出真善美，成为有志向、有修养、积极进步的孩子，最终才可能成为在社会上优秀的人。

在大学时期，大学生要积极参加有益的社会实践及公益活动。只有自己走出校门，走向社会，才能真正了解社会、感受社会。只有参与社会活动，融入各种做事的人当中，才能真正获得个人在社会竞争中的经验教训。只有参加某些社会实践活动，才能真正锻炼与提高自己的工作及社交能力。

一个人的成长、成熟与所处的环境文化是密切相关的。在社会实践活动中，你接触的是和学校里完全不同的人文群体，一定要做到不怕苦、不怕累，努力学习工作，勤于请教，尽力按时完成自己的任务。经过这样的社会实践，你才能真正学会如何与人沟通交流，如何表达自己的思想观点，如何处理好上下级关系，如何接触对待各种各样的客户与同事，同时更重要的是能够认识到自己的缺点或不足。这些感性的认识，甚至积累的个人经验，对自己在毕业后投身社会，走向工作岗位都会有很好的帮助。

作为新时代的大学生，要胸怀祖国，放眼世界；应敢于担当，勇于奋斗；努力做新时代具有责任意识和创新精神的建设者。永远牢记国家命运与个人前途是休戚相关的，也时刻不忘民族振兴与个体发展是紧密相连的。习近平总书记指出："新时代中国青年处在中华民族发展的最好时期，既面临着难得的建功立业的人生际遇，也面临着'天将降大任于斯人'的时代使命。"

大学生应深刻认识到自身所面临的时代际遇和历史责任，要将自己的个人梦与中国梦紧密结合起来，以实现中华民族伟大复兴为己任，不辜负祖国的期望、人民的期待和民族的重托，共同努力把自己的国家建设得更加强大。大学生只要有心系祖国和心怀强国梦、报国心的宏伟志向，才会不负年华，严格自律，勤奋学习，锻炼身心，才能掌握过硬的本领和具备高尚的品德，才能成为国家建设与发展的栋梁之材。

大学生意味着青春，青春意味着奋斗，奋斗意味着坚强，坚强来自信念，信念要禁得起考验。因此，大学生要充分利用寒暑假期间，主动有意识地参与相关的社会实践活动，去磨炼自己的意志，锻炼自己的心智；去感受历史，感受生活，感受人生意义和生命的价值。更能增强自己的理想信念、奋斗的方向和前进的动力。大学时代机不可失，时不我待，只有只争朝夕，奋发图强，勤学苦练，掌握本领，才能更好地响应祖国的召唤，努力奋斗，报效祖国，为祖国付出自己的青春、汗水和力量。

大学生在寒暑假参加社会活动中励志的项目，如重走长征路，体验先辈们曾经是怎样的艰苦卓绝的经历；探寻中国共产党的峥嵘与辉煌历程；国家改革开放重大工程考察；社会参观与调研活动；感受扶贫与民生生态的变化；寻访一带一路的新发展等。其他社会实践活动，如科技文化卫生“三下乡”活动；科技文化法律卫生“四进”社区活动；“青年志愿者”活动；社会服务活动；课外科技活动；勤工助学活动等。历经这些活动，会启迪自己的心灵，磨炼自己的意志，进一步增强自己的责任感与使命感。

大学生在课余期间，参与勤工助学、家教、零工等侧重于经济利益，是一些家庭困难的学生有意义的首要选择；具有一定经济基础的学生选择义工、支教、支农，既锻炼了能力，又奉献了爱心，关键是增强了自己的社会责任感和学习的使命感。总之，大学生只有积极投入学习之中去，积极投入社会实践之中去，以不断增长知识，不断增长才干，才能在未来更好地担负起祖国的重任。

随着社会主义市场经济的深入发展，许多大学生的自强意识、进取精神不断增强。但也有一些学生不同程度地存在着政治信仰迷茫、理想信念模糊、价值取向扭曲、诚信意识淡薄、社会责任感缺乏、艰苦奋斗精神淡化、团结协作观念较差、心理素质欠佳等问题。这些学生常常表现为思想颓废、情绪消沉、学习消极、好逸恶劳、投机取巧、不思进取等，今后他们又如何能担当起社会责任呢？

第六章　享受工作，不断进取

工作就是修行，有明确的个人事业的目标、规划，保持毅力及执行力，并坚持学习，不断成长。虽然前进的路上会充满坎坷，但总会赢得美好的未来。

1. 重视第一份工作

时光更替，岁月流金。孩子已顺利地完成了大学或研究生等学业毕业了。经过高等教育学习及社会实践历练，完成了人生最重要的一次飞跃，成长为思想坚定、热情奔放、做事担当、内涵深厚、知识丰富的热血青年。

孩子经过层层应聘选拔，找到了人生中第一份工作，开始了他自己真正走向社会、进入职场的新生活。要求孩子一定要重视自己的第一份工作，以感恩的心对待工作。

工作就是一个人施展自己才华的舞台。寒窗苦读近二十载获取的知识，真正投入自己的现实工作中，应以积极认真的态度、满腔热忱的精神，力争在新的工作岗位上拓展自己的才能。

告诉孩子，对于一个新员工来说，会缺少一定的工作经验和专业素养。因此，要求你一定要虚心向同事请教，与同事友好相处，密切合作，并做好自己的工作，按时完成任务。关键是锻炼自己的能力，培养自己的品行，丰富自己的经验，增长自己的智慧。

你最好不要迟到，最好不要推辞，并且你应该积极地去做事。同时，还要时刻准备着，去做每一份新的工作，更要努力地做好你的每一份工作。你要做的工作，哪怕是一件不起眼的小事情，都要认真对待，尽心尽力地去做，并力争高效地完成。

在你做的每一份工作中，遇到困难时一定不要放过，及时多请教，去学习，勤思考，就一定能克服困难，更出色地完成任务。既没有快速进步的捷径，又不会在偷懒中轻而易举地成功。“捷径往往是最长的弯路。”需要老老实实专注工作，付出行动，甚至是加倍的辛劳，这样才能使你不断进步，又一次完成自我的超越。

作为一名新员工，又是年轻人，你一定要主动做事，多干活儿，并做到积极勤奋。努力掌握好并不断开拓专业知识技能，同时，每天积极做好最易让年轻人轻视的、最简单的事，就是办公室的清洁卫生、整理资料等。勤快就是一块敲门砖，你这样做，同事会喜欢你。

如果你行为懒散、拖拉，甚至别人在做事，而你还是懒得伸手，那么师傅又如何能乐意把你领进门呢？更不会作为人梯让你登高望远了！

有人认为：一个人所做的工作是他人生态度的表现。一生的职业，就是他志向的展示、理想的所在。因此，了解一个人的工作态度，在某种程度上就是了解了那个人。所以有人告诫说“凡是值得干的，就值得好好干”。

也许我们很多人都听过这么一个耐人寻味的故事：许多年前，在日本，一个年轻的姑娘来到一家著名的酒店当服务员。这是她涉世之初的第一份工作，她将在这里正式步入社会，迈出人生关键的第一步。因此她意气风发，暗下决心一定要好好干，不辜负老板的信任。

谁知在新人受训期间，老板竟然安排她洗马桶，而且必须把马桶擦得光洁如新。她当然知道“光洁如新”的含义是什么，她实在是无法忍受。当她拿着抹布伸向马桶时，胃部就出现剧烈的恶心反应，为此她也动摇过，是否要放弃这份工作。在此关键时刻，同单位的一位前辈来到她的面前，没有用空洞的理论去说教，而是言传身教，身体力行，亲自洗马桶让她看一遍。首先她一遍遍抹洗着马桶，直到马桶被抹洗得光洁如新；然后她从马桶里盛了一杯水，一饮而尽，没有丝毫的勉强。

这位姑娘从身体到灵魂都受到震撼，恍然大悟，她明白了自己的工作态度出了问题，于是她痛下决心：“就是一辈子洗马桶，也要做洗马桶最出色的人！”从此，她的工作质量达到了无可挑剔的高水准，为了展示自信心，她也多次喝过马桶里的水。

多年以后，这个当年洗马桶的姑娘成为日本政府的高官，她的一切成就都得益于永不满足的创造和永不停顿的卓越行动，她就是邮政大臣野田圣子。

任何工作都应该积极去做，并认真做好，这最能反映一个人的工作和生活的态度，只有把工作做好，最后才可能获得成功，只有自己才能成就自己的成功。

在目前社会上有不少人看来，应聘到公司干活，公司付给我一份报酬，是双方的等价交换，仅此而已。他们看不到工资以外的价值。在校园里曾经编织的美丽梦想也逐渐破灭了，自己的美好前程也很快化为乌有。于是，没有了信心，没有了激情，更没有了干劲。在工作时总是采取一种应付的态度，不愿多说一句话、多做一点事、多走一段路，甚至偷懒不干、磨洋工或“伪工作”，认为自己已对得起目前的薪水，但他们却不去想未来的薪水和前途。

他们总是抱怨公司的老板抠门，抱怨公司工作时间过长，抱怨公司管理制度过严等，却不能够沉下心来工作、学习、思考问题，不能使自己不断进步和不断成长。长时间的抱怨更会让人思想消极、动摇，工作上敷衍了事，也会使周围的人也受到这种负能量的影响，失去工作的动力。这类人上班时应付工作，下班后也常常无所事事，长此以往就会一事无成、生活窘迫、消极一生。

有这样一个青年，在一家贸易公司平平庸庸工作了一年，由于不满意自己的工作和工资较低等原因，有辞职的想法。于是就愤愤不平地对朋友说：“老板不把我放在眼里，工资太低，长时间又不给加薪，打算辞职不干。”他的朋友问：“你对那家贸易公司的业务都弄清楚了吗？各项技能弄懂了吗？”他思考了片刻回答：“没有！”他的朋友给他的建议：“先冷静下来，思考一下，认真对待工作，好好地把公司的贸易技巧、商业文书和公司运作，以至如何书写合同等具体事务都完全搞通，学到手，这样不更有利于你跳槽及应聘别的公司吗？”

这位青年认为朋友说得有道理，就听从了朋友的建议，一改往日的散漫习惯，开始认真地工作起来，甚至在下班之后，还留在办公室研究商业文书的写法等。一年之后，那位朋友问他是否辞职时，他很兴奋地告诉朋友说：“我发现近半年以来，老板对我刮目相看了，最近更是委以重任，既升了职，又加了薪。”朋友再问他打算什么时间辞职时，这位年轻人却很愕然地说：“我干得好好的，怎么会辞职呢？况且现在我也已经成了公司的红人了！”

在现实社会中，都不能否认与私人企业相比，在政府主导的许多事业单位及企业里（体制内工作）仍有人浮于事，总有一些清闲的人，甚至有少数人长期较少上班，而以应付性的态度工作的人也比比皆是，其负面影响是明显的。特别是某些领导干部的懒政与不作为，以及过多考虑自己部门利益的乱作为，更是加重员工的消极怠工情绪。

每个人认真地想一想，我们每天做了多少有意义的事情，又有何收获？一天看几次手机？刷几次朋友圈？或者本来想拿起手机查个资料，突然弹出一个新闻，自己随便浏览一下，几十分钟过去了。或者有哪一天未聊到家长里短的事情？毕业多年又阅读了多少书？所以，我们的时间就是在不知不觉中被浪费掉了，看似忙碌，实则低效。

某公司有一位员工，在公司已经工作了 10 年，薪水却不见涨。有一天，他终于忍不住内心的不平，当面向老板诉苦。老板说："你虽然在公司待了 10 年，但你的工作经验却是不到 1 年的水平，能力也只能是新手的水平。"这名可怜的员工在他最宝贵的 10 年青春中，除了得到 10 年的和新员工一样的工资外，其他一无所获，当然关键是他没有获得能力上的提高，这才是他最大的损失。

不要担心自己的努力会被忽视，因为认真工作既是提高自己能力的最佳方法，又能使自己养成良好的思想品质，成为任何公司都受欢迎及需要的人。同时，还应该相信大多数的老板对员工表现是有判断力的，因为老板更知道需要什么样的人，才能使公司不断发展，并且希望是能得到长远发展。

但很多人因为不满意自己得到的薪水就懈怠工作，从而将比薪水更重要的东西也丢弃了，到后来可能会连本应得到的薪水都没有得到。这就是只为薪水而工作的人的可悲之处。

有这样一个故事，两个同龄的年轻人小张与小李，同时受雇于一家农贸市场店铺，并且拿同样的薪水。一年内小张的薪水已涨了几次，并且现在已成为老板的助理。而小李仍依然如故、原地踏步，很不满意老板的不公正待遇。终于有一天他对着老板发起了牢骚。老板听完他的抱怨之后，叫来小张。同时告诉他们两人，要求他俩各自到农贸批发市场去一下，看看那里有什么卖的，回来就向老板报告。

小李从批发市场回来向老板汇报说，只有一个农民拉了一车土豆在卖。老板问："有多少？"小李赶紧戴上太阳帽又跑到批发市场上，然后回来告诉老板 50 袋土豆。老板又问："价格是多少？"小李又准备要第三次去批发市场问价格。这时老板对他说："现在你坐在椅子上一句话也不要说，听听别人怎么说。"这时小张从批发市场回来了，并汇报说到现在为止，只有一个农民在卖土豆，一共 50 袋，价格是多少多少；土豆质量很不错，他让我带一个来让老板看看。这个农民一个钟头后还要弄来批发市场几箱西红柿，据我看价格还算公道；这两天咱们铺子的西红柿卖得很快，库存已经不多了；我想这么便宜的西红柿老板肯定会进一些的。所以，我不仅带回了一个西红柿样品，而且把这个农民也带来了，他现在正在外面等回话呢。此时，老板转向了小李说："现在你肯定知道为什么小张的薪水比你高了吧？"

社会上总是存在一些潦倒落魄的人，非常想让自己糟糕的处境有所改变。然而，有了工作后又总是偷奸耍滑、应付了事，不去珍惜自己的工作。总是认为自己的薪金太少，在工作中偷懒、草率等是应该的。这样的人不懂得改变自己处境的方法，甚至听不进别人的忠告，无德无才，他的懒惰、自欺欺人的做法，不仅无法摆脱贫穷，而且还会使自己长期深陷于精神与生活的困苦之中。就像作家李月亮所说：“春天是该播种的时节，你拖到了夏天才行动，虽然也辛苦地付出了，但秋天的收成肯定不会太好，冬天就可能吃不饱。”

许多人轻视自己的第一份工作，认为是自己没有经验，又匆忙离开学校、走向社会的无奈之选择。认为自己头脑聪明，有更强的能力，应该到更好的公司上班，挣到更多的钱，过上更好的生活，这都是不正确的想法，只要是你喜欢的工作就是适合你的公司。

岂不知自己在学生时代，可能就非常懒惰，一旦通过了考试，便痛快地将书本抛到一边，不去学习，不去增加知识储备。心中总是存在着美丽的唾手可得的幻想，从不把幻想化为激励自己奋斗的力量，现在依然如此。在工作中没有动力，不尊重自己的工作，不能把工作看成是自己锻炼成长，并将来干一番事业的必由之路。仅仅看作为了生活需要而又无可奈何的选择，即使经过长时间的相互考察挑选，跳槽到了别的公司，今后的工作也很难达到称心如意。

据“第一次就业”调查结果显示：半数人第一次选择工作是盲目的，有33.2%的人是“先就业，后择业”，16.3%的人是“没有太多考虑”就跟着感觉选择了第一份工作。从职业发展的角度看，正确的职业选择应该根据自己的兴趣爱好和未来发展来决定，调查中只有11.1%的人根据兴趣爱好、6.4%根据未来发展进行选择。也许正因为如此盲目，才难以找到适合自己、有长期发展空间的岗位。调查统计发现大学生就业后的一年内流失率高达50%，两年内流失率接近四分之三，这实在是一个惊人的数字。一方面很多毕业生找不到工作，另一方面很多公司又不敢聘用毕业生，这是一件多么令人痛心的事情啊！

当然，很多大学生的择业观念存在问题。因为，在大学时期学到的仍然是基本的专业知识，他们只有在工作中，不论在何种岗位，由于工作的需要再继续不断地学习、进修，才是他们创新、创造的机遇。

人生的目标是贯穿于整个生命的过程中，你的思想决定了你对工作的态度，你对工作的态度决定了你一生的命运。因此，人们做每一项工作都对其人生具有深刻的意义，会产生不同的社会影响。

工作中的每一件事，当然更多的是日常普普通通的小事，都需要我们用心地去做。只有我们完完整整、认认真真、尽职尽责、尽心尽力地去完成，才能一步一个脚印地向上攀登，才有希望到达光辉的顶点，而不会轻易跌落。只有通过努力工作，才能获得真正的力量与发现蕴藏在其中的价值。

日本久负盛名的稻盛和夫先生，不仅是两家500强企业的创建者，在日本被尊崇为“经营之圣”，而且是一位非常知名的人生哲学大师。他的很多言论传播范围很广，影响很大。在2010年2月，以78岁高龄出任因金融危机中破产重建的日航董事长，仅用一年时间，日航就做到了三个世界第一：利润世界第一，准点率世界第一，服务水平世界第一。

稻盛和夫曾经是一个坏运气缠身的人，从小患肺结核，并差点丧命。考中学两次落榜，考大学也落第，他只好进了一家勉强算得上大学的县立大学。大学毕业时参加就职考试次次失败。他去买彩票，希望一夜暴富，但无一次中奖，而紧挨着他彩票号码的人的彩票，几次都赢得大奖。绝望之中，他进了一家濒临倒闭，由一家银行托管的公司。

稻盛和夫在公司里学非所用，努力工作得不到赏识。在公司倒闭后，他与七个同事一起，创立了京瓷公司，他凭惊人的毅力、乐观的精神与美好的愿景，并以出让多得惊人的股份为筹码，把最后一批工人挽留了下来。最终发展成为世界最大的陶瓷公司。功成名就的稻盛和夫在52岁时又成功创立了日本首家民营电话电信运营公司。

稻盛和夫的人生哲学，让我们感到即使是一个最平凡的人，只要坚持信念，孜孜不倦地努力，脚踏实地做好每一件事，也能取得非凡的业绩。在京瓷公司的早期，众多认为自己优秀且聪明的人，认为公司没有前途而辞职。留下来的都是不太聪明的，无跳槽能力的所谓愚钝的人才。但是，这些人在10年、20年后都成为公司的各级领导，并身价不菲。

稻盛和夫提出的著名等式：人生、工作的结果＝思维方式×热情×能力。认为热情就是一种极其强烈而持久的愿望和渴望。人人都有愿望和热情，但每个人是大不相同的。普通人的愿望和热情，就是一种随起随灭的心理反应。只有不会随着现实的挫折而降低的愿望和热情，才能获得成功。

从前有一个富人，听说钻石的价值无比珍贵。于是，就变卖了许多产业，外出寻找钻石矿。他走过了千山万水，经历了千难万险，结果一无所获。而最后在他家的后院，他的看家邻居却发现了世界上最好的钻石。

这是美国演说家鲁塞·康维尔的著名演讲《钻石就在你家后院》的开篇故事，它讲述了当时世界上最大的钻石矿——戈尔康达钻石矿的传奇发现经过。在50年内，鲁塞·康维尔走过了美国各大州，在全美大小城市亲自演讲《钻石就在你家后院》达6000余次，他的演讲曾激励两代美国人在自己的工作岗位上勤奋耕耘。1888年，鲁塞·康维尔连续用演讲所得报酬，建成了美国著名的Temple大学。

这个传奇故事告诉我们，每个人都有机会实现梦想。更重要的是不要忽视身边容易把握的机遇，舍近求远者往往是首先放弃了眼前最好的东西，到头来可能什么也得不到。

刚出学校门的年轻人，常常带有几分傲气，带着构筑的理想，走向工作岗位。如果再有较好的学历，较高的本领，更容易牛气冲天了。他们对工作及生活过于理想化，就会对现实工作产生不满情绪。因此，许多年轻人不能清醒地认识到，自己目前现实的平淡的工作就是一座宝贵的钻石矿，只要他们去全力以赴、尽职尽责地做好自己应该做的工作，就会得到职务上的升迁和薪金的增加，这就是挖掘出属于自己的“钻石”。

相反，有太多年轻人心态浮躁、好高骛远，不能踏踏实实工作，总是抱怨社会对自己的不公平，没有好运气，总是幻想着会有更优越的工作环境，更优厚的待遇薪水等待着自己。

甚至有的年轻人几年内工作单位换了一个又一个，仍不能安下心来，去做好自己眼下的工作。当听说同学中某某升职提薪的事，就撇撇嘴，又一副不屑一顾的样子：“以前他如何不行，如何不如自己；如果自己有机会，会比他更成功……”

岂不知别人毕业后一直专注于自己的工作，脚踏实地努力学习，并不断创新、进步。而自己却在白白地消耗着青春和才华。

在选择就业及人员流动的自由自在已经成为常态的今天，一些人总是一而再，再而三地跳槽，频繁地更换自己的工作单位，总是认为自己是怀才不遇，总是为自己的待遇较低而愤愤不平。其实，这类人往往是怀才不够，同时他们也没有静下心来，去反思自己有何过人之处及如何进步，更没有静下心来学习与提高自己，实际上他们对自己的评估过高。因此，他们想找到好工作，想实现自己的梦想，也往往只是个人的一厢情愿而已。

稻盛和夫先生曾说过这样的话，要想度过一个充实的人生，只有两种选择，一种是“从事自己喜欢的工作”，另一种是“让自己喜欢上工作”。能够碰上自己喜欢的工作这种概率很小，恐怕不足几千分之一或万分之一。与其寻找自己喜欢的工作，不如先喜欢上自己已有的工作，就从这里开始。

如果一个人在短暂的 3 ～ 5 年时间内，就更换了 3 ～ 5 家公司，既感到较辛苦，又感觉薪金少。这样，肯定是不好的，因为他没有真正成长的机会，如多年来所积累的资历、职位、经验和人脉等，都失去了应有的价值。特别是目前还感觉现在的公司仍不适合自己，实际上，是自己仍没有事业方向及工作目标，更缺少人生规划，或存在不现实的、虚无缥缈的规划。那么，就需要他尽快放下不合时宜的幻想，调整自己的心态，不要贪图安逸，而要潜心学习，学会吃苦，专注于自己目前的事业，哪怕是一点一滴的不断进步，最后一定也能有所收获。

每个人都要清楚地认识到，在当今这个快速发展的社会里，舒适区已经越来越少。只有付出，才会有回报；只有耕耘，才会有收获。

重视自己的工作平台是必须考虑的，金钱只不过是许多种报酬中的一种，其中我们所追求的自我提高，个人成长才是最重要的。否则，即使我们的薪金再高，也无法弥补不能实现自我成长及价值的损失。

现任阿里巴巴集团董事局执行副主席的蔡崇信，是阿里的创始人之一。当初他的举动是最有力的诠释，蔡崇信看重阿里巴巴的公司理念、发展前景和马云的创业激情与理想。他放弃了年薪 70 万美元的德国投资银行工作，千里迢迢来投奔马云。每月只拿 500 元人民币的薪水，帮助马云进行了艰苦地工作。在湖畔花园炎热的夏夜里，蔡崇信挥着汗水对着白板给第一批员工讲股份、讲权益，在公司运营、竞争与发展中，与“十八罗汉”一起加班加点的工作，付出了大量的心力。因此，随着阿里巴巴不断地发展壮大，他也获得了巨大的成功。在 2020 年 2 月 6 日，蔡崇信凭借 115 亿美元的身家位列“2020年香港50大富豪榜单”第9。

一些心理学家发现，金钱达到某种程度之后就不再诱人了。马云也曾说过：钱少了是属于自己的，钱多了就属于国家的。人生的追求不仅只有满足最基本的生存需要，还有更高层次的需求，有更高层次的驱使。心理学家马斯洛认为：实现自我价值的需要层次最高，动力也最强。

年轻人应以年轻的激情去追逐梦想，以新的目标获取成长的力量。坚持努力，提高技能，在工作中发挥最大的才华、能力和潜在素质，以至不断自我创造和发展，甚至获得更好的平台展示自己，使个人价值得以实现，从而满足自己精神上的最终需求。

美国哈佛大学的著名校训就精辟地诠释了勤奋、机遇和成功三者之间的关系：深刻准备着，当机遇来临时你就成功了。所以，偶然的机会，对那些有准备的人与勤奋工作的人来说，才有非同一般的意义。

有这样一个真实而动人的故事，经过一个多世纪，至今仍被人津津乐道。挪威的年轻小提琴乐手奥尔·布尔，多年以来一直坚持不懈地练习拉琴。通过持续不断的练习，他的琴艺早已成熟到成名的那个程度了，但是他始终还是默默无闻，不为大众所知。

偶然的一次，当奥尔·布尔和平常一样正在练习演奏的时候，著名女歌手玛丽·布朗恰巧从窗外经过。奥尔·布尔的演奏使她如痴如醉，她从来没有想到小提琴能够演奏出如此优美动人的音乐，她赶紧询问了这个不知名乐手的姓名。随后不久，在一次影响力极大的演出中，由于她突然与剧场经理发生了分歧，就临时取消了自己的节目。奥尔·布尔被派到前台救场，面对济济一堂的大批观众，奥尔·布尔演奏了一个多小时。就是这一个多小时，使奥尔·布尔登上了世界音乐殿堂的巅峰。对于奥尔·布尔而言，那一个小时便是机遇，只不过他早已为此做好了准备。

成功的秘密在于：当机遇来临的时候，我们已经做好了把握住它的准备。但对于那些懒惰者来说，再多的机遇，都一定会与他擦肩而过的；再好的机遇，也只会彰显他的无能和丑陋，甚至使他变得荒唐可笑。只要坚持不懈地努力，运气无论早晚都会到来。

在日常工作中，总能见到个别员工，每天上班后就不停地忙碌着做事，甚至常常加班继续自己未完成的工作。仔细观察就会发现这类人，在许多小事上过多地浪费了他们的时间，与人沟通没有重点，处理问题主次不分等。比尔·盖茨说过这样的话："过去，只有适者能生存；今天，只有最快处理完事务的人能够生存。"因此，要学会如何高效能地处理更多的事情。

美国的斯蒂芬·柯维博士所著《高效能人士的七个习惯》，书中写道的习惯三："要事第一"——自我管理的原则。认为急迫之事都显而易见，推托不得；重要的事与目标有关，凡与价值有关、有利于实现个人目标的事就是要事。对所谓的当务之急却不尽然，别让琐事牵着鼻子走。

80/20 法则也告诉我们：应该用 80% 的时间做能带来最高回报的事情，而用 20% 的时间做其他事情。掌握工作的一个最基本原则，就是要把最重要的事情放在第一位。

只有合理高效地解决了重要而急迫的事情，我们才能顺利地进行别的一般的工作，而这些工作只能花费少量的时间。对重要但不是紧迫的事情，要求我们应具有更多的主动性、积极性与自觉性，尽早准备，不要受琐事影响，防患于未然，保证按时完成任务。

在目前风云变幻的职场中，思维活跃、能力超强的新人会不断地涌现。因此，我们必须不断地提升自己的价值，增加自己的竞争优势，才能处于不败之地。

美国职业专家指出，现在职业半衰期越来越短，所有高薪者若不学习，无须5年就会变成低薪。当10个人中只有1人拥有电脑初级证书时，他的优势是明显的；而当10个人中已有9个人拥有同一种证书时，那么原来他的优势便不复存在。

而目前与每个人的竞争，绝不是公司里的几个、几十个或几百个人的竞争。实际上，每个人每天都在与几百万人竞争。因此，每个人必须不断学习，不断提高自己并获得新的技能，才能不断创造出自己的业绩。

2. 要做到不断成长

著名教育学家苏霍姆林斯基曾说："每个学生毕业时，带走的不应只是一些知识和技能，更要带走渴求知识的火花，并使之终生不熄地燃烧下去。"

事实就是如此，孩子大学毕业后，进入一个工作岗位，这个岗位会因时、因地、因人不同而要求大不相同，并随着时间的推移又会不断发生变化。因此，要求每个人都不能墨守成规、停滞不前。况且，即使他大学学习的专业与他的岗位工作是对口符合的，但也仅仅是专业入门而已。所以，就要求他在工作中，必须不断地学习成长，提高自己的工作能力，提升自己的方法主要是自学，同时重视业余报班学习，有条件的可以参加专业进修学习，最好是继续攻读研究生学历等，每个人的人生价值也体现在其中。

自己的人生价值是把握在自己手中，只能靠自己去创造。在漫漫人生道路上，如果自己有远大的志向，有宏伟的目标，不追随别人的老路，而是自己坚定地走下去，坚持刻苦学习、努力奋斗，不断进步，就能走出自己的辉煌成功之路。

每个人从幼年起，甚至更早就进行着漫长的学习教育与个人成长的过程，这个人的成长轨迹是一个极为平缓向上并以时间向前为主的曲线，直至他大学毕业。只不过很多人在20岁以后就停止了学习，特别是绝大多数人在工作后把自己有限的脑力花在那些觥筹交错、钩心斗角的事情上，甚至是享受苟且偷安一时的快乐，他们不再学习，停止了思考，甚至会出现倒退。而只有少数人仍坚持不断地学习，并迎来自己快速成长的时期。

著名励志作家李笑来老师称之为跨过成长曲线的“拐点”（又称为里程碑）后便会“扬长而去”，会出现迅速上升的曲线，发挥着成长“复利效应”的威力。成长的方法是什么？答案只有一个：学习。并认为在成长线“拐点”之前，他能赚到的钱实际上全部都是“小钱”，小到“不值得节省”的地步，而应该把他赚到的钱全部花掉，投入学习，用知识武装自己的头脑，相信自己只有这样做将来才能真正赚到钱。

曾经有一位网友提问：“读书很好，为什么有的人就是不去读书呢？”其中一个回答这样说：“因为大家每天都很忙，根本没有可以去读书的时间。”但现实是残酷的，借口会让一个人输得很惨。曾在网上看到这样一段话：20岁的贪玩，造就了30岁的无奈；30岁的无奈，导致了40岁的无为；40岁的无为，奠定了50岁的失败；50岁的失败，酿造了一辈子的碌碌无为。

有句话说得好：你有不努力的20岁，你就有举步维艰的40岁。将会因为房贷、车贷、教育费、医疗费、生活费与社交费等，而压得你直不起腰来。著名作家路遥曾说：“每个人都有一个觉醒期，但觉醒的早晚决定个人的命运。”

但是，现实世界中，就是如此。特别是在体制内工作的大多数人，就是把岗位工作当作挣钱生活的人生信条。上班按部就班，工作稳定清闲，有更多的时间陪伴家人或与朋友一起吃喝聊天、唱歌消遣、打牌、游玩等，自我感觉很满足，当然一辈子都谈不上有过意气风发的生活。

也有人很喜欢自己目前的工作，把工作当作事业，自觉地努力学习，不断地提高技能，并兢兢业业地工作。因此，工作做得很出色，同时或许还会得到应有的名誉及地位等，得到意气风发的生活。

当然还有少数人胸怀自己的梦想，不满意自己的处境。渴望改变目前的生活状态，甚至有改变世界的雄心壮志，不断地努力奋斗直至成功。有少数人特别希望自己从一个三线城市，经过积极的努力，不断成长，实现自己的宏大目标，走进一线城市，使自己的个人空间发展得更好，成为更杰出的人士。

现在仍有不少家长希望自己的孩子找个“铁饭碗”，仍是“公务员热”，要么去考公务员，要么去国企上班，认为一个工作可以做一辈子稳定是最好的，这种旧式求稳思维很多家长一直都有，认为“铁饭碗”轻松自在、待遇最好，定期就都涨工资。生活、医疗、养老等有保障，却不知将来又会是怎样的呢。

有些人在大学毕业时为了实现自己美好的理想，奔向大城市。刚刚参加工作时，有人认为因为薪水较低，所以租房或买房往往在离单位较远的地方，如果你是这样想的，那你就错了。因为首先要考虑尽量能节约上下班通勤时间成本，因此应选择在单位附近租房或买个小房子，甚至在单位旁边租个单间暂时居住。这样，既能节约较多的通勤时间，更重要的是能利用这段时间学习来提升自己。

小祁与小刘是大学同学，毕业后分别被同一个城市的 IT 行业的两家公司录用。小刘为了节省开支及居住生活好一些，就选择较远的郊区租房。因此，他每天清晨 5 点钟就要起床，6 点钟就要准时去坐地铁上班；下班回到家也已经是晚上八九点钟了，买饭（或做饭）吃饭，然后洗漱等完毕已接近 11 点钟，这时必须睡觉才能保证第二天的工作。他每天花费在上下班途中的时间大约 4 小时，就没有充足的时间学习，提高自己的业务能力。

小祁在他的公司旁边租了一个单间，这样就能每天多出近 4 个小时的学习时间。他每天也不用那么早起床，既可保障睡眠时间与学习时间，又方便工作。有时公司要求加班，他很快到达公司，给领导留下更好的印象。下班后又在附近先后报了两个培训班学习，获得了相关资格证书，自己感觉进步很大，业务更加精通，更重要的是每次都能出色地完成工作任务。在近两年的时间，他的薪水已增长了 3 倍，而他的同学小刘薪水仅增长了 1 倍。

由此，一个人要想在工作中少受挫折，较顺利地发展，那就必须投入更多的时间学习。做到勤学苦练，培养自己的才能，壮大自己的实力，显示出自己的优势，只有这样自己才能获得别人的重视和肯定。其中的关键，是如何掌控利用好时间，去坚持学习和不断提升自己的能力，以力争使自己在人生的各种竞争中，立于不败之地，从而取得成功。

只要你喜爱、有兴趣，只要你愿意为之付出努力，就大胆地跨界从事你喜欢的工作，即便不是你大学所学的专业，只要注意尽快熟悉自己工作需要的业务知识，再通过不断的培训学习，不断地掌握更多、更深的知识技能，才能够做到“高、精、尖”，才能通过成功的另外一条路，也就是跨界之路。

“斜杠”是一个电脑符号，现在被视为一种跨界；拥有多重职业身份的人也被称为“斜杠青年”。随着科技的发展，行业的相互融合，跨界的思维越来越深入人心，根据自己的兴趣及特长，越来越多的人成了“斜杠青年”。

吴军博士是世界级的语言识别和搜索专家，同时跨界写作了许多部畅销书，如《数学之美》《浪潮之巅》《大学之路》《文明之光》《硅谷之谜》《智能时代》《见识》《格局》等。吴军博士成功实现了计算机与写作的跨界，同时他还喜欢旅游、音乐、羽毛球、歌剧、摄影、园艺等。

一个人的成功是靠长期不断的努力奋斗实现的，绝不会在平平常常愉快的生活及轻松的想象中等到的。安徒生曾说过：“一个人必须经过一番刻苦奋斗，才能有所成就。”坚持自己前进的方向，勇敢地走自己的路。有信心、有勇气，要始终朝着奋斗的目标坚定地奋进，不停地走下去。只有坚持永不放弃的精神，不屈不挠的毅力，才能穿越重重障碍，走向成功、走向巅峰。才能在这个人才济济的时代里凸显出自己的优势，实现自己的理想。

畅销书作家马尔科姆•格拉德威尔提出的“10000 小时法则”风靡全球。一时间被无数人奉为金玉良言。“10000 小时法则”是说，要想熟练掌握任何一项技能，都需要 10000 小时的学习，也就是 10 年的时间。当然，除了时间之外，还有最重要的一点是有效练习。也就是说你必须进行有效练习且达到 10000 个小时。从小就练习学习并经过 10 年不懈的努力，从而获得巨大成就的人不胜枚举。

享誉世界的音乐神童莫扎特，在 6 岁生日之前，他音乐家的父亲已经指导他练习了 3500 个小时。到他 21 岁写出脍炙人口的第九号协奏曲时，可想而知他已经练习了多少小时。象棋神童鲍比•费舍尔，17 岁就奇迹般奠定了大师地位，但在这之前他也投入了 10 年时间进行艰苦训练。

在大量的调查研究中发现，无论是画家、钢琴家、作曲家、小说家，还是篮球运动明星、象棋大师等，都至少需要练习 10000 小时，才能打下扎实的基本功。经过长期有效的练习，才能取得成功。

大多数人虽然经过长期的学习训练，却没有达到某一领域的巅峰，成为佼佼者，而是平庸地度过了一生。这与一个人的思维方式、周围环境、努力方向及智商因素等也是密切相关的。然而“10000 小时法则”从侧面也说明了一个人的成功，需要长期坚持、忍受痛苦、克服困难、不断进步，才能获得最后的成功，而不是轻而易举实现的。

社会上许许多多行业的惯性思维的专业技术人员，每天都在重复简单的、低层次工作和做着流程性质的事情，即使工作一辈子也不会有多大进步的，甚至还会被时代所淘汰。有人认为：一个人的能力水平的高低，关键取决于深度思考的能力。很多人每日都在忙忙碌碌地做事，时间与辛苦都付出了，却没有得到预期的结果。这种司空见惯的现象，有人概括为一个词：低品质勤奋者。

我国著名的数学家华罗庚是一位高品质勤奋者，他一生成就非凡。他是中国解析数论、典型群、巨阵几何学、自守函数论与多元复变函数等很多方面研究的创始人与奠基者。华罗庚从小聪明、勤奋、好学，由于家中过于贫穷，他初中毕业后不得不放弃了读书的梦想，只好到自己家中小杂货店里做生意，承担了全家养家糊口的重任。

但他依然顽强地自学，每天读书学习的时间几乎在 10 小时以上。他专注于学习达到了忘我的地步，5 年内自学完了高中及大学的全部数学课程。而后来，他突然患上了严重的伤寒病，经过半年的治疗，总算活了下来，左脚却终身残疾了。但华罗庚并没有因为疾病而停止对数学的研究，经过他长期坚持不懈的努力，钻研出了许多著名的数学定理，并成为举世闻名的数学家。

现代的人们浮躁，追求高速度、快方便，很多人早已没有闲情逸致去捧着书本阅读了。有的大学生一毕业就即刻将书本扔掉了，甚至声称从此与书本无缘。有些年轻人在工作一段时间后，不满意自己目前的工作，更不满意自己的状态。为此有的人换了工作，但到新的单位也依然如故。

一些年轻人常常在工作几年后心底里有莫名的惆怅与困惑，总是感觉自己没有了工作热情，或不能激发自己的工作热情。这种感觉不是因为自己的工作做得不好，也不是因为自己的薪水少。

那么又是什么原因呢？关键是在过去的日子里他们没有进步，因为停止了个人的成长，所以造成莫名的烦恼。这些人的那种感觉就是不思进取、顺其自然的平庸造成的，并且被快速进步的同学远远地甩在了后面。而这种平庸又是身边一些不求上进的“过来人”所选择的最后一条无可奈何的道路。

而他们在离开学校之际构筑了自己的美好理想，但现实的工作生活状态与曾经的梦想发生了矛盾。他们又不甘心这样平庸下去，于是出现了莫名的惆怅与困惑。

因此，在青春年少时就需要克服“语言上的巨人，行动上的矮子”的思想行为，只有明确目标、坚持行动、不负年华、努力学习，只有使自己不断地进步与成长的时候，才能不断地涌现出激情与动力，才能使自己的人生更有价值，将来的生活也会更美好。

有调查显示：毕业后 5 年，是大家的分水岭。这 5 年，如果你比其他同龄人花更多的时间在学习、成长上，那么你的进步肯定比别人大，提升比别人快，收获也会比别人多。

我们只有把自己的能力与自己所处的生存环境结合起来，去思考自己发展的方向，将来达到的目标，制订及实施个人的计划，并以积极的心态迎接新的挑战，才能化解心中的困惑，并使自己更坚定地走下去，就一定能在不远的将来收获美满的人生。

罗斯福曾说过：“利用现有的能力，现有的环境，做自己想做的事。”因此，人们无论做什么事，只要是自己想做的事，即使会遇到这样或那样的困难，甚至困难使自己承受的压力达到了极限。但只要坚持下去，坚信世上没有过不去的坎。最后就可能取得成功，达到风景不殊的境界，迎来无限美好的风光。

事实上，很多人或许能禁受住一次困难的考验，但要禁受住接二连三的多次困难与挫折的考验，坚持下来的人就会很少。然而，又会有许多人已经走过了最后那段艰难的路，因为没有坚持跨越最后的一道门槛而功亏一篑，以至于抱憾终身。

1905 年，佛洛伦斯·查德威克成功地横渡了英吉利海峡，因此而闻名于世。两年后，她从卡德那岛出发游向加利福尼亚海滩，想再创一项前无古人的纪录。

那天，海上浓雾弥漫，海水冰冷刺骨。佛洛伦斯·查德威克在游了漫长的 16 小时之后，她的嘴唇已冻得发紫，全身筋疲力尽，而且一阵阵战栗。她抬头眺望远方，只见眼前雾霭茫茫，仿佛陆地离她十分遥远。“现在还看不到海岸，看来这次无法游完全程了。”她这样想着，身体立即就瘫软下来，甚至连再划一下水的力气都没有了。“把我拖上去吧”，她有气无力地对陪着她的小艇上的人说。“咬咬牙，再坚持一下。只剩下一英里远了。”艇上的人鼓励她。“别骗我。如果只剩下一英里，我就应该能看到海岸了。把我拖上去，快，把我拖上去！”于是，浑身瑟瑟发抖的佛洛伦斯·查德威克被拖上了小艇。小艇开足马力向前驶去。就在她裹紧毛毯喝了一杯热汤的工夫，褐色的海岸线就从浓雾中显现出来，她隐隐约约地看到海滩上等待欢呼她的人群。到此时她才知道，艇上的人并没有骗她，她距离成功确确实实只有一英里。她仰天长叹，懊悔自己没能咬咬牙再坚持一下。

在困难中的坚持，只要方向正确，只要能活下去，就能迎来转机。甚至只是需要一点点毅力，就能成功。如果你放弃了，可能会与唾手可得的成功擦肩而过，最后只能是出现懊悔与遗憾的结果。

每个人都有过梦想，甚至梦想可能非常美好，又非常伟大，但是梦想不能代替现实的目标。一位哲人说：决定人生的不是所站的位置，而是所朝的方向。方向比速度重要，智慧比吃苦重要，学习比学历重要，机遇比关系重要，要什么比做什么重要。所以，只有我们目标明确合理，找准方向，努力践行，坚持做下去，绝不放弃，才能取得成功。如果你半途而废，那就永远也不会成功。

你听说过梅尔·费希尔的寻宝故事吗？他为了探寻300多年前沉入大海中的西班牙船只，花费了整整17年的工夫，结果捞出了价值4.5亿美元的金银币等宝物。这艘沉船是西班牙的阿徒加号商船及船队，船上曾装载着数不清的金银财宝，于1622年沉没在大西洋美国南加州一带的海域。每天，费希尔都告诉自己和所有的随从人员，就是今天！到了当天收工，他又会说，就在明日了！他的口气、他的意志、他的感觉，天天都显示出他的信心与决心的坚定。就是这样，他坚持不懈做了17年，终于收获成功。

哈佛大学曾对一群智力、学历、环境条件都差不多的年轻人，做过一个关于目标对人生影响的跟踪调查。在这群人中：3%的人有清晰的长期目标；10%的人有着比较清晰的短期目标；60%的人目标模糊；27%的人没有目标。

25年后，调查结果显示：那3%拥有清晰长期目标的人，始终朝着自己的方向努力着，25年后几乎都成了各个领域的顶尖人士、社会精英；10%有着比较清晰短期目标的人，随着短期目标的不断实现，生活稳步提高，25年后他们大多生活在社会的中上层，成为知名医生、律师、企业高管等；60%目标模糊的人，他们安稳地工作、生活，但没什么特别成绩，几乎生活在社会的中下层；至于那27%没有目标的人，25年后基本都生活在社会的最底层，过得很不如意。

调查者同时得出结果：目标对人生有巨大的导向作用，你的目标决定了你的成绩，指引着你的人生。因此，我们不要低估长期目标与短期目标的重要性，那是你的理想、追求和行为的力量，可能仅仅是你一个小小的举动，就可能改变你的人生，或许更好，或许更糟。

“成功的花，人们只惊慕她现实的明艳！然而当初她的芽儿，浸透了奋斗的泪泉，洒遍了牺牲的血雨。”你不经历风雨怎么能见彩虹，要想取得辉煌的成就，必须付出比常人更多更艰辛的努力和劳动。

人生道路不会是平坦顺利的。就像一座座陡峭的高山，需要你去不断奋力地向上攀登，才能达到顶峰；又像浩瀚的海洋，需要你把握好航行的方向，劈波斩浪不停向前，才能达到理想的彼岸；人生还像一本深奥的书籍，需要你坚持苦读，才能领略生命的含义。你的人生的价值，在于你付出的努力所达到的高度、广度和深度。

人生就是这样，既充满着无限的希望，又会有无数次挑战自己人生的机会。你不要去羡慕别人的成功，其成功的背后都曾有过默默付出的汗水与心血；你不要怀疑自己的力量，当你面对困难与坎坷坚持住，只要不是攸关生死，就要坚持下去，一旦能熬过、挺过，才会全面超越自己与超越对手，你才能会成为一颗耀眼的明星。

3. 完成超越，成就人生

孩子在毕业后经过数年工作的历练，已成长为充满自信、积极乐观、承担责任、奋发有为的青年，并将迎来他的人生中行动高效、创造力强的发展高峰期。同时，还需要引导孩子处理好一项重要的事情，就是孩子在走上工作岗位前后的个人恋爱、婚姻与家庭的问题。

男女双方从相遇、相识、相知，再到相互信任、相互依恋，直至走到一起，称得上是“今世的姻缘，千年的修为”。佛说：所有遇见，皆是天意；所有姻缘，皆需珍惜。

人们常说，一个女人是什么样的人，有什么样的“三观”，就会遇到什么样的男人。女人嫁给了一个什么样的男人，等于选择了一种什么样的生活方式。对男人而言，选对妻子是男人最好的投资。古语说：结对一门亲，兴旺三代人；娶错一门亲，祸害三代人。男人是一个家庭的支柱，而女人却是一个家庭的灵魂，会影响三代人。作为妻子，会影响丈夫的事业、命运；作为母亲，会影响孩子的未来人生；作为儿媳，会影响上一辈的幸福指数。因此，如何找到有能力、有责任感、性格温和的伴侣，是至关重要的。

男女双方在恋爱时必须有共同的理想、信念及人生观、价值观、世界观；必须共同交流讨论未来生活面临的各种问题如未来的居住、职业规划、经济情况、消费观、生活习惯、爱好、嗜好、家庭育儿、承担家务、照顾老人和社会关系等问题；必须做到对现实的社会与家庭生活等问题有共同一致的认识。

父母要告诉孩子，结婚前一定要了解对方的家境，不是看对方家里是否有钱有势，而是了解他们家人的为人处世、生活方式和家庭氛围。因为这些方面与自己的将来生活息息相关。其父母的相处方式和夫妻关系决定了子女的夫妻之道；父母的处世方式影响了子女的人品性格；父母的家庭氛围也决定了子女的生活习性等。因为，家庭养成教育与生活习惯会影响孩子并让孩子受用一生，父母的言传身教更会深刻地熏陶着子女。

对于女性而言，应特别当心这三种类型家庭的男人，否则很难有幸福的一生。

首先，母亲过于强势，过分地宠爱儿子并始终包办着儿子的一切事务。往往这类孩子生活不能自理，独立生活能力差，即使在工作以后衣食住行用的东西仍完全依靠父母。这样的男人不能承担起家庭的责任，不会做家务，只有别人照顾他，而他不会照顾别人。女性如果嫁给了这样的男人，就等于去做一辈子的保姆。不仅如此，在遇到意见有分歧的时候，这种男人又会毫不犹豫地站在自己母亲那边，不会思考问题，也不会处理矛盾，更不会为自己的老婆着想，甚至不分是非对错，一味地指责老婆对他母亲的不孝顺，惹他母亲生气了。这类男人也往往没有主见，在社会上不会有任何担当，只擅长在别人的程序安排下按部就班地工作与生活。

其次，父母关系不和谐的家庭。这种家庭常会发生争吵、相互抱怨、冷暴力，凡事往往做不到心平气和地沟通交流，常常相互偏执己见、刻薄一番，也不能较好地与人交往。甚至夫妻双方还会出现情绪暴躁、易怒，甚至在情绪失控情况下使用家庭暴力等，这样更会导致子女的人格缺陷，使子女耳濡目染受到不良影响。

最后，精于算计的家庭。这类男人过分强调自家的财产，在日常生活中很小的花费都斤斤计较。在与人交往时，不愿谈钱，不愿花钱的男人，也最好远离。你如果嫁了这样的男人，可能一辈子很苦。《傲慢与偏见》里有这样一句著名的话：只考虑钱的婚姻是荒谬的，不考虑钱的婚姻是愚蠢的。

目前婚姻的话题，变得越来越复杂，许多人的追求也越来越高，甚至是“打肿脸，充胖子”，追求着奢华的婚礼，大把花钱，大操大办。父母筋疲力尽，新郎、新娘也感到心力交瘁，同时也给一般的家庭带来一定的经济负担。因此，有一部分人选择了“素婚”。

素婚并不是不重视婚礼，更不是逃婚，而是希望拥有一种真正属于自己的婚礼；素婚也不是没钱人的无奈之举，许多受过良好教育的白领、知识分子都在接受这种结婚方式；素婚不是低调，不是简陋，同样可以用简单的形式操办出让人铭记一生的浪漫婚礼。

自己的婚自己结，不应是结婚给别人看的。爱情无须用一个盛大的、仪式化的婚礼来证明，婚后的现实又是怎样的呢？这个道理人人皆懂。

素婚也应是自己人生中的一件简单而温馨、轻松而重要的大事。既能避免盛大的婚礼使人身心疲惫、劳民伤财，又能感受到由素婚带来的气定神闲与生活的惬意；素婚是男女双方的一种意愿，是一种生活的态度，用最少的时间、金钱获得最大的愉悦和满足。

但无论如何，即便素婚也还是应有一场简单朴素、温馨浪漫和热烈轻松的婚礼。在酒店的一个大房间，准备几桌酒席，甚至是一桌酒席，邀请少量亲朋挚友参加、畅谈，最关键的是需要双方父母或长辈的参与，父母等会带来并送上长辈与亲戚们最深厚、最美好、最真诚的祝福与期盼。按照准备的最简单流程，一个挚友主持，新郎、新娘做一个最简单的表白，长辈们献上最想说的话，听听朋友的忠告，并拍摄下来，留下最珍贵的永久纪念及心灵深处最甜蜜的回忆。

在结婚前，还有一定要做的事情，就是拍摄新郎、新娘的婚纱照，要把人生中最动人、最美丽的时刻记录下来，婚纱照将成为自己终生的最美好的纪念。在结婚时，即使是个简单的结婚形式，也非常重要。这样也会让新郎、新娘意识到结婚是人生中非常重大的事情，要各自无比珍重对方，珍重相互建立起的家庭与共同的责任。

当然，在现实社会中，从偏僻的小镇、农村，走进大城市的青年，为了节省精力、时间与花费，素婚方式可能就是较好的选择，如果因为各种原因，使父母不能来到结婚现场，你也应该及时把举办婚礼的喜讯告诉身在远方的父母，以及其他亲人，也会及时得到远方父母与亲人的祝福，你会感到更大的喜悦。父母与亲人也会因此感到无比的喜悦和期盼，并会把子女的结婚喜讯记忆终身。

一个人在尘世间是何等的渺小，乃至被比作一粒肉眼都看不见的尘埃。但一个人走天下，闯世界，干出一番事业，又辛苦养育着子女，对一个家庭来说，又是何其伟大的啊！

每个人的人生道路都不会是顺利平坦的，甚至会有天灾人祸；但人生也是何其短暂，又是丰富多彩、五味杂陈的。因此，告诉孩子要学会享受生活，享受人生，并在生活中学会做人。逐渐明白如何有所为与有所不为，做到“锐气藏于胸，和气浮于面，才气在于事，义气施于人”。

做一个享受生活的人。一个人需要努力学习，终身成长，提高人生价值，创造生活品质，但也要学会享受生活。人生就是这样既有奋斗获得丰厚的物质基础，又有享受生活的情趣，品味人生的快乐，感受家庭的温馨。在忙里偷闲及工作之余尽可能多在家中，自己烹饪享受各种美食，多抽出时间陪伴爱人及孩子；全家人常常一起散步与体育活动，一家人一起外出旅游及参加公益活动，一起欣赏各种文化与艺术演出；在家一起看书学习，唱歌、弹琴；

一起探讨理想人生家庭以及一家人感兴趣的话题，与家人一起清洁卫生、收拾房间等。营造只有在家中才能感受到的无比的清心舒适、轻松愉快的心境，也会让一家人感受到无比的温馨与亲情。让自己的心灵得以安宁，从而源源不断地涌出为了美好生活而努力奋斗的激情。

做一个坚强、乐观的人。每个人来到世间一路走来非常不易，应该积极寻找与创造自己的快乐。每个人都会遇到各种各样苦难的事，要时刻保持冷静，要学会坚强，去积极应对。要做到以苦为乐，以难为阶梯奋勇攀登，做一个不怕苦难的快乐的人。只要你拥有一颗快乐的心，就终将能见到一个充满欢乐的世界。

你若心中充满的是苦难，那么看到的则是一个充满悲惨的世界。如何应对苦难带来的压力与伤害呢？平时积极准备，不怕吃苦，埋头苦干，积聚力量，唯有“厚积”，才能“薄发”；像一粒种子一样，“唯有埋头，才能出头”。才能在关键时让自己奋起勃发，向上冲刺，从而产生强大的能量，让自己得到更好的成长和发展，才能带来更多的快乐。

有一个极有名的钢琴大师指导教授自己的新学生。授课第一天，他给学生一份乐谱，“试试看吧？”他说。乐谱难度颇高，学生弹得生涩僵滞、错误百出。“还不熟，回去继续练习！”教授在下课时叮嘱学生。

学生练了一个星期，第二周上课时正准备让教授验收，没想到教授又给了他一份难度更高的乐谱，“试试看吧！”上星期的课，教授只字未提。学生再次面临更高难度的挑战。

第三周，更难的乐谱又出现了。同样的情形持续着，学生每次在课堂上都被一份新的乐谱所困扰，然后把它带回去练习，接着再回到课堂上，重新面临两倍难度的乐谱。学生没有退缩，坚持练习，却没有感到有任何进步，并越来越沮丧。三个月后，学生决定向钢琴大师提出这三个月来何以不断地折磨自己的疑问。教授抽出了最早的那份乐谱，交给学生，“弹奏吧！”他说完以坚定的目光望着学生。不可思议的事情发生了，连学生自己都惊讶万分，自己居然可以将那首曲子弹奏得如此美妙、如此精湛！教授又让学生试了第二堂课的乐谱，学生依然呈现超高水准的表现……演奏结束，学生兴奋地看着老师，说不出话来。

“如果我任由你表现最擅长的部分，可能你还在练习最早的那份乐谱，就不会有现在这样的程度……”钢琴大师缓缓地说道。

一个人如果感觉不到压力的存在，就应该特别小心。只有压力，才更会有动力。在现实工作生活中遇到的各种苦难，应该变成促进自己不断进步成长的压力和动力。学会坚强，坚持下去，才会迎来成功的快乐。

做一个宽容的人。有句古话说得好：进一步山高水长，退一步海阔天空。搞好人际关系的智慧其一就是学会让步，不要让自私占据心灵；其二则是切忌抱怨他人、指责别人。欠缺体谅宽容的态度很难建立起圆满的人际关系。批评别人不要言辞过于偏激，要考虑别人的感受；教育别人做事，要低调婉转，要考虑对方的接受能力如何。《菜根谭》中写道：“不责小人过，不发人隐私，不念人旧恶。三者可以养德，亦可以远害。”因此可见凡事不要无原则地逼人太甚，如此一来不仅可以修养自己的品德，也可以避免灾祸。

让步既是一种智慧，也是一种境界。广泛流传着这样一则故事：德国著名诗人歌德到公园散步，在一条狭窄的小路上，与一位反对他的批评家相遇，那位批评家傲慢无礼地说：“知道吗，我从来不给傻瓜让路。”歌德笑道：“而我正好相反。”说完他让到一边去了。那么，到底谁是傻瓜呢？自作聪明的人，往往会被聪明所误。

在与人相处中，难免不会发生分歧和争执，若都一味逞强，互不相让，结果可能会不欢而散，甚至两败俱伤，同时还可能会心情低落。因此，懂得如何让步，才是理智的人生选择。

每个人都有优点、缺点；每个人都有长处、短处；每个人都会做错事、说错话、犯错误；每个人都有与众不同的喜好、习性、思想；每个人又有不同的能力、智慧、境界；每个人更有自己的行为追求、做事风格和价值取向。

因此，在现实生活及工作中，即便是在自己的家庭里，对于每个人的所作所为，只要不存在原则上的错误，都可以给予理解、宽容，或是暂时的沉默、噤声，甚至是妥协、让步。婉转地指出不足，温和地给予正面指导及期待，才可能达到理想的结果，实现和谐、共赢。

但对此绝不可生气发脾气、大动肝火，甚至是低劣地谩骂、处罚，试想这样的做法是不能解决任何问题的，还可能出现离心离德的后果，最终只能是两败俱伤。俗话说：花是浇死的，人是气死的。而对别人的谩骂及侮辱性语言，甚至你已触碰到了法律与道德的底线，既会给他人造成精神上的伤痛，还会严重损害自己的身心健康。

著名作家、艺术节、艺术评论家陈丹青曾说过一句话："我几乎从来不发脾气、不生气，因为我认为没有必要，有问题就去解决，不要让别人的错误影响自己。"这样才能体现一个人的境界与胸怀。

婚姻是什么？没有人能给出一个让每个人都认可的回答，钱钟书先生的《围城》给予简洁、精彩诠释："有人舍身要进去，有人拼命要出来。"爱情相伴的是理想；婚姻相伴的是现实。理想是完美的、精神的享受；现实是残缺的、实体的生存。人们常说：凡事不能不认真，凡事又不能太认真。一个人如果太在意得失，那么他可能会失去更多。

婚姻的幸福，绝对是在夫妻双方的眼中与心里，看到及记住对方的是许许多多的优点，当然相互都了解并包容了对方的缺点，从而达到了心灵的契合。英国心理学家蒙塔纳有一句名言：“一桩完美的婚姻存在于瞎眼妻子和耳聋丈夫之间。”因此，谁先学会了理解、妥协、宽容，谁就是最幸福的人。

宽容不是懦弱、退缩的表现，而是一种虚怀若谷的态度，甚至是忍辱负重的大智大勇。做人做事，不能心胸太狭隘，学会赏识别人的优点，包容别人的不足，靠的是仁爱之心、容人雅量。若为你的对手而怒火中烧，烧伤的只能是你自己。忍不下别人一口气，就针锋相对；忍不下别人一点错，就恶语相向。这样的人生之路，就会越走越窄。真正要做成大事的人，会有一种崇高的境界，他的心胸像天空一样宽广透明，也像大海一样浩渺无垠，总是把对手当成自己的伙伴，从而在竞争中提高自己的智慧和能力，才能始终使自己保持不败之地。

如果你始终抱着你的偏见不肯放手，你将会错过许多美好的东西，让你感觉不到美丽的事物，听不到优美的旋律，无法同最亲近的人进行思想交流。长此以往，偏见会将你拖入黑暗和无知的深渊，会毁掉你的幸福。

歌德曾说：“我能确保正直，却不能保证没有偏见。”你一定知道，这一次都是为你所做的。摆脱偏见，做一个宽容的人；亲情不需要真理，而是要宽容，要温和的态度，以及更多心甘情愿的付出。“连年怨阔别，一朝喜相逢。”

做一个温和的人。温和能够令一个人的品性更加美好，温和的人心底是善良的，他会爱上身边的一花一木，甚至去呵护砖缝中长出一棵小草的生命。随着时间的推移，美好的品性会让一个人越来越完美，从而让他更好地发挥自己的聪明才智，并收获成功。

温和带给人的是春风化雨般的心灵的滋润，是善良与无私的安慰并能抚平人们心理的不安与愤懑。温和的语言，像花儿吐露芬芳一样，在行动中，在思想交流中，会给人温暖和力量，促使人努力前行。一个温和的人，他的一切行为都是慎重和友善的，会产生强大的亲和力和长久的激励作用。

如果一个人在某些事情上，表现出反复无常，这是最自私的表现。不温和的人，能够毁掉一个人的个性，时间久了，这种缺陷的人也会因为心底里埋藏着戾气、愤懑、怨恨等，让他的个性变得更加暴躁，情绪变得焦虑，也会渐渐改变着一个人的五官、相貌，让他变得满脸凶相，并让成功与他失之交臂。

一个人的行为代表着一个人的修行，映衬了一个人的胸襟与气量。温和的言行也许需要经历许多事情后，需要严格的自律作为保障，一些人方能获得。有些人总会为自己不和善的行为找借口，但总有一天他会为自己说过残忍的话和做过的过分的事而感到后悔，甚至是追悔莫及。因为，他已经品尝到了令人反感的、暴躁的、自私的、狭隘的、苛刻的、冷漠无情与内心黑暗的个性，必会导致自己的孤立与失败。只有和善的、宽厚的、阳光的、温暖的、热情的、喜悦的个性，才会迎来团聚与成功。

做一个有智慧的人。一个人有知识不等于有智慧，知识积累再多，若没有智慧加以运用，知识也就失掉价值。智慧与我们的见识、能力结合的时候，会使我们心中增添了巨大的动力，就会使自己不断进步，甚至发生脱胎换骨的变化，如果只是一味地呆板地学习知识而没有智慧，却又骄傲自满、一意孤行，就会自取其辱。

有一个博士被分到一家研究所，成为学历最高的一个人。有一天他到单位后面的小池塘去钓鱼，正好正副所长在他的一左一右，也在钓鱼。他只是微微点了点头，这两个本科生，有啥好聊的呢？

不一会儿，正所长放下钓竿，伸伸懒腰，噌噌地就从水面上如飞似的快速走到对面上厕所。博士眼睛睁得都快掉下来了，水上漂？不会吧？这可是一个池塘啊。正所长上完厕所回来的时候，同样也是噌噌地从水上漂回来了。怎么回事？博士生又不好再问，自己是博士生啊！

过了一阵，副所长也站起来，走几步，噌噌地漂过水面上厕所。这下子博士更是差点昏倒，不会吧，自己到了一个江湖高手集中的地方？

博士生也内急了。这个池塘两边有围墙，要到对面厕所需要绕行 10 分钟的路，而回单位上厕所又太远，怎么办？博士生也不愿意去问两位所长，憋了半天之后，也起身往水里跨，我就不信本科生能过的水面，我博士生不能过。只听“扑通”的一声，博士生栽到了水里。

两位所长将他拉了出来，问他为什么要下水。他却问：为什么你们可以走过去呢？两位所长相视一笑：在池塘里有两排木桩子，由于这两天下雨涨水正好在水下面。我们都知道这木桩的位置，所以可以踩着木桩子过去。你怎么不问一声呢？

学历代表过去，只有学习能力才能代表将来。尊重并虚心向有经验的人请教，才能少走弯路。一个好的团队，也应该是学习型的团队。法国哲学家罗西法古曾说：“如果你要得到仇人，就表现得比你的朋友聪明与优越；如果你想得到朋友，就让你的朋友表现得比你自己更聪明优越。”简单的一句话就道破了人与人之间相处的原则，也掌握了人们在面对别人的优势与能力时微妙的心理变化，以及这种变化带来的结果。

每个奋斗者的人生历程都会非常不易，既要风雨兼程，又要矢志不渝。他们的一生注定要经历很多事，有开心的笑声，也有痛苦的眼泪；有成功的自信，也有失败的警醒；他们的一生也注定有很多朋友，但真正的知心朋友很少、很少。

鲁迅先生曾感叹道：“人生得一知己足矣！”释迦牟尼有一句话：伸手一瞬间，牵手却要很多年。真正的朋友，会在你奋斗的时候帮把手，在你迷茫和消沉的时候拉把手，在你开心的时候干杯酒，更会在你困难的时候一起走。当然，只有一个人努力达到一定的人生高度，方能选择更多有益的朋友。

选择朋友，就是选择生活，选择命运。与智者同行，你会不同凡响；与高人为伍，你能登上巅峰。作家韩寒曾说过这样的话：“一个人能走多远，要看他有谁同行；一个人有多优秀，要看他有谁指点；一个人有多成功，要看他与谁相伴。”

这是一个最好的时代，因为法律制度保障越来越健全，有知识、有能力的人总会脱颖而出、取得成功；同时这又是一个最复杂的时代，因为社会竞争更加激烈，尔虞我诈充斥在每个角落。每个年轻人都会遇到这样或那样的问题困扰，这或许就是一个人成长中必须要经历的考验。

你所遇到的任何困难，首先必须自己去抗，自己坚持勇敢地面对，一点一点地熬下去。只要不是涉及生死的危险，一切都不成问题。随着时间的流逝，一切都会好的，也会变成一个更出色的自己。因此，对于年轻人来说，你不要忧虑，更不要悲伤，不要无原则地去责怪任何人，而是靠自己。

用自己奋斗的青春与汗水，挣扎着努力前行。积极结交优秀的人，他会给你带来温暖和希望；尽量远离不好的人，但不好的人也会成为一面镜子，供你借鉴，给你带来经历和教训。并且，相信任何的好事与坏事，终将都会过去，成为往事，你也终将会变成一个更加成熟的人。

年轻人要做到做人如山，像高山一样，望万物而容万物；做人似水，像流水一样，能进退而知进退；修身兴业把握分寸，像四季时令一样，春发夏长，秋收冬藏；做事要拿得起，更要放得下；拿得起是本领、是能力，而只有能放得下才是生活、是智慧。

在茫茫的尘世间，追求更多的财富和更美好的生活，是人的本性。但要知足，知足者才能常乐。在纷繁的社会中，烦事天天有，贵在心放宽，心宽者方能安宁。作为年轻人，你吃苦耐劳与不断奋斗，已获得了成功，但对自己不必苛求太多，平平安安更重要；不要苛求房子有多大，只求一家人温馨、和睦；不要苛求人生有多么辉煌，但求能过得充实和快乐！

作为父母，你的见识让你的家庭和谐幸福从而与家族成员融洽相处；你的优秀使孩子得以健康成长、学习成绩优异和工作表现出色；你的身上体现出的思想品质意味着成功。

你做到了坚持，意味着永不松劲；自律，意味着永不松懈；信念，意味着永不停步；目标，意味着永不降低自己的理想追求。经过你的不断努力，完成了自我的超越。同时，也很好地引领孩子积极融入社会，砥砺前行。孩子已经长大了，有了自己满意的事业，建立了自己美满的家庭，你也要相信孩子今后的路一定会走得更好。

第七章　学会放下，珍惜自我

事业成就自己，运动赢得健康，读书旅行开阔眼界。不要念念不忘昔日的辉煌，放下浮华，返璞归真，展现自我特性和人性的纯真美好。

1. 献身社会，感恩生活

岁月无痕，时过境迁，不知不觉你早已过了“知天命”的年龄，诗人余光中亦写道：“掉头一去是风吹黑发，回首再来已雪满白头。”很多时候，我们对于日子还未曾食髓知味，便不觉已年过半百，千帆阅尽，历经沧桑。

单位里也接纳了更多的朝气蓬勃的年轻员工，有的已成为中坚力量与业务骨干。你的儿女也已经有了自己幸福的家庭，以及属于他自己的红红火火的事业。而此时你又是怎样的心理呢？是满怀愉悦，还是倍感忧伤？是心安理得，还是充满烦恼？是有满足感，还是存在失落感？因为你曾努力过、失败过、成长过、收获过，所以或许你感到内心丰盈与充实；但是总会有人感到五味杂陈，为权？为钱？为名？为利？为恋恋不舍的事业？此情此刻有感慨于唐代诗人李商隐曾写下的诗词《锦瑟》：“锦瑟无端五十弦，一弦一柱思华年。庄生晓梦迷蝴蝶，望帝春心托杜鹃。沧海月明珠有泪，蓝田日暖玉生烟，此情可待成追忆，只是当时已惘然。”

你到底是怎样的人呢？又终究会有怎样的人生呢？你首先要认识你自己。“认识你自己”，这是古希腊哲学家苏格拉底提出的一个著名命题。这句话后来被刻在古希腊阿波罗神殿的石柱上：“智慧是唯一的善，无知是唯一的恶，抑恶扬善就是认识你自己。”

“认识你自己”的哲学意义是，有强调知识的作用，从而强调人的地位，是人文主义的体现；无知是一切罪恶的首要根源。苏格拉底把道德和知识合二为一，认为道德行为必须以知识为基础，最高的知识就是对“善”这个概念的认识，而善，包括健康、财富、地位、荣誉以及正义、勇敢等美德。

“认识你自己”引导我们去思考人生的意义、思考自己出现在这个世界上，又是从哪里来，要到何处去，你想要一个怎样的归宿。对此，一个人不要过分地专注于对身外之物的追求，而应该不断升华自己的灵魂，使自己成为一个有知识和道德完善的人。

在现实生活中，凡是普遍存在的东西，包括好的东西和不好的东西，都是有一定缘由的，无论是人们道德思想因素，还是社会管理制度与政策执行情况的因素等，你如何去适应社会环境是十分重要的。

在社会环境中即使有自己看不起或者鄙夷的东西，也要学会容忍，慢慢地去理解与心平气和地包容。某些事情即使自己不做，也不要对做这样的事情的人表现出明显的过激反应，即使你在心底里是蔑视也尽量不要影响自己的情绪，因为对你来说，如果被这些太多负面东西影响是不值得的。

一个人生活得快乐与否，完全取决于个人对人、事、物的看法与态度如何，因为生活是由思想决定的。你有什么样的思想就会有什么样的生活。子曰：“不义而富且贵，于我如浮云。”一个人能够时刻约束自己的得利之心，特别是贪婪之心，时刻警醒自己的所作所为，即使在无人知晓的情况下仍能自律，才能在人生的道路上把握好自己的命运，不至于越轨翻车。

你完全没有必要因为自己的不能接受而去指责别人，甚至是不能容忍而和别人发生矛盾等。此时的你应该保持内心的淡定、克制和漠然。

随着社会新技术革命不断的到来，社会竞争压力不断加大，社会竞争的最终结果是适者生存。如果你自己没有办法，更没有能力去改变现实，那么就只有一条途径，就是要去适应社会。残酷的社会现实并不是所谓的“强者”生存，而只有学会适应社会环境的人才能得以生存，那些不能适应社会环境者往往就易于被淘汰出局。

生活是公平的，只要你付出努力和劳动，就会有相应的回报；而生活又是不公平的，因为即使你是一个正直并有才华的人，如果不能适应社会环境，不会包容、理解别人，就可能会举步维艰，甚至寸步难行。因此，只要坚持自己的道德底线和行为红线，如何去努力适应社会环境和学会享受生活也是一种重要的人生技能。

现实生活中的许多现象，都需要我们去认真地思考，并需要积极地应对。同时，从每天的工作与交往中也能不断地获得感悟，让我们的社会生活方式不断地进步，以适应不断变化的社会环境。

要争取拥有一个自己的智慧人生，而智慧人生就是追求人生的高品质和有意义。从而使自己活得更快乐、更满足，甚至是活得更全面、更辉煌。也活出了自己的坦荡人生、快意人生和无悔人生。

有位哲人曾说：“时间是伟大的导师。”俄国著名的哲学家、文学评论家别林斯基也曾说：“在所有的批评中，最伟大、最正确、最天才的是时间。”时间是最有情的，可以使一个懵懂的少年，变成一个大彻大悟的长者；可以使一个小芽变成一棵参天大树；时间也给世界带来美丽和繁华。但时间又是最无情的，总是永不间断地制造酷暑寒冬，让再坚硬的东西也会斑驳；时间会荡涤世间一切的东西，甚至使之荡然无存。

时光的似水流年，也会带给你脸上的沧桑和阅历的积淀，又注定会让你变得坚定与深沉。

面临退休的你，经历世上多少事，体察人间多少情，有透彻的人生感悟；在工作岗位上积累的经验、掌握的技能，又很有意愿传授给下一代员工，甚至更多更广的人群，进行的学术报告、讲座、研讨、培训、总结及案例分析等。你遵循着中华民族传统美德，奉献着自己最后的一份力量。

作为老员工，心怀诲人不倦的精神，有高尚的思想境界和高度的责任心、使命感，心甘情愿当人梯，热心做年轻人的良师益友，希望把自己的过硬本领毫无保留地传授给年轻人，无论如何都是令人称赞的。

老员工又如何要避免存在好为人师、一厢情愿的情形，因为新一代的年轻人，已完全是新的生活方式、现代教育方式、思维方式及就业方式，特别是有些年轻人具备更高的学历和最先进、最丰富的专业理论知识，又因为存在年龄的差异，经历不同、观念变化等，因此可能造成角色融合上的困难，甚至不能做到两代人之间的理解和工作上达成的默契，更不能进行深层次交流、研讨等。年轻人认为你那是陈旧、过时的一套；老员工却认为年轻人工作草率、没有经验，于是产生了工作上的隔阂，甚至利益上的纠结，最终影响了各自的工作。

现实工作中，较容易出现这样的矛盾，那么，作为老员工，对于我们过去所取得的成绩，要清楚地认识到，都已经成为历史，不可念念不忘地炫耀，更不能成为语重心长地教育下一代的资本。因为你所做的一切，在别人看来，甚至是年轻人也可能比你自己看得更清楚，掌握得更好。

你应该给年轻人更多的说话的机会，使他们更多地满足自己显示身手的欲望。特别是年轻人更有初生牛犊不怕虎的胆识，甚至是目空一切的气魄，他们敢于尝试，他们也不怕失败，他们更是满怀自信，当然他们也是这个世界的希望，未来的主人，这是社会发展进步的必然结果。

对此，首先，你要保持谦虚的态度，多一分清醒，少一分陶醉；多一分低调，少一分自满；多一分沉默，少一分孤立；多一分淡然，少一分烦恼；多一分对别人的欣赏，少一分自己内心的不安。

其次，严格要求自己，既要把自己的各项工作做得更好，又要看淡一切，不能过于计较自己的利益，更不要因为自己一时的成功而沾沾自喜，甚至是得意忘形；也不可因一时的顺利而骄傲自大，做到不断地完成对自我的超越，直至站好最后一班岗。

最后，做到淡泊名利，许多事情要放手让给别人，特别是让年轻人去做，鼓励他们敢想、敢试，支持他们成功、成名。不去计较某些眼前的利益、得失而放纵自己的不良行为，而更应该不断地提升自己精神世界的力量。

只有老员工先看到自身的不足，淡然从事，不断地去思考、发现和修正自己的缺点和错误，提高自己的认识，看透社会实现，才能心平气和、行稳致远。若老员工不能以身作则，则下属就不会努力做事。

老员工既对年轻人的低调、谦虚、包容、善意和支持、鼓励等，又在工作中保持严格、认真的态度，年轻人才会在思想上、理念上与你保持一致，达到相互认同、相互信任。这样，就会自然而然地形成一种尊重知识、尊重师长的人文素养和教学相长、不断进步的良好氛围。

无论在何时何地，无论在何种情况下，无论做何事情，都始终需要你认真地对待，积极地去做。你应该明白，总是能把任何所做的事情做好的结果才是最好的，收获也是最大的。

即使你已习以为常而感觉不到什么，可是这种良好的习惯已达到了你的心灵深处，会打下深刻而美好的烙印，并会潜移默化地影响着你和你身边的人。大凡成功的人，一定是做事积极认真并持之以恒的人。

在工作中，当出现无原则的分歧和对立时，老员工要学会退让，要顾全大局，维护好集体的团结，以免产生对立的情绪。急进一步可能风起云涌，双方都不肯做出让步，那么经过相互争斗，都将会成为失败者。退让一步会海阔天空，退让是人的一种美德、一种境界，使你更加平静，保存实力；也会使对方获得自信、成功和力量，或许是创造未来的重要保证，从而会收获更大的利益。

清朝名臣左宗棠喜欢下棋，而且棋艺高超，少有敌手。在出征的途中，看到街道旁边的招牌上写着“天下第一棋手”，并看到一位老者摆棋阵。左宗棠觉得这个老者太过狂妄，就随机过去挑战，没有想到老人连出破绽，被左宗棠击败，并且左宗棠连胜三盘。左宗棠看到“天下第一棋手”都被自己打败了，心里非常高兴，志得意满，自信心倍增。

接着左宗棠在新疆平乱成功，在胜利返回后又和老人下棋。但是这次左宗棠竟然三战三败，被老人打得落花流水。第二天再战，依然惨遭败北。这让左宗棠很是迷惑，为何前后两重天？老人笑着回答：“上次我知道您领兵出征，所以让您赢棋，从而增强您必胜的信念，好为国家平乱立功。如今您已凯旋，我就不客气了。”左宗棠听了感慨万分。

当今社会的科技浪潮方兴未艾，各种新知识、新技术不断地推陈出新，竞争日趋激烈。社会需求也会越来越多样化，使人们在工作与学习中所面临的情景和心境也极其复杂。因此，在错综复杂的社会与工作环境中，你要始终保持镇静和谦虚谨慎的态度；在各种盘根错节的问题面前，更是始终需要你积极地与团队保持密切的协作，采取高度一致的行动，始终做到相互沟通、相互依靠、共同合作，才能走向成功。即所谓“同心山成玉，协力土变金”。

如果一个团队集体组织涣散，人心浮动，自行其是，甚至出现“窝里斗”现象。那么，主要问题可能来自领导和老员工的身上，可能存在领导的无能、偏心和私心，老员工的消极、狭隘和自私。长期下去就会导致团队人员的消沉、涣散、沉沦，各自我行我素，结果就会出现一片混乱的局面，甚至更严重的后果。

太平天国起义的初期，各路人马团结一致，同仇敌忾，不断地取得胜利。太平天国最辉煌的时候占领了清朝的半壁江山，后来洪秀全等人进取心逐渐减退，沉迷于物质享受，统治集团内部矛盾激化。韦昌辉杀死了杨秀清，韦昌辉又被处死，石达开负气出走，后来也被清军杀死。结果造成了朝中无能人，军中无将帅的危险局面，这就是天京变乱事件。“将帅无能，累死三军。”清军趁机围住天京，最终太平天国运动失败。

一个人的能力是有限的，集团的力量是无穷的。“一根筷子容易折，十根筷子折不断”；小河流只能泛起细小的浪花，海纳百川方能激起惊涛骇浪。这就是集体的力量、团队的威力。因此，作为一名老员工，应该率先垂范，充满激情，全身心融入团队当中，体现团队的协作精神，从而发挥团队的更大作用。

伟大的红军长征精神，就是高度体现了集体的意志、勇气和力量。所有工农红军将士，都为了天下所有贫苦大众能过上幸福生活的共同目标，不畏艰难、不怕牺牲、万众一心、相互扶持、密切合作、共同战斗，充分发挥了团队的力量，克服了一个又一个难以想象的困难，战胜了强大于自己十倍，甚至百倍的对手，最终取得了伟大的胜利。

走过了半生，已经到了安身立命的年纪，身体也开始禁不起折腾，不能再像年轻时那样不顾一切地拼命。尽量减少参与聚餐、酒宴，不要大吃大喝、暴饮暴食，和别人打交道的时间越长，就越能明白，懂得让步，才是一种处事的豁达，做人的智慧。

在生活中，面对那些无伤大雅的冒犯，不用太往心里去，有时候一笑置之，让人一步也会让自己获得心理安宁，让大家皆大欢喜，甚至花小钱能解决的某些问题，也一定不要太计较、太较真。

热心公益，应是每个人的自觉行动，也是一个有知识、有思想、有作为人的社会责任。我们帮助别人，不只是给了别人温暖和安慰，同时也是提升自己、认识自己的很好机会。关爱他人、赠予他人，送去的是人间的温暖，回报社会的是感恩的心。

关爱就好像一道亮光，它能照亮所有的黑暗和冷漠，给人们带来生活的无限希望。当然，一个人的文明礼貌、行为规范以及和善的笑容、温柔的语言，也会让人们感受到生活在一个如沐春风的世界里。这就是奉献和爱心，这就是怀有一颗造福大众的心。

歌曲《感恩的心》中写道："我来自偶然，像一颗尘土，有谁看出我的脆弱；我来自何方，我情归何处，谁在下一刻呼唤我。天地虽宽，这条路却难走，我看遍这人间坎坷辛苦。我还有多少爱，我还有多少泪，要苍天知道，我不认输。感恩的心，感谢有你……"人就是这样的不容易。有成功，也有失败；有开心，也有失落。

如果我们把生活中的起起落落看得很重，那么生活对于我们来说永远都不会坦然，永远都没有欢笑与快乐。以感恩的心将冰冷的世界变得温暖，学会感恩从而使苦难的生活变得丰富多彩。

感恩父母给了你生命，感恩社会促使你成长，感恩对手使你更坚强，感恩爱人给予了包容，感恩世间的万事万物使人变得强大。如果你常怀感恩之心，那么在你眼中就没有埋怨、指责、愤怒、憎恨、悲观、失望、消沉、自私、妒忌、烦恼、苦闷等；相反地，你更多的是对别人的宽容、理解、温和、谦虚、真诚、扶持等，你才能感受到生活中处处充满了阳光，才能感受到人生的快乐和世间一切的美好。

因为有人施恩，有人报恩，我们生存的空间才有鸟语花香和多姿多彩。投之以桃、报之以李，彰显了人生的快意非凡；和气致祥、怨气招灾，诠释着命运的跌宕起伏。一个和谐的社会里，会有一批又一批懂得感恩的人回报社会，将爱心传给人间，也将会使社会更加美好。

人性兼具善恶，魔鬼和天使同时盘踞在人的心里。以真善美应对假恶丑，以理想、信念应对迷茫与懒惰。以爱的呼唤、爱的行动，去融化每一颗冷酷的心。会感恩的人，才懂得珍惜；懂得珍惜，才能获得真情；珍惜真情，才能够无比快乐。

有人说："没有人是一座孤岛。"人与人之间多一分理解，就会少一点指责；原谅别人也是善待自己。一个人的快乐，不是因为他拥有的多，而是因为他计较的少。

唐代柳宗元曾说过："至公之道，施恩而不求报，奖善而不为功。"意思是说：最公道的道义，是给人家恩惠但不求取报答，奖赏好的而不认为是自己有功绩。感恩从来不需要冠冕堂皇的装饰，也无须人为的做作。其实，不论人的贫富、强弱、大小，都有自己感恩社会的方式，只要在各自的岗位上本本分分地做好自己的事情，如医生救死扶伤，警察维护法纪，老师教书育人，工人积极做工，学生认真学习等，共同构建和谐社会，就是感恩社会、奉献社会。

郭春园老人是中国正统的正骨四大流派之一“郭氏正骨”的第五代传人，是国家人事部、卫生部、国家中医药管理局认定的全国著名老中医之一。

郭医师兢兢业业从医 60 余年，并在自己老年弥留之际无偿将 13 个祖传秘方奉献给了大众。他广收弟子，诲人不倦，先后培养出 100 多名德才兼备的优秀医生，在中国有“中华骨魂”的美誉。

郭老虽然学富五车、德高望重，却从来不摆架子。为了满足更多患者的要求，他不设“专家号”，常常在小区开展义诊，还积极在全国著名电视台、广播电台进行公众健康教育讲座，在报纸等平面媒体发表文章，为大众介绍医学常识，帮助大家提高抵抗疾病的意识。为我国公众健康教育事业不遗余力，做出了卓越的贡献。

在他手中重获生命和健康的患者不计其数，很多人为了表达感激之情，纷纷送来红包和礼物表示感谢。礼品堆积如山，郭老将所有的财物作为公众健康教育的活动基金，鼓励青年医师积极开展大众健康教育活动，无偿提供经费。

对于老员工来说，利用你的能力和影响力，在社会上多做一些公益与慈善活动是具有人生意义的。公益事业包含自然环保、健康、教育、残疾幼老、妇女儿童、法律、电子通信、大型活动服务等。值得称道的是慷慨解囊、扶贫济困的大爱行为。扶贫济困、行善积德，一直是中华民族崇奉的信念；知恩图报、以报恩德也是华夏儿女坚守的品质。

我国的每次大灾大难，都会有许多仁人志士的慷慨捐助，大家同心协力，共渡难关。但慈善捐赠是人们自觉自愿的奉献爱心与援助行为。不可否认目前某些募集基金与资金使用等存在某些不当之处，许多人的心态总是存在这样或那样的问题，特别受到社会上的懒惰、享乐、拜金、攀比等不良风气的影响，甚至存在妒富、仇富的异常心理与行为。

因此，有的受助者把别人的救助当作理所当然，甚至嫌少并直接索要更多的钱；还有的人甚至公开指责某某富豪未捐款或捐得少。

中国经济40余年的快速增长，靠的是大多数劳动者奋力攻关、努力工作和辛勤付出获得的，由此使人们的生活水平发生了翻天覆地的变化。但总会有一些利用职务或专业之便捞取好处的人，应加强制度规范及监督制约力度；用违法犯罪的手段生产假冒伪劣产品以达到快速致富的人，应受到更严厉的惩处；更应重视一些类似游走江湖的坑蒙拐骗之人，应加强甄别与严厉打击力度。还要重视社会上那些让人望而生畏、畏而远之的吃喝嫖赌抽、奸懒馋滑坏和阴损毒辣狠之人，这些人对社会造成较大的负面影响，加强管理、教化是非常必要的。

当然，社会风气需要进一步普遍好转和国民素质有待进一步整体提高，各级政府及其媒体仍需要不断地加强针对性的文化宣传及警示教育等，各基层领导及部门单位领导的自身修养与管理能力也关系重大。

在杭州市与郑州市各有一家馒头店，老板看到很多环卫工人和流浪汉经常吃不上热饭，便决定免费送爱心馒头。来领爱心馒头的各类人员络绎不绝，未给不该领的人就当场破口大骂；因来领馒头的人太多，工作量太大，就由原来的5个馒头，改为3个馒头。然而那些人已经觉得自己领5个馒头是理所应当的，现在只给3个，认为自己吃亏了，居然要求店主直接给钱；有的还要求把前几天未来领馒头的钱给补上。

无理的要求越来越多，得不到满足的那些人就疯狂地辱骂老板。甚至遭到了一些人的恶意揣测，最后老板因不堪重负而只能停止了送爱心馒头。类似的事情比比皆是，一些人没有一点感恩的心，也没有做人的道德底线。古话说："斗米养恩，石米养仇恨"，你无条件地对别人好，最后换来的可能是无动于衷，甚至是变本加厉的伤害。也早就有人感叹"可怜之人必有可恨之处"。

当然绝不能这样以偏概全与悲观失望。现在我儿子近 2 ～ 3 年以来，正在捐助多名被认定为品学兼优的贫困学生，但愿这些孩子能潜心学习，志存高远，懂得感恩，奋发有为，并在将来走向社会，能真正成为品学兼优的国家有用之才，甚至是栋梁之材。

2. 应该掌握点医学与养生知识

所有疾病的发病都是有其缘由的，或者绝大部分的疾病又是可以预防的，包括目前科技进步中的某些先天性、遗传性疾病也能获得很好的防治效果。但人们由于在日常生活中的许多不能自律的原因，以及心理情绪的变化，因此长此以往，在不同年龄阶段都可能会出现身体的亚健康状态，继而发生某种疾病，甚至突发危及生命的疾病，特别是老年人群体。

影响人的健康因素很多，主要的有遗传、环境、心态和生活方式等，其中最重要的是生活方式的影响，如抽烟、酗酒、吃得太油腻、摄入过多的盐、长期熬夜、缺乏运动等，这些肯定是目前重要的患病甚至死亡的原因。

有人统计在发达国家中，70% ～ 80% 的人死于不当的生活方式引起的疾病，即心脏病、脑卒中、高血压、糖尿病和肿瘤等；发展中国家在不断地增高并也超过了50%。另一个重要因素是心理情绪异常的影响，胡夫兰德在《人生长寿法》中指出："在一切对人类健康不利的影响中，最容易使人短寿的原因是不好的情绪和恶劣的心境，如焦虑、烦恼、抑郁、嫉妒、贪求和愤怒等。"因此，如果不良心理长期得不到排解就会引起内分泌失调和机体抗病能力下降，就容易导致各种疾病。

所以，中老年人最好做到心理健康、精神愉快、科学饮食与合理运动等。

中老年人的健康饮食原则：

①粗细搭配。各种杂粮都要吃，最好全一些，几种粗粮一起吃下，最好经常变换吃，这样才能做到营养均衡。粗粮主要有玉米、紫米、高粱、燕麦、荞麦、麦麸和豆类，如黄豆、青豆、赤豆、绿豆等（见第三章相关内容）。

②荤素搭配。老年人以吃素食为主的情况下，还是需要吃肉类补充营养元素的。只有合理搭配，才能保证老年时期的体质维持良好的营养状态。

③细嚼慢咽。老年时期的消化机能已逐渐降低，食物的充分咀嚼，会分泌更多的消化液和消化酶，更有利于营养物质的消化与吸收，更能减轻消化道的功能负担。

④饮食有节。养成良好的规律饮食习惯，一定要按时吃早餐，要晚餐吃得简单，一般只吃七成饱。不随心所欲地饮食，不偏食与挑食，做到低盐少油饮食。多采用炖、煮、蒸、煲的烹调方式，少采用炸、煎的方式，尽量少吃火锅、烧烤、麻辣烫等食物。

目前许多中国家庭，不重视早餐饮食的质量，只是简单地吃一点，因为上班要赶时间。反而晚餐吃得很丰盛，这实际上是不好的习惯。如果能在晚上7时之前吃完晚饭，而后能外出进行半小时以上并有一定活动量的运动，对身体的不利影响就相对较小。

更需要高度重视的问题是，一些家庭吃晚餐的时间很晚或要等待全家人一起吃晚饭，吃完晚餐就很快睡觉了，没有运动的时间，这样就非常不好，特别是对老年人的身体健康就更加不利。

美国约翰斯·霍普金斯大学医学院的一项新研究结果表明，吃晚饭的时间若太晚就会增加体重上升的风险。研究人员对比了 20 名身体健康的志愿者在晚上 10 时和下午 6 时吃晚餐的消化情况。这些志愿者都是在晚上 11 时就寝。研究人员发现，如果晚餐吃得很晚，志愿者体内的血糖水平较高，而且燃烧的脂肪也较少，哪怕他们在两个不同的就餐时间吃的是同样的食物。总体相比较而言，晚餐吃得较晚会让葡萄糖的峰值水平高出大约 18%，整夜燃烧的脂肪数量减少约 10%。

如果长期这样就真的是“躺肥”。因此，尽量做到及时晚餐、简单晚餐和餐后适当运动，才更利于身体健康。

老年人的饮水原则：老年人合理足量地饮水，对维持身体健康十分重要。因为人体的一切生命活动都离不开水，水既是人体最主要的组成部分，也是人体参与新陈代谢最基础、最重要的物质。

在日常生活与临床工作中，几乎每天都可能看到饮水不足和身体缺水的人，特别是从事较重的体力劳动并常伴有出汗的群体。这类人群会常常表现为面部及肢体的皮肤相对皱缩、干燥，甚至出现口干舌燥及声音嘶哑的症状；有些人还常常有尿频、尿急、排尿量较少及排尿不尽感的表现，并存在排出尿液颜色多呈深黄色（正常情况下排出尿液为淡黄色，若无药物、食物及肝胆等疾病影响而排出尿液为黄色已提示饮水不足），每日尿量常常不足 1500ml；进行化验可能出现尿比重（或渗透压）增高、尿盐结晶及尿素氮（或伴有血尿酸）偏高等。

这类人群更易发生胆系结石、泌尿系结石、肾脏尿盐结晶及泌尿系感染。长期下去就会出现更多的疾病如肠胃疾病、动脉硬化及心脑血管疾病等。

在特殊的老年人群当中，也会有并不少见的人，总是存在体内缺水或饮水不足的问题。即使其每天排尿量能达到1500ml以上的水平，但也可能存在其体内在一天当中某个时间段的缺水现象。因为与青少年人群相比，老年人缺水的重要原因，是由于身体组织器官功能的老年化，特别是老年肾脏已存在明显的功能自然衰退造成的。

即进入老年后，主要由于肾脏的浓缩功能及肾小管、集合管的重吸收功能已出现明显的减退，如果老年人在一定的时间内身体不能补充水分，而因为老年这种肾功能衰退使体内水分仍会以尿液的形式继续排入膀胱，并继而排出体外，使得体内不能在一定时间内保持一定量的水分，以参与并维持机体的新陈代谢和维持水盐平衡，结果导致身体不同程度的缺水及其他变化。

同时，值得注意的是，在冬季的漫漫长夜，老年人在夜间更容易出现体内缺水的情况，因为老年人存在肾功能衰退的同时其膀胱容量也有不同程度的减小，因而老年人会出现排尿次数增多与夜尿的现象，同时老年人又怕在寒冷的夜间起床排尿，故不愿意在睡前饮水，所以就会出现体内缺水进而对身体造成更不利的影响。

老年人体内缺水的后果是严重的，可能会损害某些重要脏器（生命器官）的功能，同时出现血黏度迅速升高而更易发生心脑血管意外。研究表明，人体的血液黏度在凌晨4～8时达到峰值，这个时间段也是脑卒中发病的高峰期，因此许多老年人就是在早晨起床时被家人发现躺在床上不能动弹了。也有人做过实验研究证实：老年人若在睡觉前喝200ml的温开水，第二天血液黏度不升反降，能更好地防止脑血栓形成。

中老年人还应注意，晨起时喝水的重要性。首先晨起喝水能有效补充夜间损失的水分；其次喝水会增加血容量，促进血液循环，让大脑迅速恢复清醒状态；再次人体经过一夜代谢之后，身体的所有垃圾都需要洗刷一下。此时喝水，有利于排空肠胃里的毒素和垃圾；最后晨起时及时喝水可以促进肠胃蠕动，预防便秘。同时，在午休后、饭前也是老年人喝水的关键时刻。

因此，中老年人每天都应注意定时定量地足量饮水，并注意在运动锻炼或劳动出现出汗时及时增加饮水，保证每天排尿量约在2000ml的水平才是有利的。特别提醒老年人，在晚上睡觉前的饮水及早晨起床后的及时饮水，更是与性命攸关的饮水，是真正意义上的救命水。

当然，除了在三餐时、睡前及晨起时饮水外，在上下午的时间里可以喝茶。茶是世界各国医学专家公认的保健饮品，茶叶中所含的茶多酚，对体内自由基的清除率可高达90%，显著优于维生素C、维生素E，抗衰老的效果是维生素的十几倍。茶的品种繁多，主要有绿茶、红茶、黄茶、黑茶、白茶、乌龙茶等，此外还有一些保健茶等。

由于加工工艺的不同以及发酵程度的不一样，不同的茶类中的茶多酚含量也不同。在以上的几种茶中，绿茶没有经过发酵，茶多酚的含量最高，也就是说绿茶的抗衰老的效果最好。绿茶性偏凉，含有鞣酸会影响铁的吸收，故月经期的女性、缺铁性贫血及胃寒的老年人不宜喝绿茶；而胃热者及女性的特殊情况下也不宜喝红茶。注意不要在睡觉前及饮食后喝茶，以免影响睡眠与营养物质的吸收。

养成良好的睡眠习惯。睡眠是人体休养生息、养精蓄锐的过程，是吸收、收藏能量的过程；而白天工作、学习则是释放能量的过程。

现代科学研究证实：人在睡眠中身体内一切生理活动均会减慢，并进入一个恢复和重新积累能量的过程。民间俗话说：“一夜好睡，精神百倍；彻夜难睡，浑身疲惫。”高质量的睡眠可以驱散疲劳，恢复精力和体力。也有报道认为良好的睡眠模式对预防老年性痴呆，也有一定的作用。

人体的诸多脏器的重要功能都是在夜间进行的，如果此时人们能处于深度睡眠，脏腑能够顺利得以运转、排毒、修复，这比吃什么补药都要好。充足的睡眠，有利于疾病的预防和恢复。因此，人们公认“睡眠是人生的第一大补”。

人们最佳的睡眠时间，应该是亥时初（21 时～ 23 时）至寅时（3 时～ 5 时），也就是说在晚上 9 时睡下，早晨 5 时起床最为适宜。

中国传统医学观点：亥时三焦经旺，三焦通百脉，此时进入睡眠状态，百脉就能休养生息。中午午时（11 时～ 13 时）也要安排半小时午睡，为下午的活动积攒能量。坚持规律的睡眠习惯是至关重要的。进入老年时期，人体需要的睡眠时间也相应缩短，但必须保证每天 6 小时的睡眠时间。

现在随着人们生活节奏的加快，工作压力的增大和精神生活的丰富多彩等，大多数人的睡眠时间会向后推迟。根据经典的《黄帝内经》云：“人体五脏六腑之气都取决于胆……”23 时～凌晨 1 时又称为子时，此时胆经最旺，由此这时应必须睡觉，以使人在睡眠中蓄养胆气，才能精力充沛、情绪稳定。

如果子时仍未睡眠，易出现情绪不稳、精神涣散，甚至出现“抑郁症”等。根据世界卫生组织统计数据，全球约有 3 亿人患有抑郁症。2019 年最新数据显示，中国抑郁障碍终身患病率达 6.8%，约有 9500 万患者，抑郁障碍和焦虑障碍者居各类精神障碍疾病的前两位。

总之，人们的养生、健康、长寿与睡眠情况是密切相关的。

首先，最重要的就是保证睡眠的规律性，就要高度重视“子午觉”，即是子时和午时按时睡眠。原则是子时大睡，午时小憩。中国传统医学观点：子时是晚上11时～凌晨1时，此时阴气最盛，阳气衰弱；午时是中午11时～下午1时，此时却是阳气最盛，阴气衰弱。这两个时间段都处于阴阳交接的时候。按照中医养生的观念，睡与醒是阴阳交替的结果，所以坚持睡子午觉很重要，人的情智调节会最好，工作、生活质量也会更高。

其次，具备安静的睡眠环境和良好的睡眠用具。

再次，注意不要吃得太饱，不要趴着睡，不要睡懒觉。

最后，不要憋尿忍便，防止腹部受凉等。

失眠多梦者的调治原则：

①首先做到内心无忧虑，心中无烦恼，对人不埋怨，遇事不计较，凡事少发火，避免负面情绪的影响。许多事情要学会放下，保持情绪的稳定。

②注意各种慢性疾病的影响，如高血压病、糖尿病、心脑血管疾病、肠胃疾病和焦虑症、抑郁症等，需要进行合理的治疗。

③合理的饮食并禁忌不良嗜好的影响。

④科学及规律睡眠，在早晨6时一定要起床；上下午不要睡觉，午睡时间不超过1小时；严重失眠者在上午9时～10时可能出现犯困，可饮一杯浓茶，以助阳出阴，但注意其他时间严禁喝茶；下午适当进行体力劳动或运动锻炼，出现出汗更好；晚餐及时进食少量易消化的食物。

⑤睡前泡脚，一般要20分钟以上，泡至脚部皮肤发红，感觉身体微微出汗即可，泡脚结束后就立即上床睡觉。综合调治后7～10天就可能见效。

抑制自己的情绪突变，保持自己情绪的稳定，反映出一个人的胸怀与格局。人是否心理健康，最重要的衡量标准之一是情绪是否稳定。

传统医学认为百病源于气。生气是很多疾病的起源，发脾气对身体的伤害非常大。美国的生理学家爱尔马有一个非常著名的“情绪效应”实验。他的实验显示：人在生气时，体内会产生一种毒素，这种毒素会使水变成紫色，在身体内很难排除。而每次生气时排出的毒素，足以使一只小白鼠致死。

据世界卫生组织统计，百分之九十以上的疾病，都和情绪有关。而从数据来看，目前与情绪有关的疾病就已达200多种。所有的负面情绪，比如说委屈、纠结、忧虑、愤怒、发脾气等，终将化作一场免疫风暴伤害自己。有人认为“负面情绪是身体的最大杀手”。

因此，可以说一个人每次发脾气、生气就是对自己身体的一次伤害。生气是一件成本很高的事情，而且长期如此你将为它付出的代价更高。生气会使人陷入负面情绪中，会使人失去理智，就会慢慢吞噬掉一个人的健康。

每次生气过后，我们会发现事情并没有想象中的那么严重。只是当时正在气头上，控制不住自己习惯性的生气、发脾气，总是会容易做出一些让自己后悔的事，却不能学会忍耐与宽恕，最终将会破坏了心情，影响了形象，分离了感情，损害了身体。

俗语说：如若你本身是对的，完全没必要生气；如若你是错的，那么就没有资格生气。所以遇事要保持淡定，冷静处理，才会达到最好的结果。切莫为此着急生气、上火发脾气。如果说发脾气是低级的本能，那么管住脾气就是高级的本事。在生活与工作中，我们经常发现，本事越小的人，脾气越大；越是有本事的人，越没有脾气，因为他们有强大的自控力。

百度董事长李彦宏在“2019年百度AI大会”上，正在讲解AI自动泊车时，突然一个男青年快步走上台，拿着一瓶水，对着李彦宏的头就浇了下去。会场瞬间尴尬起来。

但是，面对突如其来的状况，李彦宏愣了一下之后，迅速捋了捋头发，神情淡定地说了一句话："在AI前景的道路上，有各种各样的事情发生，但我们的决心不会变。"然后继续自己的演讲。

整个过程，李彦宏处理冷静，没有怒斥肇事者，也没有愤然离场，而是神情自若地完成了演讲，收获好评无数。这背后，是他超凡的情绪管控能力和胸襟气度。

如何在遇到突发事件中控制好自己的情绪呢？南怀瑾大师不生气的秘诀：每当自己生气时，立刻张开嘴巴，先吐一口气，然后再用鼻子吸口气，咽下去之后，再问自己要不要发脾气。只有你变成内心强大的人，才能在人生的历练中，不断提升自己的格局，并学会管控自己的情绪。

进入中老年期以后，不可放松自身的运动锻炼，注意适量运动是非常重要的。一般来说，能在40～60分钟内以中等速度走6000步即可。与此相当的有：40分钟的慢跑或骑车；30分钟的游泳或打球；60分钟的打太极拳或家务劳动。

需要掌握适当的运动量：运动中微微出汗为适量，大汗淋漓即为过量；运动中微微气喘为适量，气喘吁吁即为过量；刚刚开始时有点累，身体适应后疲乏感消失即为适量，如果疲劳越来越重，即为过量。运动时的心率介于最大心率（最大心率＝220－年龄）的60%～85%为适量运动。还要注意饥饿和饱餐后不要马上运动；运动前做适当热身活动，运动后逐渐降低运动强度的活动。

学会最简单的重要穴位按摩，是我们有必要掌握的保健知识。在世界医学史上，中医有一套悠久而完善的预防疾病的各种方法，介绍几种简单常见的保健穴位按摩。一般穴位按摩1～2分钟，最长不超过3分钟。长期按摩就会产生一定的保健效果。

失眠、多梦者保健四穴：①劳宫：握拳，中指尖下是穴；②神门：小鱼际肌下凹陷处；③神庭：前发际线一横指处；④印堂：两眉之间。

头痛、失眠者保健三穴：①太阳：眉梢与目外眦之间向后约1寸处凹陷；②百会：耳尖直上，头顶正中；③风池：胸锁乳突肌与斜方肌之间凹陷处。

视力保健穴：①养老：手平举放在胸前，手腕关节最高的骨头上，翻转过来是穴；②明眼：拇指末节关节近食指一侧处；③攒竹：眉头凹陷处。

听力保健穴：①翳风：乳突前下方，平耳垂后下缘凹陷处；②听会：耳屏间切迹前，下颌骨髁状突的后缘，张口有孔。

头发保健穴：浮白穴：在耳根后缘直上人发际2寸处。

两大补气血穴位（女性更好，妊娠不能用）：①合谷：以一手的拇指指骨关节横纹，放在另一手背部拇、食指之间的指蹼缘上，大拇指指尖下即是；②血海：大腿内侧屈膝，膝盖内侧凹陷、上方隆起肌肉的顶端即是。

脾胃保健穴：足三里：髌骨下缘外侧下3寸处。可在餐后握空拳或用手掌拍打30～60下。

三大俗称长寿穴：①涌泉：足底前部凹陷处；②命门：腰部正中点与脐在同一水平线上；③神阙：在肚脐中。

女性保健穴俗称“不老穴”：三阴交：内踝高点上3寸，胫骨内侧面后缘。

男性保健穴俗称“不老穴”：关元：在脐下3寸即是。

人体两个俗称“关口”保健穴：①合谷：以一手的拇指指骨关节横纹，放在另一手背部拇指、食指之间的指蹼缘上，大拇指指尖下即是；②太冲：足背部，第一、第二跖骨结合部之前凹陷处。

全身活血、行血俗称“开关”：合谷，每天早晚按一按，起到保健作用；若出现头面及肠胃等轻度不适，临时按一按可能使症状缓解。

最简单实用的保健操：

①晨起转腰，缓解便秘：转腰时取站立位，两手叉腰，呼吸自然，然后开始转动腰腹部，以肚脐为中心，按顺时针和逆时针方向各转动50圈，时间为2～3分钟。

②强身固齿舌宜动：静坐清心，排除杂念。闭口，舌头尖部轻抵上颚，感觉口内唾液分泌增加。当津液满口后，分次咽下，直送丹田。如此数次。

③“搓耳朵”养生术：人的耳朵经络与全身经络连成一体，以此达到疏通经络、运行气血，预防和治疗某些慢性疾病的目的。“搓耳朵”动作简单，即通过握住耳廓前后搓动，使局部发热，再配合局部的按压。每天坚持搓耳3次，甚至更多，有利于增强身体的抵抗力。

④常提肛门防痔疮：有规律地上提收缩肛门，然后放松。吸气时稍微用力，做提肛运动并连同会阴一起上升，呼气时一起放松，每次反复30～40次，早晚各一次。提肛运动可以改善局部血液循环，预防痔疮等肛周疾病，同时还能改善盆腔淤血，对女性更有利。

⑤自我按摩治失眠：取仰卧位，用手掌或食指分推前额5分钟；按揉太阳穴、百会穴、风池穴各1分钟；用大鱼际肌或掌根处按摩胃脘部，以舒适为度，约5分钟；按揉足三里穴、三阴交穴各1分钟；用小鱼际肌处摩擦涌泉穴，擦至发热为止。

⑥边看电视（电脑）边做操：摩眼，用食指轻轻按摩眼皮10秒；梳头，十指微屈，从前额梳到脑后，反复梳头10次；转颈，分别向左、右两侧，缓慢转动颈部各5次；摆手，双臂下垂，前后轻轻摆动10次；踢脚，双脚分别踢向前下方，各10次；擦腰，双手握拳在脊柱两旁反复摩擦10次。可以较好缓解长时间看电视（电脑）引起的头昏眼花、颈肩酸痛、腰腿不适等，

利于身体健康。

⑦常备小马甲暖胸背：背部是人体健康的屏障，背部如果受凉，对心血管系统、呼吸系统、消化系统等都有很大的影响。有了小马甲，在稍有凉意时，即刻穿上，就能保护我们的腹背，起到保温防病的功效。

⑧简便易行的十常养生术：常叩齿；常咽津；常弹耳；常揉鼻；常动眼；常搓面；常按足；常摩腹；常伸肢；常提肛。

几种简单实用的养生保健方：

①化瘀祛斑粥：黄芪 30 克、当归 10 克、桃仁 10 克、粳米 100 克，3 味中药纱布包和粳米炖熬。一个疗程 7 天，隔 10 天可再加一个疗程。

②红枣首乌黑发粥：粳米60克、何首乌30～60克、红枣5枚、红糖10克，先熬首乌，去渣后加入米、枣，熬好后加入红糖。一个疗程 7 天，隔 5 天可再加一个疗程。

③养颜黑发粥：黑豆 1 小把、黑米 2 把、黑芝麻 1 小把、薏仁 2 把、粳米 2 把、百合 10 片、核桃 2 个、红糖适量。此粥可间断食用。

④菠菜粥（春季养肝粥）：将一把菠菜洗净后在开水中焯一下，并切段备用；粳米 100 克淘净放入锅内，加水适量，熬至粳米熟时，将菠菜放入粥中，熬片刻停火，再加入盐、味精即可。

⑤绿豆荷叶粥（夏季降火粥）：绿豆 100 克、粳米 100 克、荷叶 1 张，加水煮熬。此粥有清热解毒、消暑止渴、清心泻火的作用。

⑥小米枸杞绿豆粥（适合老年人夏季食用）：绿豆 100 克、小米 100 克、枸杞 1 小把，先将绿豆熬半小时，然后加入小米同煮 20 分钟，最后再放枸杞煮 5 分钟即可。

⑦芡实粥（秋季芡实粥）：将芡实米（俗称鸡头或鸡头米）煮熟脱壳，

取仁与大米或糯米同煮。若以小米混煮，熬出的粥更黏、更稠、更香。具有强肾壮体、耳聪目明的作用。

⑧冬季四黄粥：分别是黄豆、红薯、玉米和黄芪。将四物适量放在一起煮食即可。具有健脾益气、改善循环、增强体质的作用。

一句话提示防治某些疾病的饮食关键点：高血压病者要低盐饮食；冠心病者要低脂饮食；糖尿病者要定时定量饮食；痛风者要低嘌呤饮食；心衰者限制饮水饮食；肾功能衰竭者低优质蛋白饮食；尿路感染者多饮水饮食；胆石症者忌油腻饮食；肠胃疾病者忌不洁饮食；肝硬化者忌坚硬粗糙饮食；易过敏者忌少见的异体蛋白饮食；红斑狼疮者忌温热刺激性饮食。

中年轻人可以测一测自己的动脉血管的“年龄”有多大。“一个人的动脉有多老，他就有多老。”早在400年前，近代临床医学之父、英国著名内科医师托马斯·西德纳姆就向世人揭示了人体动脉的重要性。当你存在以下的几项异常：①情绪压抑；②对任何事情过于较真；③喜爱吃方便食品、饼干或其他甜食；④偏食肉类和油炸食品；⑤缺少体育锻炼和运动；⑥每天吸烟支数乘以年龄超过400；⑦爬楼梯时感到胸痛、胸闷或气急；⑧手足发凉、麻痹，有时疼痛；⑨注意力不易集中，明显地出现了拿东忘西的现象；⑩高血压；⑪血脂、胆固醇或血糖值高；⑫亲属中有人死于脑卒中、心脏病；⑬其他一些血管老化征象，如皮肤出现皱纹、腿脚不灵便、四肢麻木等。

以上符合项越多，血管“年龄”越高：符合0～4项者血管年龄尚在正常范围；符合5～7项者比生理年龄大10年；达到8～12项者比生理年龄大20年。动脉血管“年龄”高出生理年龄10岁以上的人，患糖尿病、心脏病、脑卒中和其他动脉阻塞性疾病的可能性较大。

防治高血压病的重要危险因素：①高钠、低钾膳食；②超重和肥胖；③大量饮酒（每天饮酒＞ 36 克酒精）；④精神紧张；⑤其他危险因素：如年龄、高血压家族史、缺乏体力活动、吸烟、血脂异常等。

防治脑中风（卒中）的危险因素：①高血压病；②高血脂；③糖尿病；④动脉粥样硬化和短暂性脑缺血性发作（TIA）；⑤肥胖；⑥吸烟和饮酒；⑦季节与气候：寒冷季节多发。

了解并防治冠心病的危险因素：①高血脂：易导致冠状动脉粥样硬化；②高血压：易损害动脉内壁；③吸烟：加速动脉硬化；④糖尿病：导致血管损害；⑤肥胖：加重心脏负荷；⑥职业：工作紧张及脑力劳动者易患病；⑦年龄：多见 40 岁以上者，49 岁以后进展较快；⑧性别：中国的男性发病率高；⑨遗传：在家族中有年轻时发病者，其近亲属发病是其他人的 5 倍；⑩饮食：常摄入高热量、高脂肪食物易患此病；⑪缺乏运动：易导致动脉硬化的发生。

了解糖尿病的危险人群：①年龄≥ 40 岁；②有糖调节受损史；③超重或腹型肥胖者；④静坐生活方式；⑤一级亲属中有 2 型糖尿病家族史；⑥有巨大儿（出生体重≥ 4kg）生产史或妊娠糖尿病史的妇女；⑦高血压或正在接受降压治疗者；⑧血脂异常；⑨有动脉粥样硬化性心脏病患者；⑩有一过性类固醇糖尿病史者；⑪多囊卵巢综合征（PCOS）患者；⑫长期接受抗精神病药物或抗抑郁药物治疗患者。

身体健康检查已经被人广泛接受，许多无任何症状或不适的正常人，通过健康体检查出异常问题，有的异常问题必须要尽快积极治疗；有的异常是随着年龄的增长而发生的改变，几乎不会带来任何不利变化，就不需要太在意；特别有些常见的体检查出的异常情况，让一些生活较仔细的人，突然之间变得精神紧张起来。由此，小毛病大治的现实也是普遍存在的。以下在体检时查出的

10种疾病，就基本不需要特殊治疗，而更重要的是需要生活方式的改变。

避免过度治疗的10种疾病：

①甲状腺结节：随着医学影像分辨率等技术不断提高，目前甲状腺结节的检出率很高，为20%～76%，相对而言女性发生率较高。不低于95%的结节都是良性。如果彩超甲状腺结节＜1.5cm，无明显恶变现象，即尽可能观察随访；若结节≥1.5cm，可在彩超引导性做甲状腺细针抽吸细胞学检查，当然还有其他多种检查。如果无明确的恶变提示，特别是中老年人，仍无须特殊的治疗；总之，如果考虑是良性可能的结节，一般在＜4cm的情况下，都可以继续观察及定期随访。

②宫颈糜烂：只是名字听起来吓人，如果细胞学检查和人类乳头瘤病毒（HPV）检查结果没有异常，无须特殊处理。

③子宫肌瘤：女性发生率很高，30岁以上的女性约20%有子宫肌瘤。出现子宫肌瘤后即使做了手术切除也可能很快复发。一般情况下，＜5cm的子宫肌瘤是相对安全的，在绝经后会逐渐萎缩。但出现子宫肌瘤的女性在准备妊娠时，若肌瘤直径≥4cm，最好先做手术切除，再适时妊娠。

④肝脏钙化灶：一般无须治疗，定期复查随访即可。必要时可进一步通过计算机断层扫描（CT）或肝内胆管磁共振水成像（MPCP）检查、鉴别。

⑤单纯性的肝囊肿和肾囊肿：在囊肿＜5cm时无须治疗；囊肿在5～8cm的大小，如无任何症状，可定期复查并随诊；如果囊肿＞8cm并有临床症状，可能合并有囊内出血、感染等，就需要手术治疗。

⑥骨刺：是人体的自我保护，无症状时无须治疗。

⑦乳腺增生：一般10位女性可能8位就有乳腺增生的情况，不需要进行治疗；首先是保持稳定的情绪，心态平和，缓解生活与工作压力；其次是

少吃刺激性食物，特别是含有激素较高的食品等。定期复查随访。

⑧盆腔积液：在出现积液≤ 3cm 的无须治疗，少量积液可起到润滑和保护盆腹腔器官组织的作用。

⑨心脏期前收缩：几乎每个正常人在每天都会出现期前收缩，往往感觉不到，偶尔出现心脏“咯噔”一下，也不用太过紧张。对于体检发现的偶发性的期前收缩，一般没有必要再做进一步检查与治疗，更没有必要做特别昂贵的检查。

⑩动脉硬化伴斑块：目前多普勒彩超以其方便、清晰与无创性等优点，已作为常规体格检查项目。并在体检中查出大量的平时自认为健康的中青年无症状群体存在如颈动脉硬化伴斑块，甚至是在喜欢吃油炸食物、饮食较咸、长期熬夜又有烟酒不良嗜好的年轻人中也存在颈动脉等多处动脉硬化伴斑块。

为此，给一些人带来一定的精神压力以及进一步检查、治疗的经济压力；同时不可否认存在着过度治疗的问题。对于这类无症状的异常情况，最关键的是改变不良的生活方式和生活习惯，并针对是否有“三高”与肥胖等异常的治疗，如合理饮食、限制钠盐、控制煎炸食品；加强运动、控制体重；戒烟限酒；严格将血压、血脂、血糖控制在合理的范围内。这样就能做到极大程度地稳定斑块，甚至改善与减轻动脉斑块。

若只是片面地强调其导致血管狭窄的支架手术治疗，那就是本末倒置了，而在临床工作中这样的过度治疗现象并不少见。又因为存在生活习惯及“三高”等异常情况没有得到控制，许多植入支架的患者又会很快出现更多更严重的问题。

曾有一位女性患者，现在年龄已是 82 岁，并已有 2 型糖尿病及高血压病史 25 年余，平时口服维持相关药物控制血糖及血压，又以每日 2 次预混胰岛素协调控制血糖也已 12 年余。该患者平时肢体活动及睡眠等均自如。在大约 7 年前，患者因出现一过性心悸等就诊某地区级三甲医院，经过给予相关检查提示冠状动脉硬化并显著狭窄，告知需要尽快进行血管支架术治疗，并需要植入 2 ～ 3 个支架，否则，随时可能出现危及生命的后果。面对资深专家的观点与可能存在的各种风险，其儿子咨询了多位内科专家后却得到了相反的观点，建议不要植入支架。而做手术的专家又告知患者本人需要植入支架治疗，否则后果严重。于是患者就坚决要做此手术，并说“即使是死也要死在手术台上”。这样，使身为公司总经理的患者儿子进退两难，最后还是签字接受手术治疗。

让人意想不到，又可能在意料之中的是，该患者麻醉后躺在手术台上，所谓的资深专家经过 1 个多小时的努力，结果还是连导丝都没有投入进去，最后只能宣告失败（未能植入支架）。而资深专家又动员患者做心脏血管搭桥手术。其儿子果断转院后并经过短时间调控血糖、血压、血脂，以及简单的抗凝、扩冠、活血与生活指导等住院治疗，或许又是在意料之中的是，到现在已经 7 年多过去了，患者虽然早已是耄耋老人了，但目前患者仍然神清气爽、活动自如，每天都是精神抖擞、斗志昂扬地自主生活，其饮食及睡眠等仍是一如既往。

3. 心中有诗，自在远方

唐代王维的优美诗词：“中岁颇好道，晚家南山陲。兴来每独往，胜事空自知。行到水穷处，坐看云起时。偶然值林叟，谈笑无还期。”进入中年时期的王维，寄希望于远离名利的纷扰，存有较浓的好道之心，直到晚年才安家于终南山边陲。兴趣浓时常常独来独往去游玩，有快乐的事自我欣赏、自我陶醉。有时走到水的尽头寻找源流，有时坐看上升的云雾千变万化。偶尔在林间遇见个乡村老头，与他们谈笑聊天每每忘了还家。

人的一生都是在不断地觉悟中度过的。年少时通过一点一滴的学习逐渐提高了认识；年轻时感觉自己已经懂得了很多；而成年工作后经历的一次次失败与理想的破灭，又逐渐感到自己的成熟；但到了即将退休或即将进入老年时才觉悟到自己的无知。我们的这种觉悟到的无知，关键是来自青年时期的见识和努力方向的差别。

如果你能在年轻时总是能想尽一切办法，以最大的努力不停地向前跑，追赶最前面的人，于是看到了更高的山，到达了更远的海。那么，在你的人生道路上就达到了精神与知识的丰盈，这就是最完美的人生。但这样又是我们很多人在年轻时不曾有过的觉悟。

我们慢慢地变老了，鬓发白了。对于生命的无常，明天和意外不知道哪个会先来。但你为什么不把握好今天，努力去实现你今天觉悟的东西，活出点质量，创造点自己的人生价值。

现实也告诉我们，自己的美好生活和幸福的晚年，只能靠自己去创造。而你已不再年轻，要懂得减负，不要逞强；懂得放下，减少欲望；学会谦虚，不去管闲事。但一定不要白白地浪费时间，又整天无事可做。而应该去坚持行动，不断学习，做到活到老就行动到老，活到老就学到老。在变老的路上，首先使自己心满意足，然后才能让别人与社会认可，才能活出自己的精彩人生。

中华民族的传统美德之一，就是父辈们大多一辈子都在为子孙后代能过上更好的生活而不停地努力着、奋斗着，儿孙的成长与进步是我们辛勤与奔波的最大动力。往往只有儿女成家立业之后，父母才有属于自己的真正的时间，这个时候的你应该暂时放下为子女操劳的担子，去尽情地享受自己的生活。

选择外出旅游，就是一种非常好的精神调剂与享受生活的形式，也是体验生活、开阔视野、调整心态、愉悦心情、强健身体的好途径。辛苦了大半辈子的中老年人，就应该趁自己身体还硬朗的时候去充实一下自己的生活。走出家门，畅游天地间，领略祖国大好河山的壮丽美景，乃至感受世界各地的旖旎风光，享受不同的风土人情与历史文化气息。拍下一个个幸福的瞬间，留下无数美好的回忆。

荀子曾说：“不登高山，不知天之高也；不临深溪，不知地之厚也。”外出旅游，身临其境，举目眺望，美景佳境，尽入眼帘，无不使人心胸开阔，心情舒畅，帮助我们忘却烦恼，陶冶情操，增长见识，提高精气神。旅游过程中的跋山涉水，登高望远，对我们的身体也是很好的锻炼和考验，检验了自己的身体状况，提高了自己健身的意识，会使自己的身体更加强健，适应力更强，更有益于健康长寿。

外出旅游时，要根据自己的具体情况，做些准备工作。做到安全出行，快乐旅游，既能够提高文化素养，又能增加生活情趣。

为此，可适当携带可能急用的小物品如晕车药、感冒药、止泻药、清凉油、风油精、创可贴、绷带及自己常用的药物等；随身携带少量的现金和手机（有支付的资金），最好不要戴贵重物品如项链、手镯、戒指、耳环等；穿着感觉舒适的运动鞋，注意不宜穿新鞋旅游；还要注意饮食卫生，各地特色小吃不可贪多，不吃不干净的食物，以防腹痛、腹泻等；在景点拍照时不要将背包、手提袋随便放下，以免遗忘；注意留意可能遇到的购物陷阱，理性选购物品等。

特别重要的是，即将游历的无论是名山大川、名胜古迹，还是现代工程、红色文化之地等，围绕着出行的路线，观看的景点，若能事先预习景点文化，就将会使出游增添许多的兴致，也会增加更深厚的文化感知，还会感到生活的乐趣与人生美好的意义。

岁月永恒，时光易老。在历史的长河中，芸芸众生都不过是瞬间逝去的一滴水而已，默默无闻、无声无息，人们只能关注到流水中偶尔激起的一朵朵浪花。因而能被历史铭记的人只是寥若晨星。

时过境迁，历经沧桑。许许多多物已今非昔比、荣光不再，甚至荡然无存。但那里却又成了一代代的许多后人探访的古迹。因此，每个景点都蕴含着广泛的历史文化知识和深厚的民族文化印记。

六朝古都南京的夫子庙，是中国第一所国家最高学府，中国四大文庙之一，中国古代文化枢纽之地。几番兴废与历经修缮的大成殿、明德堂、尊经阁、江南贡院、乌衣巷、王谢古居、吴敬梓故居，以及亭、台、楼、阁、殿错落有致；“十里秦淮”两岸的园林、画舫、市街、楼阁和众多古迹、民俗民风等气韵古雅。

每天来到夫子庙、秦淮河的游人如织，人潮汹涌。我们随着熙熙攘攘、比肩接踵的人流鱼贯向前，领略到了历史的脉动。特别当夜幕降临时徜徉在夫子庙的游人中，置身于过往的环境氛围和古色古香的色彩与情调之中，恍如隔世。无不使人由衷感叹时光的无情，我们每一个人都不过是人世间的匆匆过客。庄子也曾感叹：“人生天地之间，若白驹之过隙，忽然而已。”只有永远的夫子庙，永远的秦淮河，以及那些已打上成名的文化印记中那永远的街巷。

唐代刘禹锡的著名诗词《乌衣巷》：“朱雀桥边野草花，乌衣巷口夕阳斜。

旧时王谢堂前燕，飞入寻常百姓家。”位于夫子庙附近、秦淮河南边的乌衣巷，在三国时期的东吴曾设军营于此，为禁军驻地，由于当时禁军身着黑色军服，故名乌衣巷。

东晋时，这里成为豪门士族的聚居区。开国元勋的王导和指挥淝水之战的谢安都住在这里。但在一千多年前的唐代诗人刘禹锡，就曾对物是人非的乌衣巷发出了万分感慨，诗中反映了昔盛今衰的巨大变化，时事变迁，好景不长。

而乌衣巷名贯古今，不仅因为王、谢居住在这里，而且书圣王羲之以及王献之，山水诗派鼻祖谢灵运以及谢涨等文化巨匠，也住在这里。同时，还有著名诗人刘禹锡的这篇不朽的辞章。如今的乌衣巷，更多的居住着当地居民，也有各种店铺做着营生，还有学校、旅馆等。

中国的五大名楼分别是黄鹤楼、岳阳楼、滕王阁、蓬莱阁、大观楼。其中黄鹤楼位于湖北省武汉市长江南岸的武昌蛇山之巅，享有“天下江山第一楼”“天下绝景”之称。黄鹤楼自古以来有许多文化印记，传说三国时期的费祎于此登仙乘黄鹤而去，故称黄鹤楼。当你登上黄鹤楼，举目眺望，感到心旷神怡，烟波浩渺，使人浮想联翩。

黄鹤楼最重要的成名文化作品，是唐代崔颢的诗词《黄鹤楼》：“昔人已乘黄鹤去，此地空余黄鹤楼。黄鹤一去不复返，白云千载空悠悠。晴川历历汉阳树，芳草萋萋鹦鹉洲。日暮乡关何处是，烟波江上使人愁。”诗中用优美动人的神话传说，延展到古老遥远的过去，历经岁月的变迁。崔颢在开元十一年（公元 723 年）中进士，曾任太仆寺丞、尚书司勋员外郎。站在黄鹤楼上，骋目眺望，壮阔的长江彼岸，汉阳的树历历在目，鹦鹉洲芳草如茵。面对这锦绣河山，怎不令人流连忘返？不觉时光飞逝，夕阳西下，暮色苍茫，又使人感慨万分，对短暂的人生感到哀伤。

崔颢年少轻狂，但才华横溢，据说，李白游历黄鹤楼，看见崔颢写的诗，给予极高的评价，曾经自叹不如。

李白的著名诗词《黄鹤楼送孟浩然之广陵》：“故人西辞黄鹤楼，烟花三月下扬州。孤帆远影碧空尽，唯见长江天际流。”也一直被后人喜爱并传颂。

李白寓居安陆（湖北境内）期间，结识了年长他12岁的孟浩然。孟浩然对李白非常赞赏，两人很快成了挚友。在开元十八年（公元730年）3月，李白得知孟浩然要去广陵（今江苏扬州），便托人带信，约孟浩然在江夏（今武汉市武昌区）相会。几天后，孟浩然乘船东下，李白亲自送到江边，送别时写下了这首诗。这首诗表现的是一种充满诗意的离别，因为这是两位风流潇洒的诗人的离别，还因为这次离别与一个繁华的时代、繁华的季节、繁华的地区相联系。在愉快的分别中还带着诗人李白的向往，这就使得这次离别有着无比的诗意。

此外，贾岛、岳飞、陆游、范成大、白居易、刘禹锡、王维、苏轼、卢郢、游景仁等众多著名文人墨客也写下了有关黄鹤楼的优美诗篇。

毛泽东的《菩萨蛮·黄鹤楼》：“茫茫九派流中国，沉沉一线穿南北。烟雨莽苍苍，龟蛇锁大江。黄鹤知何去？剩有游人处。把酒酹滔滔，心潮逐浪高！”更是抒发了在当时的严峻形势下一名革命家的感慨和气魄。

在美丽的西子湖畔有着许多美丽的故事，丰富的文化内涵，引得无数人眷顾；桂林山水甲天下，奇峰异景，水景交相辉映，使人流连忘返，引得许多迁客骚人的赞颂。

中国三山五岳的传奇故事；北方广袤的大草原文化具有浓厚的地域特色

和民族特征，等等。在闲暇之余去旅游，去品味这些文化，无不给人的心灵带来莫大的安慰。此时想起唐代杜甫的诗词：“二月已破三月来，渐老逢春能几回。莫思身外无穷事，且尽生前有限杯。”

古语说：“人生五伦孝为先，自古孝是百行厚；父母恩情深似海，人生莫忘报亲恩。”每个人最应该理解和关照的就是自己的父母。也许你的父母没有什么文化，也没有什么财产，而仅仅是有养活自己的能力，甚至已失去了自主生活的能力，他们只有笨拙的口舌和笨拙的手脚。

但你在他们的眼里永远是孩子，是宝贝，是一个天！因此，作为儿女都应当善待自己的父母，珍惜自己今生今世和父母的缘分。这个缘分一生只有一次，一旦他们不在了，就再也不会有人像他们那样，对你给予最无私的爱、最无限的深情。纵然你也已年过半百，他们也会一如既往地对你宠爱，也只有他们仍把你看作孩子。

李白的诗词：“君不见，黄河之水天上来，奔流到海不复回。君不见，高堂明镜悲白发，朝如青丝暮成雪。”无情的岁月使父母拥有了满头的白发，形成了满脸的皱纹。父母可能已记忆退化、动作迟缓、做事拖拉、丢三忘四，但有父母在的家才是你人生永远的港湾。

“父母还在，人生尚有来处；父母已去，人生只剩归途。”对某些人来说，或许只有当生你养你的这两个人走了，你才会明白，赚再多的钱，做再大的官，都不如父母在身边，感到幸福、快乐与满足。

父母已经老了，早已失去曾经的风华。也许父母一辈子平庸无能，也许时代成就了儿女。如果儿女只有高傲的心，不懂得孝顺父母，就会遭人唾弃。如果父母总是遭到儿女的嫌弃，儿女常常对他们讽刺挖苦、冷嘲热讽，甚至是蔑视、冷漠与不管不问，更有甚者总会在父母面前对其大喊大叫、横加指责，这些都会严重影响老年人的身心健康。

因为，作为儿女的这些恶行对他们造成的伤害是巨大的，特别是对那些行为能力较差的父母来说，更是致命的伤害，这种伤害远远超过其他任何人。这样会让他们整天闷闷不乐，每天都情绪低落。他们可能会在内心深处产生一种倾向，就是对自己过低的自我价值和自我意识的评价，就会认定自己确实老了，没有用了，脑力不行了，腿力也不行了，成了废人了。这样就很容易使老年人产生心理健康问题，可能导致他们极度的自卑、怯懦、消沉，就易出现万念俱灰及精神抑郁。同时，也会出现身体免疫力降低和消化功能减退，导致心脑血管等疾病的发生。

孔子也曾说："孝是一切道德的基础，至善的美德。"人生最不能等待的就是孝敬父母。时光易逝，人生易老，父母已经年迈，怎能知道他们迎来的是怎样的明天。

人生最遗憾的事，莫过于"子欲养而亲不待，树欲静而风不止"。因此，人们不能等待的就是常回家看看，常带父母出去转转。在工作之余，常给父母发微信，和父母聊聊天；常谈谈家庭琐事，满足父母的心愿。只有做到对父母的和颜悦色以及关心与陪伴，才能体现一个人良好的品性。

实际上，父母是最能包容儿女的，也是最能理解儿女工作的辛苦。父母不是要求儿女为他们投入多少物质，而是希望儿女的陪伴与交流。作为儿女就需要有更大的耐心与热情对待父母，需要给父母更多的鼓励和精神力量。

如果钱没有了，还可以再去努力挣；但若是人远去了，那就再也回不来了。在这个世界里，要无比珍惜对你好的人，以及与你有缘的人。世界那么大，在这纷繁的人世间，有人对你好，时刻关心你，是你的骄傲；人心又这么小，在这纷扰的社会中，有人心里装着你，总是想着你，是你的福气。

你不要去羡慕别人所拥有的幸福，或许你拥有的一切正在来的路上。因此，你不要心急，不要埋怨，更不要气馁，只需要踏踏实实地做好自己。无论何事，都不能急于求成，不可攀比，更不要想得太多，否则你心灵的负荷就太沉重，就会产生怨天尤人的负面情绪。

总之，一个人一定要珍惜人世间的亲情，以更广阔的心胸学会宽容别人，保持自己宁静。学会善待父母、善待家人、善待身边的人，其实这就是善待自己。

过去的时光已逐渐远去，过去的遗憾也已成为历史。你曾经的努力、奋斗，经历的痛苦，都是今天快乐的源泉。你要懂得珍惜身边的幸福，欣赏自己拥有的，学会享受正常而平淡的生活，只有知足才能常乐。不与别人过分计较，才能让自己的生活悠然；不要把人生目标定得太高，才能让自己的欢乐常在。不对自己太苛求完美，也不对别人吹毛求疵，自己就不会有无端的烦恼与忧愁。

你有什么样的心态，就会产生什么样的行为；不同的心态，会成就不同的人生。只有良好的心态，才能收获快意的人生。

每天早晨面向初升的太阳，抱着满怀的希望，期盼美好的一天和最好的自己。首先要有一个好心情，才能过好每一天。夕阳西下的余晖又如此的壮美，在淡淡的月光下遥望天际，静静地遐思未来、反思过去。才能积极而沉着、耐心而平和地对待一切事情，无事心不空，有事心不乱，大事心不畏，小事心不慢。做好分内的事，不管超出自己能力的事。

人生总是有悲欢离合、酸甜苦辣，有缺憾或许才更动人，不圆满或许就是人生。心态若好，一切才能安好。既要学会容忍，又要懂得尊重，不乱于心，不困于情，不畏将来，不念过往。一个人的心里有多少恩，他就有多少福；若有太多的怨恨，就会有太多的苦楚。

在生活上无所谓的粗茶淡饭、活得简单，只愿我们能有一个安宁的心灵。如果你内心感到空虚，不是在于人的孤独，而是心灵的寂寞。那么，如果你已经感觉到了，就要想方设法去改变；如果你想去做了，那就去做吧。无论什么时候、什么年龄都不晚，只要你积极行动起来。因为，“往往困住一个人的，从来都不是年龄和身份，而是他的见识和观念”。

如果你的前半生培养出优秀的孩子，你的后半生既生活安逸又丰富多彩，那么你的人生就是优质人生，而你的孩子也达到了优质一生。

第八章　推迟衰老，享受生活

名利不可贪，学业在德行。凡是生命里可有可无的东西都要放下，留下来的才是这一生最重要、最值得珍惜的。内心的丰盈安宁，才是最大的幸福。

1. 保持内心的安宁

人生如似水流年，不觉已走过了人生 60 载的春秋，仿佛弹指一挥间。经历了风风雨雨，迎来了“花甲”之年，离开了为之奋斗的学习与工作的人生第一战场，走向了人生的下半场（第二战场）。回头看看，历历在目；回想过往，感慨万千。正如宋代理学家朱熹的诗词：“少年易老学难成，一寸光阴不可轻。未觉池塘春草梦，阶前梧叶已秋声。”朱熹的词句告诫人们，青春的日子十分容易逝去，学问却很难获得成功，所以每一寸光阴都要珍惜，不能轻易放过。没等池塘生春草的美梦醒来，台阶前的梧桐树叶就已经在秋风里沙沙作响了。

一个人的认知水平越低，其想法就越简单；一个人的时间管控能力有多差，就会有多失败；一个人的眼界越高，越能不断地完成自我的超越；一个人有多努力，就会有多成功。

你已经到了退休的年龄，但是你的思想认识和理想信念不能变，对自己的目标要求和自律性不能变，“立志言为本，修身行乃先”。在人生的下半场，学会享受淡然寂寞的生活，走好自己的路。大事不指责，小事不计较，遇事不抱怨，努力做好自己的事。多理解，多宽容，多付出，这样才能感觉到人生的价值。庄子曾说：“敬之而不喜，侮之而不怒者，唯同乎天和者为然。”其意是说顺境的时候不要狂喜，遭遇侮辱的时候不要发怒，只有懂得与天地和顺的人才会活得游刃有余。

实际上，人们所经历的很多事情没有任何意义，认识了很多人后又将会变成陌生人，并会消失在自己的记忆中。只有在你的生命里永远留下来的人和事，才是你这一生最重要、最值得去好好珍惜的。

你已经退休了，就要去积极拥抱一个新的世界，积极参加一些集体活动，经常与老同志、老朋友来往、交流，不仅能增进友谊，而且能使自己心胸宽敞，视野开阔，心情愉快。也可以保持头脑清醒、思维敏捷、身心健康。要有自己适当的人生目标，给自己适度的压力，保持自己适应的生活节奏。才能做到人生有方向，生活有规律，行动有计划，做事有目的。才会产生安定、舒适、快乐的心理感受。如果每天都能高高兴兴地度过，就有一个畅快与健康的老年生活。

退休了，每天还是要保持良好的作息习惯。按时休息，按时起床，遵守时间计划，保持高度自律。清晨起床，喝杯温水，简单的行装，走出户外，锻炼身体。呼吸着新鲜空气，听着鸟儿的叫声、草丛中的啾啾虫鸣，别有一番情趣。一天的快乐就来自早晨的运动，你会在运动中增加进取的力量，增添乐观的精神，感受并保持青春的活力。

退休了，不用思考工作中的事情。不再强求你的专业、业务水平和工作能力，不再强求你每天必须完成的工作任务与制订的工作计划，不再强求你增强责任感、使命感与事业心。而只是顺应自然、学会取舍、疏解压力、减少欲望、调整心态、淡然处事。

退休了，不用再随时应对工作中大量的不确定的工作压力，不用再随时应对各种突发的事件和投诉；不用再随时接受各种莫名其妙的检查，甚至不用遭到不公平的对待。但仍要严于律己，尽量保持衣冠整洁、举止端庄、言行文明、礼貌待人。

退休了，不再因为某些领导或同事的好恶而改变，或受到冷落，甚至打击报复。一个作风正派、工作认真的人，都会以平常的心态、积极的心态、健康的心态、公平公正的心态对待上司、下属和同事。既要学习他人的长处，又要包容他人的短处；既听取别人的忠告，又接纳别人的逆言，但又有多少人能做到呢？

古语说：“勿与小人结仇，勿与君子谄媚。”不和小人较劲，避而远之，甚至要尽早彻底地离开。每个人都应守住自己的做人准则与道德底线，做好自己的事。人之相处，贵相知心。名利不可贪，学业在德行。因此，无论何时，都要做到严于律己，宽以待人。

退休了，已有更多属于自己支配的时间。但总有许多人存在退休前的忙碌和退休后的大把空闲时间所形成的巨大落差，常常会难以适应。闲下来后觉得天天无事可做，东走走、西逛逛，找不到生活的乐趣，生理与心理功能会大大降低，感觉生活单调、孤单，整天情绪低落，萎靡不振，这样各种疾病就会乘虚而入。

那么，如果退休后儿孙不在身边，自己没有目标及要做的事，变成了空巢又“空心”的老人，就容易出现身心疾病。

日本的尽孝执行委员会编著的畅销书《父母离去前你要做的55件事》，在书的封面上有这么一个公式：“假使你的父母现年60岁，父母余下的寿命是20年，并且你没有跟父母同住，那么你每年见到父母的天数，大概是6天，每天相处的时间大概是11小时！所以：20年×6天×11小时＝1320小时，也就是说，你和父母相处的日子只剩下55天了……”认为有些事是需要立即去做的，不是明天，是现在。

作为儿女，你有没有认真思考过，如何去陪伴父母？在上大学的时候忙于学习，在工作后忙于自己的未来，父母也从不敢随意打扰儿女的生活，却在心底里无时无刻不在惦记着孩子，盼望每一次电话、每一个微信，盼望着每一次回家的时刻……

曾在网上看到这样一个帖子：“毕业之后在外地上班，一年也就是春节回家一次，虽然回家时间有五六天，大概还有3天出门和朋友聚会、应酬。剩下的时间除开吃饭、睡觉和上街购物，真正陪妈妈的时间大概只有20小时。妈妈今年55岁了，如果上天眷顾妈妈能活到85岁，在她那最孤独的30年里，我在她身边的时间不超过600小时，也就是25天，还不到一个月……”

中国随着人口老龄化程度加剧、人口流动以及生活习惯的改变，原来四世同堂、子孙绕膝的传统家庭生活模式正在消失，空巢老人数量正以前所未有的速度增长。“我们一生中还能见到父母多少次？”这样一道亲情的计算题一度曾引发公众极大的共鸣，很多在异乡漂泊的网友直言“看哭”。

然而现实如此，许多空巢老人满怀着“子女承欢膝下，共叙天伦”的期待，现实却面临着生病无人照料、感情无处寄托、生活孤独无助的困境，并逐渐老去。

据统计，当前中国60岁及以上老年人口超过2.5亿，老年人患有一种以上慢性疾病的比例高达75%，失能半失能老年人约4400万。养老问题、空巢老人、失能失智老人、农村老人的生活状况等，已经被广泛关注。

中国的《健康报》在2020年7月份曾发表《空巢老人楼大妈的“三怕”》的一篇文章。楼大妈的“三怕”是：其一，2个儿子很优秀，不能拖累他们；其二，健康警钟敲响，没料到身体垮得这么快；其三，不需要钱，只要他们常回家看看。

楼大妈今年70岁，老伴8年前突发心肌梗死去世了。退休前楼大妈夫妇都是北京某中学的教师，良好的家庭环境在子女的教育问题上充分凸显了优势。楼大妈的2个儿子，一直是他们老两口的骄傲，大儿子到美国留学，之后定居美国娶妻生子；小儿子毕业于北京大学，如今在北京的一家外企工作，已有一对儿女，一家四口生活和美。

在北京工作的小儿子和妻子生活算是稳定，住着150平方米的房子，因为个人需要相对私密性空间的原因，所以认为他们家不能再容纳其他人了。

楼大妈一个人生活，住在属于20世纪80年代的职工福利房，5层的小板楼，居住在顶楼。常常吃不好，喝不好，精神情绪不好，很快也患上了冠心病，并做了心脏搭桥手术。她没有料到自己的身体垮得这么快。

她的小儿子联系了家政公司，请了第一位保姆，是一位看起来质朴的农村妇女。但这位保姆不仅收拾不好家里的卫生，连个人卫生都不太注意。2个月后，楼大妈表示实在无法容忍。接着，家政公司又派了一位有多年照顾老人经验的保姆，人也干净利落，但楼大妈发现保姆外出买菜的时间特别长，一走就是几个小时。虽然告知了也依然我行我素。又换了第三位保姆仅待了

3个月，因她儿子要高考了就辞职回家照顾孩子了。

目前家政公司及其保姆的服务质量确实跟预期差得太多，好的保姆太难遇到了，试想楼大妈今后又会怎样呢？

楼大妈一家人的实例，有着非常重要而鲜明的现实意义，也具有普遍性和代表性的意义，同时还有警示教育的意义。全社会需要积极地应对与思考的问题，如孩子的教育问题、社会责任问题及老年人保健、养老、空巢的问题。但一个关键问题易被忽视、误导，那就是许多中老年人盲目乐观的认为自己身心健康的问题。

从文章中可以看出，楼大妈的丈夫是退休后不久就突发致命性的心肌梗死，双方患病都是意想不到的突发情况。实际上这种情况，目前在社会上仍是普遍存在的，说明许多人仍缺乏最基本的医学知识和对自身健康的不重视，甚至很多有文化修养、生活优越的中老年人也是如此，当然这种情况尤为突出的是农村的中老年人。

目前仍有许多中老年人认为，自己身体有力，活动自如，没有任何异常感觉（或症状）就是身体正常，并由此认为身体正常就是身体健康。但却完全忽视了自身早已存在的“三高”（高血压、高血脂、高血糖）或其中的“一高”，甚至还有其他疾病，并始终存在不良的生活习惯等，也可能会不断地伤害自己的身体，却一直对此都不以为意。

同时，很多人对医生告知自身出现的即使是“一高”等病症，就提示身体健康已经“亮了红灯”，长时间置若罔闻。部分患者虽然使用药物等治疗，也很少有人能做到规范治疗与长期控制，岂不知这样就有可能在某些应激情况下，随时出现突发意外事件，甚至发生猝死等。

有一些长期存在“三高”等多种疾病的患者，对疾病已习以为常，放松了管控。有的不管不问；有的只是随意地、自我安慰性地购买几种药物口服，更不能做到定期到医院复查，及时调整治疗方案。同时，仍未能改变不健康的生活方式。这样，病情肯定会逐渐加重的，以致出现突发不良事件。

著名的费斯汀格法则：10% 的生活，由发生在你身上的事情组成；而另外的 90%，则取决于你做出的反应。一位哲人说过："你的心态就是你的主人。"因此，在现实生活中，我们不能控制自己可能遭遇到的各种苦难，但却可以学会控制自己的心态与情绪。因为一个人的性格、情绪及心态，对身体健康的影响也是至关重要的。

更关键的是中老年人，如果长期处于精神焦虑、情绪不安、失眠、生气之中，就容易发生各种疾病，甚至突发意外情况。所以，一个人只有具备良好的心态，才能获得快乐的生活。中老年人如何能保持情绪的稳定、内心的调和、乐观的心境，才是达到健康长寿的基础保证。

此外，我们也常常听到传闻或看到报道，一些正常人甚至是年轻人突发意外猝死，也让人唏嘘不已。

有人统计，我国人群动脉粥样硬化情况，40 岁的人已有 58% 的占比存在动脉粥样硬化；50 岁后，85% 的人有冠状动脉粥样硬化，但发生心肌梗死的人却是很少的一部分。而动脉粥样硬化的进展是无声无息的，防治必须是多方面的。

如果身体存在动脉粥样硬化、高血压或高血糖或高血脂等疾病，在动脉血管内因为高血压、高血糖以及炎症因子、交感神经兴奋等，共同促成的高凝状态，再由于某些诱因如发怒、劳累、熬夜、极度用力、大吃大喝等即可导致斑块破裂。于是血液的高凝状态导致斑块破裂处的血栓形成，就会发生心肌急性缺血或坏死等，有人将之称为"完美风暴"。

而某些年轻人，长期存在思想紧张、压力大、情绪激动或敌意情绪、熬夜、劳累、不健康饮食、体力活动不足，甚至吸烟、酗酒、暴饮暴食等问题，这些不良的因素，使得交感神经过度激活时，内源性儿茶酚胺在体内含量就会增加，会造成心肌细胞兴奋性增加，发生心律失常的概率就增加。一些相对年轻的这类人群，一般情况下可能出现心率偏快、血压偏高、身体偏胖、情绪波动等改变，尤其是在某些异常情况下如感冒发热、发怒、剧烈运动等，就可能造成严重的室性心律失常，甚至是室颤，以至猝死。

北京阜外医院的研究显示，我国现在每年发生心源性猝死的总数超过 50 万人，可能还在快速增长。又如何防范呢？如前文所说，首先必须建立健康的生活方式；其次必须严格控制“三高”等达到满意目标；最后必须保持良好的心态、稳定的情绪、积极的态度、愉快的生活方式。

要想有一个健康的身体，只有做好上面提到的三个“必须”，才可能实现，才可能达到健康长寿的人生目标。否则，就可能随时发生猝不及防的使人“心碎”的事件。

人们常说：父母的家永远是儿女的家，而儿女的家不是父母的家。这是至真至理的肺腑之言。因为儿女对父母来说，有割舍不掉的血浓于水的至亲至爱的骨肉之情。而儿女在结婚后他（她）的至亲至爱的人，就转变为他们的爱人，以及他们的未成年的孩子，却不是自己的父母。他（她）会把父母称为“其他的人”，他们住着再大的房子，他们家也不想再“挤进去其他人了”。即使这样的儿女可能不是很多，但绝对是很常见的现象。

有的儿女结婚后愿意和父母一起生活，但老年人有自己很多要做的事情，有自己积极的生活态度和与时俱进的生活状态。实际上，这是很多儿女们希望看到的仍充满活力的父母。

退休了，我们需要尝试去做的事还有很多，要把更多的时间留给自己，不要再去费心于三姑六婆的闲事，不要过多操心子孙后代的琐事。放下一切本来不属于自己的东西，游山玩水，也难得糊涂一回、不闻不问，以求内心的宁静。

多参加有情趣、有文化品位的活动，坚持读书，学习书法绘画、学打太极拳，学做体操、健身舞，学习唱歌、跳舞、下棋等有利健康的娱乐活动，每年到全国及世界各地观光旅游等开阔眼界，以及参加各种有益的工作活动。

退休了，人生的第二个青春才刚刚起步，还要有许多梦想。

人的寿命究竟有多长？我们能活多少年？生理学家认为，哺乳动物的寿命是其生长期的 5 ～ 7 倍，人的生长期是用最后一颗牙齿长出来的时间（20 ～ 25 岁）来计算。因此，人的生命最短是 100 岁，最长是 175 岁，公认的人的正常寿命应该是 120 岁。

另外，根据细胞分裂测算法，人类寿命是其细胞分裂次数与分裂周期的乘积。人的细胞分裂次数大约是 50 次，平均每次分裂周期是 2.4 年，这样推算人的寿命应该在 120 岁左右。

根据性成熟期测算法，哺乳动物的寿命一般是性成熟期的 8 ～ 10 倍。人的性成熟期为 14 ～ 15 岁，据此推算人的寿命该在 110 ～ 150 岁。所以，我们追求的人生百年不是梦。

在 1886 年 6 月 25 日（光绪十二年）出生在新疆的阿丽米罕·色衣提到目前已经是 135 岁了。现在已成为中国第一寿星，也被认为是世界上最长寿的人。老人保持良好的心态，爱唱歌、爱孩子，逛集市，走亲访友及爱讲笑话。有一颗乐观、热爱生活的心，性格开朗，从不生气，这些都是她长寿的原因。

那么，我们 60 岁退休了。如果将人生分为两大阶段，60 岁以前是第一阶段，为人生第一青春；60 岁以后为第二阶段，即为人生第二青春。因此，有“六十而立”之说，即立德、立功、立言。

孔子说：“六十耳顺”“七十从心所欲不逾矩”，意思是说到了 60 岁这个时候，一个人的思想和行动，才是符合外界的客观规律，左右逢源、八面玲珑、顺风顺水、得心应手。

现在世界卫生组织对人生有新的定义，65 岁以前称为中年人，65 ～ 74 岁称为年轻老年人，75 ～ 90 岁才算正式老年人。又有人将 75 ～ 85 岁老年群体，称为风华正茂的老年人。

又有人认为 60 ～ 80 岁是人生的黄金年华。为什么呢？因为在 1 ～ 20 岁时有求学的苦；20 ～ 40 岁时有事业的苦；40 ～ 60 岁时有忙碌的苦；只有 60 ～ 80 岁时才能无忧无虑、无牵无挂地享受人生美好的生活。但此时的你又是否做到了前半生的优质生活？如果你做到了科学的生活方式及生活中的自律，那么 60 岁的你，应该是智力最高、收入稳定、身体尚佳的状态，就能充分享受自己老年后的优质人生。而有的人在 60 ～ 80 岁时已是那种苟延残喘的拖延时间，就已经不是有效生命的延长了。

美国著名学者乌尔曼曾说：“没有人仅仅因为时光的流逝而变得衰老，只是随着理想的破灭，人类才出现了老年。”可是，有些老年人一想到自己已七老八十了，好像活得差不多了，就觉得没有多少年头了，对自己的人生悲观绝望了。认为过一天赚一天，吃一口得一口，生活的信心没有了，锻炼的劲头没有了，自我的激励没有了，前进的动力没有了，于是就等着去死了。

哈佛大学的一项调查报告认为：每个人平均一辈子只有 7 次决定人生的走向的机遇，不论是穷人，还是富人。大概从 22 岁以后开始，每隔大约 7 年一次，经过大约 50 年，75 岁以后就不会再有。第一次机遇在 22 ～ 25 岁，因为太年轻，不易抓住；最后一次机遇，又因为年龄太老，往往自动放弃机遇。这样就已经剩下 5 次机遇了，这 5 次机遇里又有两次被不小心错过了。所以，实际上更多的人真正的只有 3 次机遇。

最重要的是要抓住 32 ～ 46 岁之间的机遇，学习与学业，创业与创造，从政与从商，使个人快速成长起来，关键是自始至终都离不开严格的自律和保持良好的人际关系。

当然，60 岁时也是人生的一次机遇，就看你是以怎样的心态、怎样的信心、怎样的目标、怎样的学识与努力，能否抓住可能是最后的一次机遇，去创造出属于自己的人生辉煌。如果你认为自己退休了，已经老了，脑力不行了，那很快就会真的不行了。因为，你有什么样的心态，就会产生什么样的结果。

心理学上有个词叫作“自证预言”，意思就是人们往往会不自觉地按照已知的预言来行事，最终使预言发生。这个预言就相当于一颗“种子”，如果你在自己心中种下一颗“相信自己”的种子，那么你会越做越好，让自己走在越来越好的路上。相反，如果你内心一直有一个声音说“我不行”，当你遇到困难时就会慢慢地对自己失去信心。因此，要相信自己，在自己心中种下一颗“我能行”的种子，你将会变得更好。

曾有一位美国老太太年逾 70 岁才开始学习登山，在随后的 25 年里一直冒险攀登高山，她还以 95 岁高龄登上了日本的富士山，打破了攀登此山的最高年龄纪录。是她的心态与自信成就了她。自信者会有 100 个成功的理由；而自负者却有 100 个懒惰的托词；自卑者更有 1000 个失败的借口。

有人说，心有多大，舞台就有多大。“自证预言”也说明了这一观点，在认定自己能行以及在实现理想的过程中，只有坚定地走下去，任何的艰难险阻都不要退缩，也不要患得患失，更不能存在顾虑、猜忌与迟疑，甚至还不要太多地在意周围人的讽刺、刁难与打击。相信世上除了生死，其他都是小事。不管遇到什么难事，都不能难倒自己，你就能迎来那颗属于你的希望之星。

中国的孙毅老将军离休后淡泊名利，坚持十几年如一日给青少年讲革命传统课。之前的国防部长迟浩田上将曾经在看望他时，对他说："我要交给你一个光荣的任务，希望你带个头，成为全军的第一个百岁将军。"孙将军坚持做到心情愉快，适当锻炼，合理饮食，体现了他的意志力和养生之道，享年 100 岁，成为百岁长寿老将军，也有"自证预言"之意，做到了心想事成。

当今时代，科技在飞速发展，知识更新速度日益加快，人们要适应不断变化的世界，就必须做到活到老、学到老，就要有终身学习的态度。

据统计，当今世界 90% 的知识是近 30 年产生的，目前的知识半衰期只有 5 ～ 7 年，而且预计未来知识的更新会不断加快。但人的能力就像电池的能量一样，会随着时间和使用而逐渐流失。因此，人们的知识就需要不断地"充电"，否则，很难适应社会的发展变化。甚至有人认为，只是"活到老、学到老"还远远不够，比尔·盖茨就讲过这样一句话："在 21 世纪，人们比的不是学习，而是学习的速度。"

终身学习，就是人的一生都要学习，从幼年、少年、青年、中年以及老年，学习将伴随人的整个人生历程并也会影响人一生的发展。中国已进入了新时代，无人技术、5G 通信技术等已走进人们的日常生活中，我们必须不断地更新知识观念，才能不断获取新的适应能力。国际 21 世纪教育委员会在向联合国教科文组织提交的报告中就指出："终身学习是 21 世纪的通行证。"

现在已有很多年轻人提前迈入了"5G 时代"，但是也还有很多老年人似乎还停留在"无 G 时代"。这些老年人中，有的还是知识分子，甚至是城市中有文化的老年人。

一些老年人过分计较得失，计较花费，而实际他们是不差钱的，主要是因为他们经历过苦难与贫穷的岁月，现在仍影响着他们的思想和行为。守着陈旧的观念，没有新目标，没有新动力，不去追赶时代前进的列车。因为不读书、不学习，停止了进步，天天无所事事，当然就会出现头脑僵化，死气沉沉，就会加速衰老。

而社会发展的脚步不会停止，科技进步的浪潮势不可当，老年人又如何同年轻人生活在同一片天空下，不至于让自己在科技生活中无所适从。只有不断地学习，接受新知识，拓展自己的知识面，让自己长见识，提高眼界。

如果老年人不去积极迎接新时代，而是因循守旧、故步自封，将会寸步难行。这样，不仅容易使老年人自己产生悲观失望、消极懒惰的思想与行为，不能做到有质量地生活。而且如果与自己儿孙的差距越来越大，就可能会被儿孙们的嫌弃。如果还只是对别人抱怨、指责，不明白是自己的原因，不去改变自己，如此下去就容易导致自身的健康问题。

时年 81 岁的“奶奶同学”薛敏修完成了所有专升本的课程，于 2018 年 2 月 4 日上午出席了天津大学的毕业典礼，此事在当时得到了全国很多人的点赞。

薛敏修出生于 1936 年 12 月，从 2014 年 3 月报名天津大学现代远程教育的“电子商务”本科专业，2017 年 12 月通过了教育部网络教育统考的“计算机”课程并顺利毕业，而这最后一门考试她已重考了 6 次。

毕业典礼上，薛敏修作为毕业生代表发言时感慨地说，这几年的求学之路并不是一帆风顺的。但她从挫折中获得了智慧，变得更加坚强。她说：“我觉得生命的意义就在于不断地挑战自己，完善自己，所以我要感谢天津大学给了我这样的一个机会，让我把年少时未完成的梦想变成现实。”

在 60 年前，薛敏修已经从卫生学校中专毕业参加了工作，又参加了 1957 年的高考，并被西北大学录取，但因为当时的政治环境的影响，她没能如愿入学；她还参加了 1959 年的高考，同样因为政治原因没能被录取，这成了她心中永远的痛。因为工作中要接触英文的药物说明书，她开始自学英语，后来她又自学了法语。

在这次课程学习高等数学过程中，她就花费了更多的时间投入学习，甚至去翻阅中学的数学课本自学。一次考不过去就继续参加补考，最终如愿以偿。“对我来说，生命中最重要的就是真实地去生活，不要屈服于同龄人的压力，时间有限，不要囿于成见，不要让别人的观点淹没自己的初衷。最主要的是要有自己走下去的勇气。”薛敏修如是说。

在接受记者采访时，薛敏修还笑着说：“学习也可以预防老年痴呆！”她还寄语年轻人，要珍惜大好时光好好学习，不要等到真正踏入社会了，才发现社会的艰难，一生都要始终保持学习的状态。

人生的价值，是由自己创造的，人生的价值体现了人生的意义。如果你有积极的心态和坚定的信念，坚持自律，持之以恒，懂得隐忍，坚忍不拔，即便长期默默无闻，即使已进入老年，也总可能厚积薄发、大器晚成，实现人生价值。

宋代梁灏 82 岁考中状元的事迹被写入“三字经”，激励了无数后人。著名地理学与气象学家竺可桢先生，在 82 岁时仍然写出了《中国五千年气候变迁的初步研究》的著作。肯德基创始人，美国的哈兰·山德士上校在 66 岁之际，才开始创业，72 岁时设立在盐湖城的首家被授权经营的肯德基餐厅建立。在短短 5 年内，就在美国和加拿大发展有 400 家的连锁店。同时，上校也受到电视台的关注，由于整日忙于料理，他当时只有找出唯一一套清洁的、白色的棕榈装，这一打扮自此成为他独一无二的注册商标。中国最负盛名的画家齐白石老人更是大器晚成，许多名画基本都是在他老年时创作出来的。由此，都说明老年人也可以大有作为，给自己带来灿烂的人生。

人生的后半场，拥有一个好心态，保持内心的宁静，放慢脚步，审视前行，远离浮华，抛开杂念，从容处世，荣辱不惊。做到不骄不躁、不卑不亢，避免情绪大悲大喜、大起大落。做事不任性，与人不计较。要耐得住寂寞，禁得起诱惑，简约地生活，简单的人生。要从容大度，更多地反思自己，并懂得欣赏别人。

要心情平和，干净利落，保持内心的清静与居室的洁净，不纠缠小人烂事。要坚持早起、运动、读书，努力经营以后的人生。思想不懈怠，身体不懒惰。生命在于运动，积极的运动锻炼会带来精神的力量。

古语说“流水不腐、户枢不蠹”，只有不惰不怠，坚持科学与适度的规律运动，才能维持良好的心肺及免疫功能，改善消化及神经系统功能，防止身体器官功能衰退及骨质疏松等，这些对一个人的健康长寿是至关重要的。

但很多中老年人运动量不够，甚至退休后的老年人出现心态上的衰老、消沉、懒惰，就过多的卧床休息，以至早晨不能及时起床，特别是在寒冷季节长时间地睡懒觉，倘若长期这样下去，就容易出现皮肤松弛，肌肉萎缩，关节僵硬强直，各个器官功能减弱加速。同时，出现体重增加甚至肥胖，并伴随大脑皮质（意识）功能的减弱，以及新陈代谢迟滞和血流变（血黏度）的改变，就会发现脑梗死、脑萎缩等。就会全身疲乏，精神萎靡不振，随之而来的是各种疾病的到来。

由于时代的变化，学识的不同，老年与儿孙们在思想和观念上都已经发生了很大的变化。若儿女们已经成家生子，就不要过分主动操心，不要过多干预、抱怨、不满他们生活上的无关紧要的小事。特别是在他们孩子的生活与教育的问题上，也不要去过分干涉，力争做一个心宽、豁达的人。

更不要对社会上形形色色的人与事太较真，而去耿耿于怀，这样难免不产生分歧，因此导致不愉快，甚至出现矛盾或发生冲突。有研究也表明，一个人如果心胸狭窄、斤斤计较，就会导致情绪低落，降低肺功能，增加心脏病、脑中风等疾病的风险。

2. 坚持自己的兴趣

如果一个人在60岁以后，仍存在3个惨状之一，可能注定要辛苦一辈子。其一，为了生计而不得不继续拼命工作挣钱的人；其二，不省心的子女仍需要为之操心及花钱的人；其三，不贤惠的妻子或不务正业的丈夫，不断地制造家庭矛盾和败家的人。

已经退休了，就不要再奢望太多，否则就没有生活的快乐。如果在60岁以后还要去拼命地工作，并且长期如此而没有尽头，或因为曾为儿女过多地付出，或因为自己曾经失败的经营而负债较多，这样容易产生焦虑不安的情绪，同时长期超强度工作带来身心的疲惫，就会发生疾病。如果在60岁以后仍为居无定所而奔波，或因为生活的不满足，过度消耗自己的体力与心力，衰老也会随之而来。

因此，在老去的道路上，不要苛求自己，不要有对儿女超出能力的许诺，不要攀比，学会妥协，懂得满足，珍惜现有简单而美好的生活。房子再小，居有定所就好，金窝银窝不如自己的草窝，生活简单，过得内心坦荡、舒适轻松，这就是幸福的人生。

作为父母，从孩子小时候起，就要把责任意识传递给孩子，才能把孩子培养成为一个有担当、有自律、懂得感恩的人。在孩子成年后，父母与孩子已是思想意识不同的个体，需要建立一个良好而有分寸的关系，而不能是相互之间的过分依赖与更多的要求。

如果一直包办孩子的一切生活、学习、交往等，就会使孩子失去自我。长期下去，给他们带来的只能是人格缺陷和人生的困惑。孩子成家立业之后有了自己的生活，这时候父母就要尽量少为孩子操心了。如果过多地过问就是干涉，这样就会遭到反对，导致不愉快，甚至发生矛盾，出现孩子的家庭不和谐，以至家庭关系的破裂。

当然也必须承认，现今孩子的生活压力很大，特别是中国人最看重的购买住房，确实比父母那个时代难多了，有能力的父母理应慷慨解囊。但父母们应该明白，这是没有附加条件的，也不要总想着孩子的回报。

如果作为父母无能力支持帮助孩子，就一定不要做超出自己能力的事情，否则就有损于自己的身心健康。因此最好明明白白地告诉孩子，人生所要经历的困难、挫折是必然的，要自己扛过去。同时还要积极地去激励孩子勤奋学习、努力工作，只有越过寒冬才能迎来明媚的春天，只有勇敢地面对苦难，靠自己坚持奋斗，才能渡过难关。

在社会上，孩子越优秀，能自律，就越懂得体贴父母；相反，孩子越懒惰，不自律，就越会让父母操心，甚至不停地向父母索要。如果父母一味地纵容而不果断拒绝，都将会有不幸的后果。因此，要让成家后的孩子离开左右着你金钱支配的圈子，确保自己的老年生活品质。

有“民族英雄”之誉的清末的一品大臣林则徐说得好：“子孙若如我，

留钱做什么，贤而多财，则损其志；子孙不如我，留钱做什么，愚而多财，益增其过。”意思是，如果子孙后代像我这样所作所为，留钱给他做什么，他本来就很贤惠和聪明，我把钱和财产留给他反而损害了他奋斗的意志。子孙不如我的所为，那留钱给他，反而使他好逸恶劳，坐吃山空。留的钱越多，他就越胡作非为，越是增加其过错。

古语说“两耳不闻窗外事，一心只读圣贤书”，但林则徐却强调：“读书贵在用世”，即读书的目的在于为社会做出贡献。他告诫子孙既不能“只读死书而全无阅历”，也不可“阅历深而才学薄”，要做到读书和实践并重，这样才能做到既有真才实学，又能为社会多做贡献。

我国著名作家、翻译家、外国文学研究家杨绛先生，曾收到一位年轻人写给她的一封长信，倾诉自己的仰慕之情以及自己遇到的诸多人生困惑。杨绛回信并写了这样一句话：“你的问题主要在于，读书不多并想得太多。”像这个年轻人这种状况的人，目前生活中并不少见。他们常常短暂地踌躇满志、信誓旦旦，却长期性地得过且过、虚度光阴。常常一边伪工作，一边穷聊；一边迷茫，一边任性；熬夜追剧，早晨赖床；做事马虎，拖延成瘾等。

他们关键的问题是无目标，不自律；不读书，不学习；爱计较，怕吃苦。如果一个单位、一个团队，已形成这样一个多层次圈子文化，是很难改变的。

美国心理学家克拉克曾说过：“自律的前期是兴奋，中期是痛苦，后期是享受，当你开始享受自律的时候，你会发现生活少了失意和迷茫。”很多人之所以一边努力、一边迷茫，一边放弃、一边懊悔，就是因为他们维持不了前期的兴奋，又接受不了中期的痛苦。因此，很多人一生就处在迷茫、懊恼及无奈之中，都是被是非、纷争和烦恼包围着，就无从谈起自律后期的享受。

如果家庭中出现不贤惠的妻子或不务正业的丈夫；如果双方都认为是一

段很糟糕的婚姻；如果都很年轻，男的贪玩，女的爱美，不懂得现实生活中的油盐酱醋和锅碗瓢盆。那么，就需要更多的指导帮助与相互沟通。

首先要分析存在的问题、问题的根源，需要怎样生活，家庭生活如何安排，花钱情况；其次是制订生活目标与计划，个人责任与义务；再次是个人的人生理想、规划及实施计划；最后如果能做到相互鼓励、相互监督、共同成长，就可能达到情感默契、生活愉快。

但如果一方不能自律，长期让一个人应付得筋疲力尽，甚至造成心理的伤害而无法忍受，就不妨鼓起勇气，及时分手，给自己一次重新选择的机会，才能让自己可能因此改变命运。如果你一辈子总是忧伤地谦让，痛苦地忍受，不辞劳苦、任劳任怨，默默地为家庭奉献，并已进入老年。那么，这就是你的选择，这可能是你一生的惨状。如果你不快乐，那么就要去积极寻找快乐；如果你总是安于现状，那么你就会一直得不到快乐。

有的人在退休后被返聘回来继续上班，或被聘请到新的工作岗位发挥个人价值，也是较好的选择。因为，老年人在退休后的空闲与退休前的忙碌形成了巨大的落差，常常难以适应。长期闲下来后就会觉得整天无所事事，找不到生活的乐趣。所以不仅心情上仿佛蒙上了灰霾，而且也很不利于身体健康。

如果有合适的机会，有一份相对工作量较少、工作时间宽松与灵活、承担责任较小，又是自己喜欢并能胜任的工作岗位，只要自己身体条件等情况允许，还是完全可以尝试工作的。

当然自己要明白退休后的工作，不是仅限于金钱的报酬多少，更不应该是为生活和生存而去拼命工作，而是为丰富退休后的老年生活。自己还要明白继续工作是退休后的老年生活的一部分，而绝不是退休后老年生活的全部。

在退休后返聘工作的同时，还应该有像老年大学里的丰富多彩的生活情趣如琴棋书画、说学弹唱等，以及观光旅游、亲近大自然等也应成为常态。我们也会看到一些退休的医生和教师等，特别是已年逾古稀的老人，仍参加日常的排班，每天慌慌张张地上班，又急急忙忙地下班。他们满勤满点地工作，兢兢业业、不辞劳苦，真不知道是给予点赞，还是给予劝慰呢？

曾有这样一位小学语文老师，是地区级著名教师，有许多教育教学成果，撰写了3部个人语文教育教学专著。在退休后又持续干了11年，早出晚归扑在教学一线上，自己的身体存在的高血压病、糖尿病及动脉粥样硬化等治疗不规范，缺乏科学的医学与养生保健知识。平时生活和工作中认为没有明显不适的症状，但他却忽视自己已经出现的易发困及疲乏等异常表现，以致在给学生上课时突然晕厥并倒在讲台上，半小时后送到了医院，已完全丧失了一切生命征象。

因此，我们必须明白，老年人即便是进行了全面的体格检查，并证实是“身体健康”，但其精神状态总体上说肯定不如年轻人的旺盛，而如果老年人的工作太累，精力消耗太大，特别是长时间地持续工作，或者是大量的有压力的工作，也会对身体健康造成不利的影响。

那么退休后的再次工作，应该是自己感兴趣并力所能及的工作。这样，不仅有利于自己的身体健康，而且也会给自己带来精神上的安慰，并增添了生活的乐趣。

一般情况下，退休后工作人员与在职工作人员，其日常活动的不同之处在于，在职工作人员主要是以本职工作为主的日常活动，而退休后聘用的工作人员，可能有多种多样的日常活动。如工作或老年大学里爱好课程的学习与聚会、外出观光、运动健身、走亲访友、看病医疗等。固然退休后不可有太多空闲时间，但还是适当需要较多的个人自由支配与身心放松的时间，才更有利于身心健康。

退休返聘人员最理想的是每周固定上班 2 ～ 4 天，这样既可以做到生活有规律，能劳逸结合，又有劳动纪律的约束，强化自律性。同时，能继续参加单位集体活动，和年轻人打交道，可以让自己保持青春的活力，增强自身的调节功能，对自己的身心健康也都有好处。但对年龄已很高，脑力或体力不支，听力或视力不好的老年人，最好不要硬撑着坚持在岗位工作，而应该安享晚年。

毫无疑问在退休后返岗工作，既能增加一份劳务收入，又能让自己的物质生活更加充裕。也有更多的资金保障能外出旅游，走一走，玩一玩，看看祖国的大好河山，更让自己的退休生活充满阳光、充满快乐，更有利于健康长寿。

美国专家组对 1.2 万名退休人员进行研究结果发现：退休后仍能坚持适量工作的人比那些退休后选择休息的人平均寿命更长。大多数 65 岁后坚持再工作一年的退休者寿命都得到了延长，他们的死亡风险比那些没有继续工作的退休者低 11%。由此可见，在退休后考虑自己的福利、健康、教育、生活及家庭等影响因素后，如果能继续返聘做适当的工作，更有利于身体健康和健康长寿。

老年大学是退休后老年人一个很好的老年活动场所，能帮助老年人达到增长知识、丰富生活、陶冶情操、促进健康的目的。使老年人老有所学、老有所乐、老有所为。随着老年社会的到来，世界各地都陆续建起了老年大学，能使老年人实现“终身学习”的目的。1973 年，世界上第一所老年大学创办于法国。1983 年，我国山东省率先创立了中国第一所老年大学，即山东省红十字会老年大学。目前，我国全国各地已有老年大学达 32700 余所，参加学习的老年学员已达 333.5 万余人。

全国各地的老年大学，所开设的适合老年人的科目可谓内容广泛、包罗万象、应有尽有，主要包括健康、烹饪、文体、艺术等方面的内容，深受老年朋友的喜爱。老年大学更能成为“空巢”老人更新知识的课堂，健康养心的场所，开心娱乐的园地，广交朋友的平台和开发智力的基地。

因为退休了有大把的时间，就能重拾年少时曾经的梦想，再次学习喜爱的琴棋书画，或者吹拉弹唱，或者舞蹈体操，或者读书写作，或者花卉摄影，或者医学养生，或者烹饪美食等。能充分得到精神的满足，更是去完成从前的心愿。

兴趣爱好是老年人充实生活的良方妙药，一个良好的兴趣爱好，不仅能丰富自己的生活内容，激发对生活的兴趣，还能起到锻炼身体、协调身体的各个系统器官机能、延缓衰老的作用。对帮助老年人重新找到自己晚年生活的位置，从中获得自我价值感也有积极的作用。让老年人觉得自己还是有用的，增加了自信心，并享受着和煦美好的生活，自然而然地给自己的健康长寿创造了良好的条件。

在美国家喻户晓的摩西奶奶 78 岁开始画画，80 岁办个人画展，成为美国著名的原始派画家之一，在 101 岁获得总统点赞。光阴可以带走我们的青春，却带不走我们对梦想的追求。只要你想去做，人生永远没有太晚的开始。光阴虽然可以催老我们的容颜，但改变不了我们对美好事物的向往。摩西奶奶有句话成了总结她一生的经典话语：“做你喜欢做的事，上帝会高兴地帮你打开成功之门，哪怕你现在已经 80 岁了。”

重拾自己的兴趣爱好，有的老年人原来有一定的功底，经过专业老师的指导，加上自己几十年经历的风风雨雨形成的沉稳和心灵的感悟，又能融入自己的兴趣之中，倾心注力地投入学习，也能创作出优秀的作品，并参加各种公益活动，甚至在各种比赛中屡次获奖，以至于在老年后又取得了新的成就。

享年 102 岁的萧克将军是一位功勋卓著的战将，也是一位儒将。萧克将军在退休后创作完成了《浴血罗霄》长篇战争小说，在出版后好评如潮，获得了多方的肯定，随即在 1991 年获得第二届茅盾文学奖。创作之初，萧克将军还写下这样一副对联自勉：雕虫半世纪，今再操刀，告老不惜老；戎马六十年，乐得解甲，赋闲再难闲。

萧克将军从实践中体会到，他的身体硬朗是和读书写作分不开的。经常读书可锻炼人的思维能力，是一项有益的健康活动，能有效预防老年痴呆症，延缓人的衰老。由于他长期写作，身体处于良好地运转中，精神愉快，身体健康强壮，很少得病。

读书写作的养生好处颇多，主要有 10 个方面的好处：①开拓视野；②陶冶情操；③培养气质；④增加知识面；⑤增加专注力；⑥提高写作能力；⑦提升理解力；⑧培养表达力；⑨加强记忆力；⑩减轻压力。

老年人无论参与哪种科目的学习，一定要明白各个专业文化几乎都是博大精深的。即使一个人从小时候起就开始学习但能够学好学成也不是件容易的事情。因此，老年人学习既不是一蹴而就，需要长期坚持学习和练习，也更是重在参与，寻找快乐。所以，在学习过程中一定要有耐心，不要半途而废。也不要急于求成，更不要过于追求尽善尽美，最重要的是能从中得到乐趣和收获健康。

3. 发挥良师益友的价值

日本在2019年最新公布的6大健康长寿的行为习惯，你很难猜出前3个好习惯，更意想不到的排在第1位的好习惯是什么，运动只是排在最后。这6大好习惯分别是：①养成午睡的习惯；②居室卫生；③晒晒太阳；④少吃零食；⑤心情愉快；⑥适当运动。老年人只有具备好的行为习惯，才能保持身心的健康；只有保持身心的健康，才能达到健康长寿；只有健康的晚年，才能有幸福的晚年。否则，所有的一切都将无从谈起。因此，针对老年人健康长寿的最基本的6大好的行为习惯，你有必要学习借鉴并做好自己的事情。

首先必须养成午睡的习惯，午睡的好处前面已经说过，但注意午睡的禁忌，不要在午饭后立即睡觉，不要坐在沙发上或伏在桌子上睡觉，不要对着电风扇或空调的吹风口睡觉。最好在午饭后大约30分钟再午睡，最好躺在床上睡觉，午睡时间最好在30分钟左右。

居室卫生是至关重要的，特别对老年人来说更为重要。因为，老年人已存在身体抵抗力下降和在家中的时间更长。需要及时对居室的地面、墙壁、桌面进行清洁；特别注意厨房、卫生间、冰箱、洗衣机及沙发的卫生死角的清洁；厨房要防止霉菌污染；冰箱内放入生鸡蛋时需要外加封闭的盒子，并经常清洁消毒，以免造成冷藏的食物污染；卫生间潮湿容易造成细菌、病毒、原虫的滋生；床铺、沙发、鞋子长时间也会滋生霉菌、螨虫等，都会对人体造成伤害。

因此，应保持居室的清洁卫生，平时每日保洁，每周一次全面彻底的清洁，注意门把手以及坐便器的消毒。同时，还要注意避免室内装修及购置物品的空气污染。良好的居室环境既能保持心情舒畅，又能避免各种可能的人体伤害，从而有利于老年人身心健康。

老年人晒晒太阳的好处很多，也非常重要。首先是强健肌肉、骨骼，保持良好的体力，预防骨质疏松症的发生。特别是在冬季阳光减弱的情况下，多到户外晒晒太阳，活动一下筋骨，更有助于预防老年性骨质疏松症的发生。如果老年人长期待在家里，即使是坐在室内窗前晒太阳，由于窗户玻璃滤掉了部分紫外线，也会影响人体内合成维生素D，影响钙的吸收，对身体不利。晒太阳及适当运动，也有利于改善情绪低落、精神疲惫等，让心情愉快、精神振奋，增强血液循环和新陈代谢，维护心血管健康。

老年人合理饮食及少吃零食对身体健康肯定是有益的。特别是糖果、油炸食品、人工奶油蛋糕等被人称为红色零食或垃圾食品，含有高热卡、高脂肪及反式脂肪酸等，对老年人的危害是肯定的。而相对糖类、脂肪等含量较少的黄色零食如果仁巧克力奶等，绿色零食如无糖粗纤维饼干等，也一定要尽量少吃。

如果老年人已经患有糖尿病、高血压病等慢性疾病，严格控制零食的摄入，对病情的稳定非常重要。

老年人保持心情愉快，没有压力就没有疲劳，也没有烦恼。实际上一个人一生中几乎每天都会遇到各种各样的事情，总会不断出现情绪变化的。但一个人知识多了，经历多了，见识多了，就不会被外界的是是非非困扰自己的情绪。

到了老年，更要想开看开，放平心态，保持积极乐观、心胸豁达，不管闲事，不传是非，不埋怨、不生气，控制自己的情绪，做好自己的事情。这样，才能做到心情愉快，达到健康长寿的目的。

老年人适当运动还可以增强人体骨骼与肌肉的运动机能，锻炼心肺等器官功能，消耗人体多余热卡，避免肥胖。同时也能增加消化系统功能，改善精神状态，提高身体抵抗力等，也有利于健康长寿。

你知道最有效又最省钱的运动方式是什么吗？是慢跑，是持之以恒的慢跑。医学研究认为，慢跑是锻炼心肺等器官功能和全身骨骼肌肉功能的很好的方法，对于减肥和增强与保持体质都大有裨益。庄子说：“夫小惑易方，大惑易性。”意思是说小的迷惑可以使人弄错方向，大的迷惑能够使人丧失本性。让我惊讶的是，坚持早上 6 点起床运动，不仅没有丝毫困倦，还让我整天都精神饱满。

在现实社会中，许多人虽然深知如何饮食、运动等才是良好的生活方式，但能够高度自律，全面做到并保持诸多方面良好的生活行为习惯，只有少数的人。甚至很多人拖着患有“三高”疾病的身体，仍继续吸烟酗酒及暴饮暴食，并好吃懒做。他们在中年或老年早期已往往不能生活自理，因此如何养老及有质量地生活就更是不易。

按照联合国的标准，60 岁及以上的人口超过 10% 就进入了老龄化社会。中国在 2000 年 11 月底第 5 次人口普查 60 岁及以上的老年人口达 1.3 亿人，占总人口的 10.2%，65 岁及以上的人口达 8811 万人，占总人口的 6.96%。因此，中国 2000 年就宣布进入了老龄化国家的行列。在 2019 年我国 60 岁及以上人口达 25388 万人，占总人口的 18.1%，65 岁及以上人口达 17603 万人，占总人口的 12.6%。老年人口比例又明显地提高。预计 2030 年之后 65 岁及以上人口占总人口的比重或超过 20%，届时中国将进入重度老龄化社会。

我国老龄化程度在世界格局中位次不断上升，预计到 2050 年在全世界排名第 33 位，与发达国家水平相当。

中国的养老和退休保障体系越来越受到重视，各级政府积极构建适应老龄化社会制度、措施以及逐步完善制度保障等。加快规划老年人力资源开发利用，促进发挥老年人的潜力。

如何养老早已成为许多老年人关注的重要而现实的问题。

目前社会上普遍公认老年人的8种资本养老方式：①退休工资；②养老金；③养儿防老；④商业养老保险；⑤以房养老；⑥啃老本；⑦投资理财；⑧社会福利养老。但现实中，老年人养老不是资金的问题，而关键是人的问题。养儿防老因社会变迁及人口流动大等因素目前几乎已成为不可能。一些父母倾其所有投资儿女，最后儿女却成了白眼狼。

因此，养老最终都需要落实在居住地点及他人照护等问题上，也就是说大量失能和部分失能的老人需要人陪伴照料等养老问题更是成为社会及家庭的难题。

当前，我国失能半失能老年人约4400万人。失能老人疾病与衰老并存，不能自己吃饭、穿衣，无法行走，甚至不能控制排泄等，对于这些老人来说，最大的需求就是照护。然而随着家庭养老功能的弱化，“一人失能，全家失衡”的遭遇不在少数，对于一些困难家庭和独生子女家庭而言更是“压力山大”。

医养结合养老院，能更好地对接目前主要的3大养老模式即机构养老、社区养老和家庭养老。而这三种养老模式最鲜明的特点是要求老年人本人具有生活自理的能力。

现实中，中国已成为老龄化社会，2019年统计老年人口已达总人口的18.1%；又根据统计目前我国城乡空巢家庭已超过50%，部分大中城市甚至达70%；许多人平时缺乏科学饮食、保健知识，在退休时患有一种及以上疾病者达75%；目前失能半失能的老年人已达4400万人，同时随着时间的推移还会不断攀升。因此，医养结合养老院承载了许多老年人的希望，也会有广阔的发展前景。

医养结合养老院会针对老年人能做到最基本的医疗、专业服务和全面的照护。特别对脑中风瘫痪外伤截瘫、骨科术后及肿瘤术后康复、痴呆、痴呆伴瘫痪、以及特殊身体机能康复照护等，能更好地缓解患者及其家人的后顾之忧。

值得一提的是，如果患有以上疾病的患者，长期住在各级医院的普通病区或康复病区，常常大都伴随着过度的药物治疗，而康复等专业护理也往往达不到应尽的要求，大多仍由其家人照护患者。特别患者长期被送到中心监护病房（ICU），由此可能产生“天价”的医药费用，更是严重的资源浪费。

当前我国在积极改变“重医疗、轻预防”的局面。加强公共健康人才的培养，并加强对全社会提高认知科学的生活方式以及健康保健知识等宣传教育力度。又有人认为，医养结合养老关键障碍在“医”而不在“养（照护）”，这肯定是片面的，当然这类养老院需要配备医疗人员。但对于许多高龄老年人及以上提到失能的患者，在长期的生命维护中，肯定关键是“养（照护）”，而不是“医”，这类人群重要的是照护，是防止坠积性肺炎、窒息、压疮及清洁卫生、功能锻炼、维持营养水电解质平衡等。总体而言，就是医养结合，并养重于医。

医养结合养老院，真正医养结合起来，就需要有医疗、护理、专业护工、营养、康复、保健、检验、心理咨询、运动等方面的专业人员，维持基本的医疗，做好应急医疗与护理，完成每个入住人员的病情评估、医养方案制订、沟通、签字、其间病情变化的告知及各种记录等。

现在主要的养老模式：①政府机构养老；②私人养老院养老；③社区

养老；④抱团养老与互助养老；⑤某些地区开展的“城企联动”养老模式；⑥医养结合养老。而政府倡导的“以房养老”逐步完善措施能解决一些人的养老金问题。

目前不断报道的各种形式的“抱团养老”，也已受到人们的关注。但抱团养老的都是身体健康的年轻老年人群体，精神饱满，生活丰富多彩。但对于高龄老年人抱团养老可能就比较困难，特别是失能的老年人恐怕更是无能为力了。

有这样几位退休教师与干部，在城外 10 余千米的农村村落旁的依山傍水处合资兴建了一栋 3 层小楼，共设有休息室、健身场所、会客厅、棋牌室、卫生间、厨房、餐厅等功能齐全的 10 余个房间。他们常常吃住与娱乐在此处，琴棋书画、说学逗唱，等等。小楼前后的篱笆园子里长着各种时令果蔬，外面的环境赏心悦目，室内的气氛其乐融融。这样的情景生活或许能算得上退休后理想、惬意的生活了。

由此可见，退休后的老年人必须要做好 2 件大事，才能保证健康长寿和高质量生活。其一，要交往良师益友，发挥良师益友的情感价值；其二，科学地防病治病，守护好自己的身体健康。

老年人退休后多结交朋友，重新建立新的人际关系是十分必要的。因为退休后就中断了在工作时圈子里许多人的联系，难免会有孤独、失落、惆怅等感觉，如果不与外界的人联系、接触、交流，长此下去，就会抑郁成疾，原来有的疾病也会加重。而如果积极参与新的圈子里的活动、学习、交流，就能结交新的朋友，并常与朋友相约走动，联系发微信，下棋聊天，外出旅游等。特别是与年轻朋友交往，使自己充满青春气息，增加生活的乐趣，从而达到延缓衰老的作用。

退休后如何能守护好自己的身体健康，才是最不可忽视的重要事项。首先要足够重视血压、血脂、血糖、血尿酸等各项指标稳定正常，并高度重视心脑血管疾病的规范治疗。同时，还要注重对日常生活方式的干预，如饮食、运动、心态、嗜好等不良行为习惯的改变。其次是重视其他有关病症如骨质疏松、骨折、关节疾病、眼病、肿瘤、哮喘、营养及职业病毒素等的预防保健措施，只有做好这些病症的防范和保持良好的生活方式，才能保证品质生活。

骨关节炎是全球 60 岁及以上人群最常见的肌肉骨骼疾病。北京大学人民医院骨关节科研究显示：我国骨关节患病人数从 1990 年的 2630 万人上升至 2017 年的 6120 万人。随着年龄增长而患病率上升，女性患者高于男性。平时保持健康的生活方式，减少肥胖风险，避免繁重的关节活动，对预防膝关节损伤至关重要。冬季防寒保暖、适当运动。注意合理使用镇痛药物以减少其副作用。

全球老龄化的背景下，针对老年脆性骨折不断增多也越来越受到普遍重视。根据流行病学统计：全球平均每 3 秒钟就会发生 1 例脆性骨折。在脆性骨折中，股骨骨折非常常见，髋骨骨折是最严重的类型，极大地影响患者的生活质量，甚至生命安全。老年人各种脆性骨折也往往是骨质疏松的预警信号。

骨质疏松症目前危害着全球三分之一的 50 岁及以上女性和五分之一的 50 岁及以上男性。早期流行病学调查显示：全球骨质疏松患者达 2 亿以上，我国骨质疏松患者在 7000 万人以上。

骨质疏松患者早期，多数人没有明显的症状，可能有的人仅表现为四肢酸软、无力、活动能力下降等。在严重时就会出现脊椎疼痛及变形、驼背、行动不便；加速肺功能衰退、胸闷、气短；消化不良、食欲减退。约有一半的人群会因严重骨折丧失生活自理能力。

国际骨质疏松症基金会（IOF）骨质疏松风险 1 分钟测试题：①父母是否曾被诊断有骨质疏松或曾在轻轻摔倒后骨折？②父母中是否一人有驼背？③实际年龄是否超过 40 岁？④是否成年后因为轻轻摔倒后发生骨折？⑤是否经常摔倒（去年超过 1 次），或因为身体较虚弱而担心摔倒？⑥ 40 岁后的身高是否减少超过 3cm 以上？⑦是否体重过轻（BMI 值少于 $19kg/m^2$）？⑧是否曾服用类固醇激素连续超过 3 个月？⑨是否患有类风湿性关节炎？⑩是否被诊断出有甲亢或是甲旁亢、1 型糖尿病、克罗恩病、乳糜泻等肠胃疾病或营养不良？⑪女士回答：是否在 45 岁或以前就停经？⑫女士回答：除了怀孕、绝经或子宫切除外，是否曾停经超过 12 个月？⑬女士回答：是否在 50 岁前切除卵巢又没有服用雌 / 孕激素补充剂？⑭男性回答：是否出现过阳痿、性欲减退或其他雄激素过低的相关症状？⑮是否经常大量饮酒（每天饮用超过 2 单位的乙醇，相当于啤酒 1 斤、葡萄酒 3 两或烈性酒 1 两）？⑯目前是否习惯吸烟，或曾经吸烟？⑰每天运动量是否少于 30 分钟（包括做家务、走路和跑步等）？⑱是否不能食用乳制品，又没有服用钙片？⑲每天从事户外活动时间是否少于 10 分钟，又没有服用维生素 D？

上述问题，只要其中有一题回答结果为“是”，即为阳性，提示存在骨质疏松症的风险，并建议进行高密度检查。请咨询骨质疏松科医生。

眼底疾病危害不容轻视，老年人是其主要患病人群。最常见的高血压病、糖尿病及高脂血症等全身性疾病，都可能导致出现各种眼底疾病。如糖尿病性视网膜病变、视网膜静脉阻塞、老年性黄斑变性、视网膜中央动脉阻塞、飞蚊症等。

据统计，我国 20 岁及以上成年人，糖尿病的发病率已达 10% 以上，糖尿病性视网膜病变的患病率为 24.7% ～ 37.5%。因此，糖尿病是引起致盲性眼病的最常见的疾病。

预防眼底疾病，人们平时保持好科学健康的生活习惯非常重要：①健康饮食如避免高脂餐和吸烟等；②适当运动如避免剧烈运动等；③避免用眼过度如避免长时间近距离看电脑屏幕等；④足够睡眠，有助于眼底保健；⑤远离有害光线如避免激光笔照射眼睛等；⑥有系统疾病的治疗；⑦定期健康检查或专项疾病的筛查，做到早发现、早诊断、早治疗。

癌症已成为严重威胁我国居民健康的重大公共卫生问题。在我国每年新发癌症超过 350 万例，是目前影响人们健康的主要杀手。

癌症防治，重在行动。主要做到：①尽早关注癌症的预防；②践行健康的生活方式，科学饮食、戒烟限酒、适当运动、保持心情舒畅等；③接种相关疫苗；④定期防癌体检；⑤密切关注癌症信号；⑥接受规范诊断治疗。其中最关键的是保持科学健康的生活方式。

或许你会发现有这样的现象，在某些家庭中有一人患癌症，其他成员后来也患上了相同的癌症。是传染？是遗传？到底是怎么回事呢？

有关肿瘤流行病学研究资料表明：家庭成员同时患癌既可以同时发生，也可以先后出现，其患癌部位可以相同，也可以不同。那么一个家庭成员之所以出现这种情况，主要因为起关键作用的是共同的生活方式、饮食习惯和环境因素等影响。由于同一个家庭的成员常年一个锅里吃饭，就形成了共同的嗜好、习惯，并且家庭居住环境相同，所以往往潜移默化地被同一致病因素或致癌因素影响。因此患同一类疾病如高血压病等或癌症如消化道肿瘤等就不足为奇了。

根据相关资料，这种现象以消化道癌症最为多见，这同样佐证了饮食为主的生活方式、习惯及其环境与癌症发病的关系，如经常共同进食不新鲜食物、霉变食品、辛辣刺激及过烫食物等。

如果某些老年人，在一定时期内如空气质量较差及天气变化较大等情况下，出现久咳不愈，以无痰或少痰咳嗽为主，伴咽痒，长期咳嗽后出现胸闷、头昏脑涨及咳嗽时胸痛，做胸部检查基本正常。同时抗炎、止咳治疗效果差。特别遇到冷空气、灰尘、油烟、花粉等影响时就咳嗽加重，甚至出现气喘及呼吸困难等。就要考虑存在过敏因素及自己出现的过敏体质，实际患上的是过敏性的咳喘。

如果患者病程反复长达两个月以上，并反复伴有鼻塞、喷嚏、流涕、眼痒等，就可能是咳嗽变异性哮喘。对此，都需要加强抗过敏药物治疗，同时配合应用解痉平喘药物如茶碱类药物、抗胆碱药物或 ß2 受体激动剂等治疗。症状较重时在医生指导下临时应用（不超过 3 天）糖皮质激素等治疗。当然，需要注意家中装修材料等各种化学物质与气体对身体的伤害，以保证身体的健康。

老年人更需要注意口腔卫生及护理好牙齿，有条件的可以定期到医院口腔科检查，及时清洗牙齿、治疗牙病、修复残齿。对此，国际卫生组织（WHO）提出了“8020 计划”，即在 80 岁时希望能够存有 20 颗健康的牙齿。但目前中国 80 岁老人存有 20 颗健康牙齿的人数仅为 35% 左右。

第九章　安得其所，无憾一生

人能常清净，天地悉皆归。舍得丢下尘世间的一切纷扰，无欲无求，仁者爱人，“吾生也有涯，而知也无涯。”如何才能真正认识自己，让每一天都快乐。

1. 坚持不变的好习惯

岁月不饶人，不知不觉即将步入桑榆之年，有谁不顾虑、不怕老？而老了又有谁来怜惜你呢？身体消瘦衣带常常紧缩，头发稀少帽子自动偏斜。为了爱惜眼睛放弃书籍不读了，经常看大夫是因为年迈力衰多病缠身。到了老年经历世事多，理解也深刻透彻，看人也像看山河一样一目了然，有很深的洞察力。深刻思考浓缩着人生的精华，不要说日到桑榆正是晚景了，而洒出的晚霞正可以照得满天通红、灿烂无比呢！这或许是唐代刘禹锡对自身一个年老体弱但思想深邃的垂垂老者有感而发，《酬乐天咏乐见示》中的诗句：“人谁不顾老，老去有谁怜。身瘦带频减，发稀冠自偏。废书缘惜眼，多炙为随年。经事还谙事，阅人如阅川。细思皆幸矣，下此便翛然。莫道桑榆晚，为霞尚满天。”

这时的你已是垂垂老矣，可能是年老体弱，或精神孤独。但如何才能够做好自己呢？你的心情应淡泊宁静，处事当平静如水。无欲无求，不卑不亢。一切的争论、名利、是非、荣辱、毁誉都已如过眼的烟云。虽然有的人可能仍在继续自己的事业，但不应是为名，不应是为利，也不应是因为孤独。而应当是他的信仰、爱好和意志力。

一个人的淡泊宁静是一种修养、一种境界、一种超越、一种无比宽阔的胸怀。有多少人在年轻时能够做得到如此的大彻大悟呢？“淡泊以明志，宁静以致远”。被人们认为是中国最后一位大儒的梁漱溟先生一生勤奋、一生坎坷，经历过人生大起大落的磨难，也经受过恶劣政治环境下被曲解、误解的痛苦，然而他竟活到了95岁的高龄。梁漱溟先生常说：“情贵淡，气贵和。唯淡唯和，乃得其养，苟得其养，无物不长。”

一个人如果欲望太多，生命该如何承受重负，人生又怎能获得快乐呢？因此，在人生的旅途中，追求一种淡泊，坦然面对生活对你的赐予，包括所有的磨难和不公，用平和淡定的心态去看待社会现实中的一切。淡泊，是从心开始，做到心灵的淡泊，就是面对尘世间纷繁复杂的各种诱惑，要心如止水，恬淡宁静。不为名所累，不为利所移，不为钱所动，不为色所迷。

但是，也不能认为什么都看透了，无所谓了。当一天和尚撞一天钟，甚至是连撞钟也不想撞了，总是浑浑噩噩地消磨时光，那就不是“淡泊”，而是一种消极、麻木。

许多人都会在年少时心怀抱负将去改变社会与影响世界，即将走上社会时仍会幻想着将来一定要大有作为，只有到年长时才能真正认识到自己，到了老年退休时才心安理得地做好你自己的事。但总有一些人即便到了退休年龄，甚至在退休后，仍颐指气使、夸夸其谈，并念念不忘地追求名利，甚至试图去改变与影响别人。

英国一座教堂前，有一块举世闻名的墓碑。它看起来平常无奇，甚至连墓主人的姓名也没有。但就是这样一块无名的墓碑，却影响了无数人。它的墓志铭是这样写的：当我年轻的时候，我梦想改变这个世界，当我成熟以后，我发现我不能改变这个世界，我将目光缩短些，决定只改变我的国家，当我进入暮年后，我发现我不能改变我的国家，我的最后愿望仅仅是改变一下我的家庭，但是，这也不可能，当我躺在床上，行将就木时，我突然意识到：如果一开始我仅仅去改变自己，然后作为一个榜样，我可能改变我的家庭，在家人的帮助和鼓励下，我可能为国家做些事情，然后，谁知道呢？我甚至可能改变这个世界。

人生真正的悲哀，不是未曾经历千山万水，而是明白得太晚。

如果一开始墓中人先从自己身上找原因，再着手做出改变，结局或许会大有不同。但现在我们许多人不也是这样梦想很多，却每天都是得过且过吗？

海涅曾说："反省是一面镜子，它能将我们的错误清清楚楚地照出来，使我们有改正的机会。"每一次犯错都是成长的机会，从失败中发现自己的不足，才能避免悲剧再次上演。如果又能真正去借鉴他人的教训，就会使自己更快速地成长起来。相反许多人长期迷恋自己取得的一点对别人没有任何影响的成绩去炫耀，从不在自己身上找不足，唯我独尊的感觉带来的傲慢、自私、狭隘、自我陶醉及安于现状，只会让自己越陷越深，停止了进步，被别人一个个地超越，最后又只能成为墓中人。

古人云：小人无错，君子常过。大意是说小人总觉得自己没有错，而君子常常反省自己的过错。越优秀的人对自己要求越高，所以常常会反省自我，相反越无能的人往往难以做到自省，总是喜欢挑剔别人的错。曾国藩的一生，都一直在践行着“自省”二字，即便到了晚年他也会在日记中记录着对自己不足的反思。

虽然年老了，但也不要放松。坚持读书和锻炼，读书使你安宁，减少烦恼；锻炼使你坚强，减少疾病。因为，每个人一辈子都不是一帆风顺的，都不会事事满意顺利。年老时一旦闲暇时间多了，就难免会思想产生杂念，心里产生孤独，精神受到纷扰，情绪发生变化，这不利于身体健康。

所以，只有多读书，与书本对话，才能不困于事、不困于人，才能耐得住孤独，守得住宁静。要告诫自己：不去抱怨，不发脾气，不得罪人，不占人便宜，不存私心，不道是非。还要告诫自己：即使已到年老，每个人的路总是要靠自己走，每个人遇到的问题总是要靠自己解决。

无论何时都必须忍耐孤独、承受打击、经受苦难。别指望他人帮你做好，除非自己已失去了思维或行动，不得而知或不得而为罢了。坚持做到身体力行，历经百事。虽经百事心无事，方能康乐自安乐。

古人有云：眼里有尘三界窄，心中无事一床宽。意思是满眼只见尘埃烦恼的人，身在何处都会觉得如陷泥沼，动弹不得；而那些心中无事的人，即使身处很小的空间，也能轻易体会到舒畅和自在。

人生暮年理想的生活状态应该是：兜里有钱，身上没病，心中无事，手上有书。还要桌上有花，并常有优美的旋律相伴。简单的生活、粗淡的饮食，内心的安宁，才会带来幸福与安康。

读书，尤其是读好书、读名著，是一件对老年人身心健康非常有益的事情。在之前的岗位工作时没有多余的时间去读书。现在再重新仔细品读中国的四大名著《西游记》《水浒传》《红楼梦》《三国演义》，又会使你有不一样的感觉，即使再重复研读第二遍、第三遍，也仍会使你有更多、更新的收获。著名作家、画家蒋勋先生从小时候起到现在就读了几十遍的《红楼梦》，写下了大量的红学研究经典文献等。

读书可以锻炼思维，使人保持头脑的清醒，从而理智客观地对待生活中发生的事情；读书可以改善人的性格，让人们看到自身的不足。一本好的小说可以带你进入另一个境界，忘记烦恼；一篇迷人的文章会吸引你的注意力，让你静下心来，缓解压力。读一本好书，会从书中受到感悟，帮你反思，从而领悟到许多做人做事有益的道理。读书还能够增强大脑记忆力，提高思维能力，延缓人的衰老，预防老年痴呆症等。

现代医学认为，大脑是生命活动的高级中枢，到了老年大脑会逐渐萎缩，导致大脑的功能退化。如果坚持不断地用脑，促进脑细胞的新陈代谢，大脑接受信息的刺激越多，脑细胞越发达，越有生命活力，这样就可以减缓大脑的退化和萎缩。因此，老年人读书就是很好的选择。

老年人读书不求有何目的，更不要有什么负担及达到什么目标，只求从书中寻找乐趣，达到赏心悦目、心情舒畅的效果就够了。注意时间安排，做到动静结合，在连续读书一段时间后，应放下书本，起身做一些身体锻炼活动，以便使大脑和眼睛得到休息，同时也可以缓解疲劳。

知识浩如烟海，书籍多种多样，如天文地理，人物传记、文学艺术、历史考古、诗词歌赋、武侠、战争，励志、心理、保健、饮食等书籍。根据各自的爱好选择不同的书目，有古文基础者可能喜欢看古典文学，男性大多喜欢侦探、战争及历史题材的书籍，女性大多喜欢情感、心理及文艺题材的书籍。

“书读百遍，其意自现”，“读书破万卷，下笔如有神”。许多老年人不仅在退休后酷爱读书，而且也在积极写读书笔记与读后感，经常会用脑思考，使之大智大慧、大彻大悟，从此控制了烦恼、化解了心结、开拓了视野。并能构思写作，在各种报纸及刊物上发表了许多很有见解的文章，甚至结合自己长期在工作中积累的知识与经验著书立说，取得了更大的学习成就。当然，更重要的是以“勤用脑，防衰老”的目的去读书与消遣，以愉悦人生。

“生命在于运动”，这是人人皆知的，步行属于有氧运动，被世界卫生组织推荐为最佳运动养生方式之一。而现代医学研究又认为“生命在于脑运动”，即保持大脑思维活动与生命健康是密切相关的。读书就像引来的源头活水，激发了老年人的大脑思维、身心愉悦、排解寂寞、提高智能、促进交流，从而达到延年益寿的作用。

到了现在这个年纪，需要与舒服的人在一起，到舒服的地方，做自己想做的、开心的事。不要再去取悦任何人，不要再为任何人操心，只要求得自己高兴。看淡了就平静了，想开了就放下了。简单的生活态度，简单的生活方式，会让一切都变得简单、自然。

然而，现在的一些年轻人却浑身充满了虚荣与烦恼，不断地抱怨父母的无能，指责他人的缺点，而不会以积极的心态，多关注别人身上的优点，反思自身的不足。他们计较生活中点点滴滴的得失，又常常沉浸在失意与痛苦之中，遇事不满就斤斤计较，对人的缺点耿耿于怀。满满的负能量，整个的萎缩人生，像个小丑似的。

孟子云：“天将降大任于斯人也，必先苦其心志，劳其筋骨，饿其体肤，空乏其身，行拂乱其所为。”意思是上天要把重任降临在某人的身上，必定要先使他的内心痛苦，使他的筋骨劳累，使他经受饥饿的苦，以及肌肤消瘦，使他受贫困的苦，使他的每一行动都不如意。由此可见，每个人的生活不会是一般人想象的那么好，一直充满阳光；但也不会像你想象的那么糟，总是风霜雪雨。只有丢掉你虚荣的高傲，放下你过往的偏见，保持定力，克服困难，善待亲人，宽容他人，积极进取，努力前行，才能迎来阳光灿烂的生活。否则，只能常常在黑暗及阴霾的日子里苦苦挣扎，消耗亲情，蹉跎人生。

人生就如同一场旅行，那么我们如何选择，如何变换，如何取舍呢？谁又能选好自己最想要的风景，又有谁来帮助你做出最好的选择呢？我们既要在乎自己将要到达的目的地，更要在意与你同行的伙伴和沿途的风景，而不应在意一时遇到的喧嚣与风雨，因为时间不允许我们停下脚步，只能在前进中自己不断地学会选择，学会取舍，学会欣赏。

每个人前进的道路上会有荆棘、坎坷，甚至有痛苦与不幸，不要消沉，不要愤懑，更不要气馁，要积极努力，不断前行，才不会错过最美好的风景，并且一路上的风景会带给自己好的心情。

一个人无论在顺境时，还是逆境时，你走过的路与遇到的风景，都是值得珍惜的经历。一个人的不快乐往往不是因为他拥有得较少，而是因为他计较得太多，因此常常就想不开、看不透、放不下、输不起，总是牢骚满腹、心情郁闷，又如何能开开心心地欣赏美好的风景呢？

每个人在世上只是匆匆的过客，无论如何要学会享受快乐，享受美好的事物，享受美丽的风景，让心情放飞，让心灵同去旅行。

年老了，有一个温馨幸福的家庭生活，会让自己感到舒适、安宁、贴心及精神愉快，更不会为吃、穿、用与外出活动发愁而影响身心健康。但要坚持做好自己力所能及的事情，并常常对他人的奉献和付出的劳动，给予更多的称赞与鼓励。

同时，在长期的家庭生活中，总会存在思想、认识上的不同，老年人要先让儿女一步，体谅他们工作及照顾自己的辛苦；老伴之间更要互相信任、互相体谅，达到认识上的统一。否则，分歧增大及矛盾激化就容易造成夫妻关系不和谐甚至酿成家庭的悲剧。

列夫·托尔斯泰是俄国历史上最著名的小说家之一，他的两部名著《战争与和平》和《安娜·卡列尼娜》，在文化领域中永远闪耀着光辉。

托尔斯泰的婚姻是一出悲剧。他们开始的婚姻，是非常美满的。但他的妻子喜欢奢侈、虚荣，可是他却轻视、鄙弃；他的妻子渴望着显赫、名誉和社会上的赞美，可是他对这些却不屑一顾；他的妻子希望有金钱和财产，而他却认为财富和私产是一种罪恶。这样过了好多年，他的妻子吵闹、谩骂、哭叫，因为他坚持放弃他所有作品的出版权，不收任何的稿费、版税。而他的妻子却希望得到从那方面而来的财富。

当他拒绝他妻子的要求时，他的妻子就会像疯了似的哭闹，在地板上打滚。并且手里拿了一瓶鸦片烟膏，要吞服自杀，同时还恫吓丈夫，说要跳井。这样经过48年后，他已无法忍受再见到自己妻子一面。

最后，当他82岁的时候，托尔斯泰再也忍受不住他家庭折磨的痛苦，就在1910年10月，一个大雪纷飞的夜晚，脱离他的妻子而逃出家门，逃向酷寒、黑暗，而不知去向。经过11天后，托尔斯泰患上肺炎，倒在一个车站里。他临终前的请求是，不允许他的妻子来看他。

这是托尔斯泰夫人抱怨、吵闹和歇斯底里所付出的代价。当托尔斯泰夫人觉悟时已经太晚了，那种喋喋不休的吵闹、指责，只会把事情弄得更糟。

有人说："婚姻的功能，不只是寻找一个适当的人，而是自己该如何做一个适当的人。"英国的政治家、文学家迪斯累利自己曾说不打算为爱情而结婚，但在他35岁时，向一个比他大15岁并有钱的寡妇玛丽安求婚，这是一个经过50年寒暑的头发灰白的寡妇。

那是爱情？不，不是的。她知道他并不爱她，而是为了金钱而娶她。所以那老寡妇只要求了一件事：她请他等一年。她要给自己一个观察他品格的机会。一年后他们结婚了。

她在对婚姻最重要的事情上，是一位伟大的天才——对待男人的艺术。她从不让自己所想到的，跟丈夫的意见对峙、相反。每当一整个下午，迪斯累利跟那些反应敏锐的贵妇人们对答谈话，而精疲力竭地回到家里时，她立即让他有个安静休息的场所。在这个愉快日增的家庭里，在相敬如宾的气氛中，他有个静心休息的地方。

迪斯累利跟这个比他年长的太太在一起时，是他一生中最愉快的时候。她是他的贤内助，是他的亲信，也是他的顾问。每天晚上，他从众议院匆匆地回家来，他告诉太太白天所看到、听到的新闻。而最重要的，凡是他努力去做的事，他的太太绝不相信他会失败的。而无论他的太太在众人面前表现的是如何的愚蠢、笨拙，他从来不批评她，他在太太面前，从不说出一句责备的话。如果有人嘲笑他太太时，他会立即为她进行强烈的辩护。

迪斯累利认为玛丽安是他一生中最重要的。玛丽安并不是完美的，可是迪斯累利能够聪明地保持原有的她，最后他们都被封立了爵位。

年老了，最应该保持良好的午睡、卫生、饮食、运动及心情愉快等行为习惯。因此，要坚持做到心不能烦、口不能馋、身不能懒、事不能愁和生活规律、稳定、安逸。

生活中都会遇到让人心烦的人与事，要及时向自己信赖的亲友倾诉，寻求解决的办法，以达到内心的安宁。平时多与家人、朋友交流、聊天，谈一些为人处世的话题，使自己得以启发。常常听优美的音乐，多读些有益的书籍，以调节自己的情绪。坚持外出散步、运动，参加各种有益的活动，有利于自己情绪的放松。

但如何能提高自己的认知水平和保持良好的情绪，妥善处理好与他人的关系，以及妥善处理遇到的各种事情，对自己身心健康既是十分重要的，又是非常困难的。国外有学者调查统计显示，因心情不好而致病者高达 74% ～ 76%；美国某医院对就诊的患者统计，发现 65% 的患者所患的疾病与社会生活环境密切相关。《圣经》也说：“喜乐的心，乃是良药；忧伤的灵，使骨枯干。”因此，只有不计较、不忧虑、不攀比，才能做到心不烦、身不懒。

虽然年老了，也要始终坚持合理的营养饮食习惯，拒绝垃圾食品，做到口不能馋首先就要拒绝色香味美的诱惑，遵循天然、自然及清淡的饮食原则。

《菜根谭》中的一句格言：“真味是淡，至人是常。”意思是说真正的美味是清淡平和的，才有利于身体健康。德行完美的人能够保持平常心，其行为举止与普通人没有什么两样。其中所包含的人生智慧，就是一个人要始终保持平淡与平常的心。

即便是年老了，也不要睡懒觉，坚持每天早晨外出活动，根据自己的体能情况，进行一定强度的运动锻炼，晚餐后可以散散步。对于高龄老年人，更不能放弃力所能及的活动。即使每天外出散步甚至是慢慢地行走，也会达到很好的锻炼效果。

美国一项对近 5000 人进行的研究发现，每日步数与因任何原因死亡的风险之间存在关联。在每天走不到 4000 步的 655 名参与者中，每年的死亡率为 76.7‰。从距离来算，4000 步约为 3 千米。但在每天走 4000 ～ 7999 步的 1727 人中，每年死亡率骤降至 21.4‰。另一组研究对象的情况更好：在每天走 8000 步至近 1.2 万步的 1539 人当中，每年的死亡率为 6.9‰。因此，专家建议，不管一天中能走多少步，最重要的是一直坚持下去。因为与死亡率相关的是每日的步数，而不是速度。关键是走起步来就是了，而不是追求速度。

对于年轻的老年人，适当进行一定强度的运动锻炼会更有益处。有条件的老年人还可以有意识地进行身体某些肌肉的专门训练，这会进一步增加身体协调性及增强身体机能。例如已达 84 岁高龄的钟南山院士，因为他从未间断的体能锻炼，所以目前他的身体仍很强健，并且思维敏捷。有实践证明：长期进行肌力训练的老年人很少发生跌倒。肌力增强可提高平衡能力，以及协调性和敏感性。而研究表明肌力训练增强这些能力，对老年人的健康有重要作用。

老年人运动时需要注意的事项：

①做好准备，防止拉伤。老年人运动前需要活动一下四肢，晃晃头、扭扭腰，关键防止关节韧带及肌肉拉伤。

②及时补水，防止缺水。老年人因肾脏调节功能较差容易失水，再加上运动时丧失的水分会加重人体缺水，所以运动后一定要多喝开水，并多吃水果和新鲜蔬菜等。

③循序渐进，防止不适。老年人运动应适可而止，不可过量，运动量由小到大、循序渐进，运动时微微出汗，运动后全身舒适是最好的标准。如果感到胸闷、疲劳，可能运动过量。

④及时增减衣物，预防感冒。注意春夏之交及早晚温差变化，活动过程中逐渐增减衣物，防止受凉感冒。

⑤年老者注意每次起床前后，在床上及床边都要进行缓慢的适应性活动。

老年人要保持好自己的“腿不老”：

①对老年人来说，保养膝关节尤为重要，首先不要做强度太大的运动，如登山、快走、猛走等；如果长期没有运动锻炼，若突然加大了运动量如跑步、登山等，就容易造成膝关节损伤；就养护膝关节而言，散步、游泳、健身操、太极拳等运动都比较好。

②简单的膝关节养护：端坐在高凳子上，腰背挺直，两脚垂下，一前一后地自然摆动；两足平行并拢，屈膝微下蹲，双手放在膝盖上，顺时针方向揉动数十次。然后逆时针方向揉动数十次，可防治膝关节疼痛和下肢无力。

③用双手紧抱一侧大腿，稍用力从大腿向下按摩，一直到足踝部，然后再从踝部按摩至大腿根。用同样的方法按摩另一条腿，重复 10 ～ 20 遍；用两手掌夹住腿肚，旋转揉动，每次揉动 20 ～ 30 次，两腿交换 6 次。

④一手扶墙或扶树，先向前甩小腿，使脚尖向前向上翘起，然后向后甩动，将脚尖用力向后，脚面绷直，腿也伸直。两条腿轮换甩动，每次可以甩动 80 ～ 100 次。

⑤端坐位，两腿伸直，低头，身体向前弯，用双手扳足趾 20 ～ 30 次。双手掌搓热，然后用手掌搓脚心。

⑥晚上入睡前，平躺在床上，双手紧抱住后脑勺，一条腿弯曲呈 90 度，另一条腿抬向空中由慢到快地进行蹬脚运动，每次 2 分钟，然后再换另一条腿，反复 8 次。几种方法可以养护膝关节，增加腿部力量，改善血液循环等。

在现代社会中，每个人的社会联系更加密切，遇到意想不到的事情越来越多，思想压力也越来越大。因此，对于老年人来说要保持平常心，懂得舒解压力，凡事不能愁。遇事要沉得住气，相信自己和他人都将会处理好的。要忍耐、思考、等待，才会找到解决问题的办法。

实际上，在生活中的很多事情并非真的像自己想象的那样困难，只要坚持下去，积极努力去做，相信自己一定能够战胜困难，取得成功。

年老了，过去的事就让它永远地过去吧，不要让过去的事仍影响到你的今天。别人的事情让别人去处理，更不要让别人的事影响到你自己的心情。诺贝尔生理学奖得主伊丽莎白等曾总结出长寿之道：人要活到百岁，合理膳食习惯占 25%，其他占 25%，而心理平衡作用占到了 50%。由此说明一个人保持心情平静与心理平衡的重要性。

2. 做到断、舍、离

“登高望四海，天地何漫漫。霜被群物秋，风飘大荒寒。荣华东流水，万事皆波澜。”也许很多世俗的人在桑榆暮年，才能真正悟透人生，才会真正变得心胸宽广，不羡慕他人的荣华富贵，更不会敷衍伪装，所有的一切终将如滔滔波浪一去不复还，即使自己的身体活动困难及生活艰难却能保持内心的坦然。

世俗的人们，许多人有着太多的欲望，对于金钱、名利、情感，孜孜以求、魂牵梦萦。对不断攀升的欲望，渴望通过自己的奋斗，甚至是拼命地努力，以使自己过上最好的生活，实现自己最完美的人生。

古人云：“君子宁居无不居有，宁处缺不处完。”季羡林也曾说：“每个人都争取一个完满的人生，然而，自古及今，海内海外，一个百分之百完满的人生是没有的，不完满才是人生。”

如果一个人过分追求完美和圆满，就会一直耿耿于怀和疲惫不堪；如果不能够适时地停下来稍作修整、稍作欣赏，就没有生活的乐趣、家庭的幸福；如果为此一味地求全责备、苛求于人，就会出现众叛亲离、离心离德，使自己的人生之路越走越窄，就失去了人生的意义。

水满则溢，日中则昃，月盈则亏，这是自然之道，也具有人生的哲理。曾国藩曾说：“君子守缺而不敢求全，小人则时时求全，全者既得，而吝与凶随之矣。”意思是说，君子所固守的是残缺而不敢求完满；小人则时时求完满，而完满实现了，耻辱和不吉也就跟着来了。

因此，人生有不完美、有缺憾，心中才会充满期待，生活才有希望，眼里才能看到更多美好的东西，才有喜悦与快乐，也才会有进步的余地和前进的动力。如果一切都无休止地追求所谓的极致，而不留余地，其后果就会是失望、痛苦、责难与挑剔，就不会得到快乐，并将会为此付出沉重的代价。

老子曰："万物之始，大道至简，衍化至繁。"人生得到的东西由少到多，由简单到复杂。但有些东西，并不是越多越好。当我们过度囤积，认为什么都重要时，生活就会失去平衡。人到了一定的年纪，更要学着抛弃一些不必要的东西，才会遇见更多意想不到的风景。

日本作家山下英子创作的家庭生活类著作《断舍离》，认为家里总会有一堆永远也用不到而舍不得扔掉的东西。怎样化繁为简，整理房间，教我们如何做到"断""舍""离"。"断"指的是买东西的时候三思而行，只限制于买自己必需的东西，断掉自己杂七杂八的心念，断绝那些想买回家但实际上并不需要的东西；"舍"是指处理掉放在家里没有用的东西；"离"是脱离对物质的执念、迷恋，让自己处于宽敞舒适、自由自在的空间。

之所以出现家里囤积及精神上的遇阻，是因为逃避现实、执着过去、担忧未来等。"断舍离"带来的是"需要、适合、舒服"的东西，是一种健康生活方式，一种独特的思考法则，甚至是一种心灵修补术。学会取舍，懂得放下，去放下物欲，放下得失心。重新关注自我，认识自我，发现自我，肯定自我，从而改善自己的精神世界，让自己从外在到内在，都彻底地焕然一新。

古人云："舍得是一种智慧"。对于不适合的人要舍弃离开，不适合的事要舍去不做。舍的是无关紧要的东西，断的是烦恼、忧愁，才能得到快乐、自在与幸福人生。舍得又是一种领悟、成熟、境界与精神。

随着时光的流逝，每个人都会慢慢地老去，许多人又都会慢慢地消失在人们的记忆中。归根结底，时光会湮没生活在世上一切有生命的东西。因此，你无须自卑，无须想太多，不要羡慕别人，保持自信，走好自己的路。

在生活中遵循简单、愉悦，摆脱自我的各种束缚。避免过于强烈的自我意识，以免使自己变得敏感、狭隘和自私，甚至偏执，这些往往又会使自己不能感觉到生活的轻松和快乐。

作家马德说过："一个安静的生命，舍得丢下尘世间的一切，譬如荣誉、恩宠、权势、奢靡、繁华，他们因为舍得，所以淡泊；因为淡泊，所以安静。他们无意去抵制尘世的枯燥与贫乏，只是想静享内心中的蓬勃与丰富。"因此，只有懂得用豁达乐观的态度，面对世间的繁杂；懂得用随遇而安的心态，面对他人恣意的挥霍。才能心地坦荡、活得明白，才能达到人生中最高级的修行。

一生太短，学会看淡得失，习惯于简单宁静的生活。更有许多人甚至是乐于简单与清贫的生活，不忧愁，不彷徨，不念过往，坚强果敢，积极热情地投身到现实的生活中去，即使获得很少，但是也很快乐。

虽然年老了，也仍要积极应对社会生活中的各种变化，当然应该不变的只能是自己更深刻地理解着各种变化。佛认为：万事万物皆在"舍得"中成就自身。要得便经舍，有舍才能得。

应该再把过去贮存的生活物品及时分类，果断舍弃不用的东西，不应再珍惜可能用不到的所谓的备用东西。只应保留一年内总要用到的东西，绝对清除一年内用不到而又占据较大空间的东西。力求家中物品的简单，给生活留下更大的空间，保持生活的条理、清爽、敞亮、舒心。

应坚持经常买些鲜花、绿植等给家中增添色彩，让生活增加情趣；坚持与老朋友、老伙伴到老地方一起散散步、聊聊天、下下棋；坚持看看书、听听音乐，还可以上上网、看看电视新闻等。

这时的你，不应该再为别人忧虑及牵挂，相信别人的事他们自己都能处理好，相信你的事别人也能帮助你做好。更相信坚持身体力行，自己能做的事就难不倒自己。这时的你，应该能成为思想深邃、理解深刻、判断准确、活得明白的人生大师了。

曾经看到过这样一个故事：有一位大师，久居深山老林，几十年都在苦练“移山大法”，并终于修成正果。有人闻听后，前来拜师，虔诚地向大师请教：“大师，请问您是用何种神力将大山移开的，我如何才能练此神功呢？”大师于是笑答道：“练此神功非常简单，只要掌握一点就行了，那就是山不过来，我就过去。”

在现实社会中，想要改变自己的命运，最重要的就是改变自己。关键是自己如何处理好舍与得的关系，懂得如何舍去。只有放下沉重的包袱，才能轻装上阵，认准自己的方向，舍弃舒适，不畏艰难，坚持前行，才能终达目标。

在年轻时，或许你是非常自律的、勤奋的、努力的，由此你的工作能力很强，工作做得出色，甚至是卓有成效的。但你可能又是孤傲的、做事张扬的，或者是低调的、默默工作的。正因为你可能没有积极地融入集体，没有主动地迎合权势，因此可能会失去许多属于你的荣誉与升迁的机会。

实际上，失去的这些东西都是过眼云烟，因为别人只能夺走你一时的外表的浮华，而夺不走的是你的内在的知识和智慧。那么关键的是，你是否能尽早觉悟，改变自己；或及时去寻找并进入符合你的新层次的圈子，这才是至关重要的。

人生在世，恍如一梦。最痛苦的莫过于亲人的离世，特别是高龄的老年人，生老病死乃是世间的一种常态，无论你是王侯将相，还是平民百姓，谁都躲不过这一条最鲜明的自然规律。

在陪伴自己相濡以沫几十年的伴侣突然不幸离世时，暮年丧偶的那种悲恸欲绝的心情，是难以言表的。从此，老年人失去了相依为命的人，就像失去了生命的相互依托，也失去了生活的相互扶持。会使空巢老人突然感到不曾有过的孤独与凄凉，突然感到人生今后的路是望不到头的黑暗，也更渴望亲人的关怀与陪伴。此时对老年人最好的安慰，就是能与子女在一起居住与生活。但许多老年人又只能空巢居住及孤独地生活。

人这一生，注定到最后都是要孤独的，所以老年人要学会享受独处，学会独立自主地生活。坚持计划每天的规律生活，做到活到老、学到老；坚持外出与同龄人在一起聊聊天，参加集体活动等，尽量让自己的晚年生活过得舒心些、开心些。

生活就是这样，一些意料之内的事情可能不会发生，而在意料之外的事情也许会突然发生。对老年人来说，防不胜防的就是突发疾病，如突发骨折、突发半身不遂（脑中风）、突发心肌梗死等，这样就会影响生活质量，甚至危及生命。因此，老年人最珍贵的东西是自己的健康。

有这样一位德高望重的临床心血管科专家，现年已达 87 岁高龄了，平时淡泊名利、平易近人、生活简单。退休后更是恬淡虚无，追求生活的清静，以及自然养生，平素几乎不做相关的体检及保健治疗。曾发生在自己身上的高血压病等也仅仅服用最廉价的硝苯地平片等药物治疗。因近期出现头晕、乏力、腹胀、食欲减退等症状住院进行相关检查，最后做出的诊断是：多发性脑梗死、脑萎缩、脑动脉硬化症、慢性肾功能损害 4 期、2 型糖尿病、高血压病 2 级极高危、高血压性心脏病、心律失常（房性期前收缩等）、心功能Ⅲ级、高脂血症、高尿酸血症、胆石症、老年退行性心瓣膜病、腰椎间盘突出症、腰椎退行性病变、前列腺增生症、双肾囊肿、右眼白内障术后、左眼白内障并青光眼术后，因拒绝胃镜和骨密度检查等未做出相关的诊断。

这样状况的老人实际上并不少见，平时心态好，注意养生，身体自我感觉良好，不经意间就一下子查出了多种疾病。这样懂得医学的老人，关键是要及时更新观念，认识人体机能的变化特点，及时必要地体检及疾病的防治是必要的。当然老人有近一半的疾病可以不需要药物等进行相应的治疗，但另外的许多疾病就应该给予高度的重视。

虽然已经是高龄的老人了，但也不要放松对自己身体健康的要求，这样才能保证生活质量。其中需要注意到的是，这位老人就存在着高血压、高血糖、高血脂、高尿酸血症，即所谓的“四高”，并且已出现明显动脉粥样硬化、多发性脑梗死及肾功能损害等。由此这种状况，如果不能积极地规范与有效地饮食与药物治疗，就可能随时发生在这样的老年人身体健康上的突发事件。

在现实生活中，对老年人的身心健康伤害最大的，不是缺钱，不是知识的匮乏，甚至不是生老病死，而是老人的孤独和丧失了自主生活的能力。

老年人的孤独感，是一种无依无靠、无奈无助的凄凉感觉。有了这种强烈的感觉，又会加快自我感觉在体力和精力上的迅速衰退，感觉人生没有意义，对生活没有信心，做事也会逐渐力不从心。因此，就会较快地出现体力衰弱、精力不足、记忆力减退、全身疲乏无力等症状。往往随之而来的是情绪烦躁、忧虑不安、消化不良、失眠多梦等表现。如果再伴有严重的躯体疾病，更可能产生抑郁、绝望的情绪变化，甚至出现悲观厌世与自杀的行为。

在日常生活中，我们也能经常看到或听到许多情绪忧伤的孤独老年人，一个人步履蹒跚地出入医院与农贸自由市场等场所。

有一位老太年龄 70 岁，老伴已因病去世 2 年多，因为儿女都忙于自己的工作和家庭，所以老人是一个人独处生活。孝顺的儿女特意在她70岁生日那天，带她到医院里做了一个全面的体格检查，其中一张检查报告单的结果是“脑动脉供血不足”，主检医生也做了解释，实际上只要没有“三高”，也可能没有什么大问题。但老人不明白是什么毛病，在那次体检之后，再也没有生活的乐趣了，儿女们的安慰也无济于事，她整天忧心忡忡，吃饭不香，觉睡不踏实，还经常感到胸闷、心悸、气短，又怀疑自己的心肺也出了毛病。

在一年多的时间里，儿女陪着她到了几家大医院都去看过病，但都未查出明显的疾病。医生考虑老人可能患上了“疑病症”，并认为这是与孤独感相伴而产生的。只要老人一个人生活感到孤独，又无所事事，就会产生不良情绪，自然就会疑神疑鬼，就会怀疑自己的身体健康存在问题等。

因此，医生建议儿女尽量不让老人感到孤独和无依无靠，最好是老人能与儿女生活在一起，或能给老人更多的问候与陪伴。并经常关心老人的身心健康状况，这样能消除老人的焦虑心理及疑病症等。但是，有很多老人想解决不孤独的问题会很难，又如何才能去实现呢？

有位孤独的英国老人，无儿无女，又体弱多病，他决定搬到养老院去。老人宣布出售他漂亮的住宅，想购买的人闻讯蜂拥而来。住宅底价8万英镑，但人们很快就将它的价格炒到10万英镑，价钱还会不断攀升。老人深陷在沙发里，满目忧郁，确实如此，要不是健康情形不行，他是不会卖掉这栋陪他度过大半生的住宅的。

一个衣着朴素的青年来到老人面前，弯下腰，低声说：“先生，我也好想买这栋住宅，可我只有1万英镑。可是，如果您把住宅卖给我，我保证会让您依旧生活在这里，和我一起喝茶、读报、散步，天天都快快乐乐的，相信我，我会用整颗心来照顾您。”

老人颔首微笑，把住宅以 1 万英镑的价钱卖给了他。完成梦想，不是非得要冷酷地厮杀和欺诈，更需要智慧。

最能打动人心的是尊重、是关爱、是陪伴，是满足需求，是心灵的安慰。而绝不仅仅是金钱，这些的回报往往也会让一般人意想不到。因此，很多时候和很多情况下，只要你拥有一颗仁爱之心就可以了。

老年人要增加自信，积极融入老年人群体活动。坚持运动锻炼，保持身体健康。要认识到保持自己的身体健康，就是对儿女的最大安慰。老年人还要正确看待人生的生老病死，不要过分地相信那些过度宣传的所谓保健品，更不要盲目花费重金购买所谓的保健产品。

3. 让每一天都快乐

既然你已近长寿老人的年龄，那你就忘掉自己的年龄吧！但不能丢掉的是少年精神，永葆心中的激情与梦想。做到“虎啸龙吟凌云志，落花流水平常心”，还要有“枥骥不忘千里志，病鸿终有赤霄心”。

唐代著名诗人李贺的诗词《致酒行》有这样的豪言壮语：“我有迷魂招不得，雄鸡一唱天下白。少年心事当拿云，谁念幽寒坐呜呃。”要以此激励自己，雄鸡激昂的叫声招回自己迷失的魂魄，坚持少年人应当有的凌云壮志。否则，又有谁会怜惜你困顿独处、唉声叹气呢？

“有志不在年高，无志空活百岁。”老人仍要保持有点作为、爱好和志向；“老骥伏枥，志在千里；烈士暮年，壮心不已。”年老的千里马虽然伏在马槽旁，其雄心壮志仍是驰骋千里；壮志凌云的人士即便到了晚年，奋发思进的心也永不止息。“壮心不已”表达了即使已是老年，也要有永不停止的理想追求和积极奋发进取的精神，要永葆乐观，自强不息，勇往直前。

曹操的《龟虽寿》《观沧海》《短歌行》等诗词，是富于哲理的诗词，阐述了诗人的人生态度；表达了诗人老当益壮、锐意进取的精神风貌；也抒发了自己不甘衰老、不信天命、奋斗不息的壮志豪情；同时显示出雄才大略之人即使到了晚年，其雄心壮志也不会减退的英雄气概。

曹操是历史上最杰出的人物之一，是著名的政治家、军事家，也是文学家、书法家。他精兵法，善诗词，抒发自己的政治抱负，反映当时社会人民的苦难生活，气魄雄伟，慷慨悲凉。散文亦清峻整洁，开启并繁荣了建安文学，给后人留下了宝贵的精神财富，史称“建安风骨”。鲁迅先生评价曹操为“改造文章的祖师”，还认为他“是一个很有本事的人，至少是一个英雄。我虽不是曹操一党，但无论如何，总是非常佩服他”。同时，曹操也擅长书法，尤工章草，唐朝张怀瓘在《书断》中就评其为“妙品”。

毛泽东也曾给予了曹操很高的评价：“曹操是了不起的政治家、军事家，也是个了不起的诗人……曹操统一中国北方，创立魏国。他改革了东汉的许多恶政，抑制豪强，发展生产，实行屯田制，还督促开荒，推行法制，提倡节俭，使遭受大破坏的社会开始稳定、恢复、发展。”

对于高龄老人来说，良好的生活方式和生活习惯，是健康长寿的基石。而不良的生活方式和习惯，则是各种疾病和衰老的根源。因此，科学的生活、养生和畅快的人生享受，是终生必须追求的重要选择。所以，坚持合理饮食、运动、读书及交流永远不可放松，更不能停止。

“坐对南山读，淡然忘世俗。”此时更多地选择阅读历史神话故事、科学幻想故事、幽默笑话故事、斗智斗勇故事，这些书籍里喜闻乐见的内容更会令人主动思考、引人入胜；同时，选择通俗有趣的文章、感悟励志的文章、富含哲理的文章、壮景抒情的文章或书籍，既能锻炼自己大脑的思维能力和记忆能力，又能给自己带来积极乐观的人生感受。

高龄老人在生活中仍既要防止高脂血症，特别是防止低密度脂蛋白胆固醇的增高等，也要避免营养不良，吃饭不宜太快，要细嚼慢咽以利于营养物质的消化吸收。更不能忽视预防骨质疏松，行走不宜过快，避免跌倒导致骨折发生等。还要注意转头不宜过快，大小便不宜太急与太用力，以免突发心脑血管疾病。为此只为一个最重要的目标，就是在逐渐变老的路上，让衰老来得慢些、再慢些；让自己自主生活的能力保持得好些、再好些。

人生的后半场，拥有一个好心态，维持良好的生活习惯，做好自我照顾，科学防病治病，保证健康的身体，保证高品质生活和快乐地活着，就是今生今世最大的幸福。

对于长寿老人来说就该看淡一切，包括生老病死及荣华富贵，但要努力让病魔来得晚些、再晚些，使得每一天都能自由、快乐。当然，也企望自己生命的终点能是静静地到来，无疾而终、溘然长逝，此当是人生最幸福的事。

每个人每天都要和他人打交道，有君子也有小人，有诚恳的人也有自私的人。往往许多人会装腔作势与自以为是行事，可能稍有不慎，就会发生不愉快的事情。只要你能看淡名利、抛弃欲望，就有了旷达之心，无争无求，自然就感到人生的逍遥了。自然是“晨有清逸，暮有闲悠。梦随心动，心随梦求”，又是“春有百花秋望月，夏有凉风冬听雪。心中若无烦恼事，便是人生好时节”。

庄子说得好：“我愿意活着，在沼泽里摇头摆尾，自由自在。”如果不是一个心胸旷达的人，又怎能够在沼泽里仍会自由自在呢？苏东坡也曾说：“我之所以能每时每刻都很快乐，关键在于不受物欲的主宰，而能游于物外。”如果一个人困于功名利禄的精神枷锁之中，则心志不得舒畅，精神就会抑郁，生活变得消极，也就会失去健康及人生意义。

人只有摆脱了外界世俗的奴役，主宰自我，才能保持心灵的恬淡快乐，游于物外，超脱名利，才能获得人生的快乐，实现人生的目标。

陶渊明一生不为功名利禄所困，几次做官都不如意，不愿出入仕途，最终辞职回家，归隐田园生活，仿佛从一个乌烟瘴气的地方突然来到了空气清新的花园，心情豁然开朗。他曾写了一首辞赋，叫《归去来兮辞》，以表达自己厌恶官场、向往自由生活的心情。从此以后，他与全家人过着农耕的自由自在的生活，平时写诗作文，以寄托自己的思想感情，后来成为晋朝一位杰出的田园诗人，并一直为历代后人所敬仰。

有人说“美丽的皮囊千篇一律，有趣的灵魂万里挑一”。唐朝大臣、文学家、哲学家刘禹锡的一生可谓宦海沉浮、屡遭贬谪，也是彰显他个人气度的一生。

在唐朝贞元末年，加入以太子侍读王叔文为首的“二王八司马”政治集团，践行“永贞革新”，反对宦官和藩镇割据势力。革新失败后，刘禹锡被贬至安徽和州县当一名小小的通判。

按规定通判也应在县衙里住三间三厢的房子，可是和州知县见其被贬，故意刁难他，就安排他在城南面江而居，远离城区。刘禹锡没有怨言，反而还随意写下两句话，贴在门上：“面对大江观白帆，身在和州思争辩。”

心胸狭隘的和州知县知道后很生气，吩咐衙里差役把刘禹锡住处从县城南门迁移到县城北门，面积由原来的三间减少至一间半。新居住于德胜河边，此处低洼荒凉，刘禹锡从不计较，附近垂柳依依，他看到并触景生情，又在门上写了两句话：“垂柳青青江水边，人在历阳心在京。”

那位小肚鸡肠的知县见其仍然悠闲自乐，满不在乎。又再次派人把他调到县城中部，而且只给一间只能容下一床、一桌、一椅的小屋。在半年时间内，知县强迫他搬了三次家，面积一次比一次小，最后仅是斗室。

于是，刘禹锡愤然提笔写下一篇《陋室铭》，并请人刻上石碑，立在门前。其文："山不在高，有仙则名。水不在深，有龙则灵。斯是陋室，惟吾德馨。苔痕上阶绿，草色入帘青。谈笑有鸿儒，往来无白丁。可以调素琴，阅金经。无丝竹之乱耳，无案牍之劳形。南阳诸葛庐，西蜀子云亭，孔子云：何陋之有？"

此文表现了作者淡泊平静及洁身自好的高雅情趣，反映了作者不与世事沉浮的独立人格。尽管居室简陋，物质匮乏，但只要具有高尚品德及博学才智，就会感到生活充实，处处可见雅趣逸致，有一种超越物质的精神力量。

在人生的漫长岁月中，每个人都会面临无数次困难、挑战及选择。因此，如何能处理好得与失、成与败、荣与辱、兴与衰的问题，需要自己有勇气、智慧去抉择与担当。关键是懂得如何取舍，做到如何妥协、让步，甚至是放弃，这样才能获得最大的成功，健康、快乐地生活。

老约翰•洛克菲勒在33岁那年赚到了他一生中的第一个100万，到了43岁，他建立了世界上知名的大企业，即标准石油公司。但不幸的是，他却成了事业的俘虏，充满忧虑及压力的生活早已压垮了他的健康。在53岁时，看起来就像一个手脚僵硬的木乃伊。

然而洛克菲勒除了赚钱及主教学校，他没有时间做其他的事。他无暇游乐或休息，他只顾眼前并缺乏幽默，是一个为钱疯狂的人。他的邻居曾说，他渴望别人的爱，可由于他自己的寡情和多疑，使得没有几个人喜欢他。

忧虑、贪婪与恐惧已经摧毁了他的身体。最后，医生终于对他宣布，在财富与生命中任选其一，并警告他如果继续如此工作，只有死路一条。

此后，洛克菲勒做到了妥协与放下，毕生谨记医生给他的生活原则。他退休了，学打高尔夫球，从事园艺，与邻居聊天、玩牌，甚至唱歌。他说：“在他失眠的夜晚，有足够的时间自省。”他开始为别人着想，思考如何用钱来换取人类的幸福。开始捐钱给教会、学校等。

洛克菲勒克服了自己忧虑、贪婪而患得患失的心理后，过着平静和轻松的生活，使他多活了 45 年，最后他活到了 98 岁。

一个人需要放弃的，往往是自己认为最珍贵的东西，这就考验着一个人的胸襟和智慧，也决定着一个人的命运，而更重要的是收获了一份心安、舒适与健康。

人生就是一场修行，每个人都会经历千回百转、起起落落，也会有生命的繁华与形单影只。年少时是胸怀美好的梦想，意气风发、踌躇满志，又自命不凡；青年时是披荆斩棘、一往无前，又以时不我待、志在必得的气概，力争出人头地；中年时是勤勤恳恳、任劳任怨，又是感慨万千、负重致远；只有到了老年时，经历太多的风风雨雨、沟沟坎坎，才终于使自己感悟一生的不容易，走过了许多曲折的路，遭遇了许多苦难的事，明白了许多做人做事的道理。

以致社会上公开问卷调查 60 岁以上的老年人最后悔的事，其结果：第一位占 92% 的老年人后悔年轻时努力不够导致一事无成；第二位占 72% 的老年人后悔年轻时选错了职业；第三位占 62% 的老年人后悔对子女教育不当，以及未珍惜自己的家庭、伴侣及身体等，往往在人生暮年时才真正悟透了一切。

庄子说：“吾生也有涯，而知也无涯。”意思是说我的生命是有限的，而知识是无限的。此时老年的你只有懂得做到不计较、不埋怨、不后悔、不贪心，做到妥协与放下，并遵守天道，顺应人事，做好自己的事，不再添一分负累，不再留一点遗憾，才能心安理得、无怨无悔。

人生其实只有三天：昨天、今天、明天。永远回不去的是昨天，因此你不要总是回忆过去，一味沉醉在逝去的岁月里。曾经的辉煌早已成为往事，过去的痛苦也已远去，既不要以此为资本教训别人，也不要再去无端地感伤而影响前进的脚步。又有许许多多事情不能确定的是明天，因为明天只是未来，是自己的梦想所在，是人们的良缘和希望的期待。所以，人们都寄予了明天更多美好的期盼，但同时明天也充满着鲜花与荆棘。

而已经到来的今天，才是我们最应该珍重的。因为只有过好今天，才能有美好回忆的昨天，并将会迎来开心的明天，所以你一定要积极努力地去做今天的事情。但今天你也不要一味地埋头苦干，也要调整方向，整装前行。同时，你又要把今天的事做完，永远不要把今天要做的事情留到明天。因此，只有珍惜今天，把今天的事情做好，才能有快乐的每一天。